工程制图与识图

（第二版）

主　编　刘　娟　张　彦　宿翠霞
副主编　沈蓓蓓　曹　磊　曾凡江　颜志敏　左建明
主　审　田明武

中国水利水电出版社
www.waterpub.com.cn
·北京·

内 容 提 要

全书分三篇共十一章。内容包括：第一篇绘图理论（制图的基本知识和技能）；第二篇投影制图（投影的基本知识，基本体的投影，立体表面的交线，组合体的投影，轴测图，视图、剖视图和断面图，标高投影）；第三篇专业图识图（水利工程图，钢筋混凝土结构图，房屋建筑图）。全书以“识图”为主线，内容取舍、选题举例密切结合专业实际，充分体现了专业特色和专业特点。为方便教学，本书植入了二维码教学动画、教学微课，每章节后有复习思考题，另编有《工程制图与识图习题集》与本书配套使用。

为方便教学，本书配有完善的数字化在线开放学习资源，读者可登录“学银在线”网站学习。本书还配有电子课件、电子教案、教学计划、数字动画与视频、习题讲解、章节测试题、思政源泉和拓展学习资源等。

本书为高职高专水利类教材，也可供中等学校水利类专业使用和工程技术人员参考。

图书在版编目（CIP）数据

工程制图与识图 / 刘娟，张彦，宿翠霞主编. -- 2版. -- 北京 : 中国水利水电出版社，2024.5
ISBN 978-7-5226-2381-8

Ⅰ. ①工… Ⅱ. ①刘… ②张… ③宿… Ⅲ. ①工程制图—识图 Ⅳ. ①TB23

中国国家版本馆CIP数据核字(2024)第046813号

书 名	**工程制图与识图（第二版）** GONGCHENG ZHITU YU SHITU（DI－ER BAN）
作 者	主 编 刘 娟 张 彦 宿翠霞 副主编 沈蓓蓓 曹 磊 曾凡江 颜志敏 左建明 主 审 田明武
出版发行	中国水利水电出版社 （北京市海淀区玉渊潭南路1号D座 100038） 网址：www.waterpub.com.cn E－mail：sales@mwr.gov.cn 电话：（010）68545888（营销中心）
经 售	北京科水图书销售有限公司 电话：（010）68545874、63202643 全国各地新华书店和相关出版物销售网点
排 版	中国水利水电出版社微机排版中心
印 刷	天津嘉恒印务有限公司
规 格	184mm×260mm 16开本 12.75印张 310千字
版 次	2013年5月第1版第1次印刷 2024年5月第2版 2024年5月第1次印刷
印 数	0001—2000册
定 价	**42.00**元

凡购买我社图书，如有缺页、倒页、脱页的，本社营销中心负责调换

版权所有·侵权必究

第二版前言

本书是根据《中共中央关于认真学习宣传贯彻党的二十大精神的决定》，中共中央办公厅、国务院办公厅《关于推动现代职业教育高质量发展的意见》，国务院《国家职业教育改革实施方案》，教育部《职业院校教材管理办法》《高等学校课程思政建设指导纲要》《“十四五”职业教育规划教材建设实施方案》，水利部、教育部《关于进一步推进水利职业教育改革发展的意见》等文件精神，组织编写的职业教育规划教材。

本书以习近平新时代中国特色社会主义思想为指引，坚持正确的政治方向和价值导向，全面贯彻落实党的二十大精神，以立德树人为根本任务，紧密对接国家发展重大战略需求，不断更新升级，更好服务于创新人才培养，确保习近平新时代中国特色社会主义思想和党的二十大精神进教材落实到位，发挥铸魂育人实效。教材注重吸收产业升级和行业发展的新知识、新技术、新工艺、新方法、新规范，有丰富的数字化教学资源，是理论联系实际、教学面向新质生产力的高职高专教育精品规划教材。

在党的二十大精神进教材的指引下，不断更新教材内容，制作大量的动画视频、微课、教学视频和课件，以“二维码”的形式植入在本书中，扫“二维码”立显动态内容，使教材呈现数字化、立体化和信息化的新形态，每章节后附有复习思考题。本书还配有电子课件、电子教案，另编有《工程制图与识图习题集》教材，与本书配套使用。

为方便教学，本书在“学银在线”网站上还建有《工程制图与识图》数字化在线开放精品课程资源（课程网址：https：//www.xueyinonline.com/detail/241057303)，课程资源丰富，有教学计划、微课视频讲解、模型动画、随堂小测、电子课件、电子教案、习题视频讲解、章节测试题、课程思政和知识拓展等资源。

本书2013年出版以来，因其通俗易懂，全面系统，应用性知识突出，实用性强等特点，受到全国高职高专院校水利类专业师生及广大水利从业人员的喜爱。

本书依据水利部颁布的《水利水电工程制图标准 基础制图》（SL 73.1—2013）标准和《水利水电工程制图标准 水工建筑物》（SL 73.2—2013）标准

编写而成。

本书邀请全国水利行业多所高职院校老师和水利行业精英参加编写，由湖南水利水电职业技术学院刘娟担任主编，负责全书统一规划和统稿。由湖南水利水电职业技术学院刘娟编写绪论和第一章；由山东水利职业技术学院宿翠霞编写第二章和第四章；由湖南水利水电职业技术学院张彦编写第三章和第五章；由湖南省水利水电勘测设计规划研究总院有限公司左建明编写第九章，负责提供实际工程案例图和校核教材与工程实践的契合；由湖北水利水电职业技术学院沈蓓蓓编写第七章和第十章；由新疆水利水电学校曾凡江编写第八章；由福建水利电力职业技术学院颜志敏编写第六章；由湖南水利水电职业技术学院曹磊编写第十一章。四川水利职业技术学院田明武担任主审。本书二维码展示的教学动画由湖南水利水电职业技术学院刘娟、张彦指导制作完成；教学微课由刘娟、张彦、廖超青、曹磊、邹颖和冯思佳老师录制完成。

由于编者水平有限，编写时间仓促，书中难免存在缺点和不妥之处，恳请读者批评指正。

编者

2023年11月

扫码获取课件

扫码获取微课和动画

第一版前言

本书是根据1995年水利部颁布的《水利水电工程制图标准》（SL 73—95国家标准）和1994年正式实施的《技术制图》（GB/T 14690—93）国家标准编写而成的。

本书根据高职教育人才培养模式和基本特点，配合教材改革，重点突出专业特色、能力培养、注重实践应用性等要求，本书结合编者多年的教学经验，在编写过程中，力求层次清楚、内容精炼，重点突出水利专业特色。在编排上符合学生的认知规律，具有很强的逻辑性和条理性。

本书编写人员及编写分工如下：湖南水利水电职业技术学院刘娟负责绪论、第一章、第二章、第三章、第五章、第七章、第九章的编写；四川水利职业技术学院杨瑶负责第四章的编写；山东水利职业技术学院宿翠霞负责第十章的编写；新疆水利水电学校江汝霖负责第十一章的编写；广西水利电力职业技术学院陆晓玮负责第八章的编写；新疆水利水电学校曾凡江负责第六章的编写；湖南水利水电职业技术学院张彦参编。本书由刘娟、杨瑶、宿翠霞任主编，刘娟负责全书统稿，由江汝霖、陆晓玮、曾凡江、张彦任副主编，由福建水利电力职业技术学院颜志敏主审。

另编有《工程制图与识图习题集》与本教材配套使用。

由于我们编写水平有限，书中的缺点和不妥之处在所难免，恳请广大师生们批评指正。

编者

2013年3月

“行水云课”数字教材使用说明

“行水云课”水利职业教育服务平台是中国水利水电出版社立足水电、整合行业优质资源全力打造的“内容”＋“平台”的一体化数字教学产品。平台包含高等教育、职业教育、职工教育、专题培训、行水讲堂五大版块，旨在提供一套与传统教学紧密衔接、可扩展、智能化的学习教育解决方案。

本套教材是整合传统纸质教材内容和富媒体数字资源的新型教材，它将大量图片、音频、视频、3D 动画等教学素材与纸质教材内容相结合，用以辅助教学。读者可通过扫描纸质教材二维码查看与纸质内容相对应的知识点多媒体资源，完整数字教材及其配套数字资源可通过移动终端 APP、“行水云课”微信公众号或中国水利水电出版社“行水云课”平台查看。

线上教学与配套数字资源获取途径：

手机端：关注“行水云课”公众号→搜索“图书名”→封底激活码激活→学习或下载

PC 端：登录“xingshuiyun. com”→搜索“图书名”→封底激活码激活→学习或下载

资 源 索 引

续表

序号	码号	资源名称	类型	页码
24	2-11	三视图的绘制	动画	29
25	2-12	曲面立体三视图的绘制	动画	30
26	2-13	点的坐标和投影规律	微课	31
27	2-14	点的三面投影	动画	31
28	2-15	已知点的两投影求第三个投影	动画	32
29	2-16	点的相对位置	微课	32
30	2-17	两点的空间位置	动画	32
31	2-18	重影点	动画	33
32	2-19	直线的投影	动画	33
33	2-20	一般位置直线	动画	35
34	2-21	点的从属性	动画	35
35	2-22	点的定比性	动画	36
36	2-23	两直线平行	动画	36
37	2-24	两直线相交	动画	36
38	2-25	两直线交叉	动画	37
39	2-26	一般位置平面	动画	39
40	2-27	求平面内点的投影	动画	40
41	2-28	平面上的点和直线	微课	40
42	2-29	平面内的直线	动画	40
43	2-30	平面内的投影面平行线	动画	41
44	3-1	平面立体的投影	微课	43
45	3-2	正六棱柱的三视图	动画	43
46	3-3	正三棱锥的三视图	动画	44
47	3-4	回转面的形成	动画	44
48	3-5	曲面立体的投影	微课	44
49	3-6	圆柱的三视图	动画	45
50	3-7	圆锥的三视图	动画	46

续表

续表

序号	码号	资源名称	类型	页码
78	7-5	局部视图	动画	100
79	7-6	斜视图	动画	101
80	7-7	特殊视图	微课	101
81	7-8	剖视图	微课	101
82	7-9	剖视图的形成	动画	102
83	7-10	剖视图的标注与画法	动画	103
84	7-11	画剖视图应注意的要点	动画	103
85	7-12	全剖视图	动画	104
86	7-13	全剖视图	微课	104
87	7-14	杯形基础的半剖视图	动画	105
88	7-15	半剖视图	微课	105
89	7-16	局部剖视图	动画	106
90	7-17	局部剖视图	微课	106
91	7-18	涵闸的阶梯剖视图	动画	106
92	7-19	渠段的旋转剖视图	动画	107
93	7-20	廊道的复合剖视图	动画	108
94	7-21	卧管的斜剖视图	动画	108
95	7-22	T形梁断面图	动画	109
96	7-23	断面图	微课	110
97	7-24	移出断面图	动画	110
98	7-25	重合断面图	动画	110
99	7-26	U形渡槽槽身结构	动画	112
100	8-1	四棱台的平面图	动画	115
101	8-2	点的标高投影	动画	116
102	8-3	直线的标高投影	动画	117
103	8-4	直线标高投影的表示方法	动画	117
104	8-5	直线上求点法	动画	117

续表

序号	码号	资源名称	类型	页码
105	8-6	平面上的等高线	动画	119
106	8-7	平面的标高投影	微课	119
107	8-8	曲面的标高投影	微课	119
108	8-9	正圆锥面的标高投影图	动画	119
109	8-10	圆锥面应用实例	动画	120
110	8-11	求坡脚线和坡面交线	动画	120
111	8-12	地形图表示法	动画	121
112	8-13	地形图上等高线的特性	动画	121
113	8-14	工程建筑物的交线	微课	123
114	9-1	基本表达方法	微课	134
115	9-2	特殊表达方法	微课	137
116	9-3	水工图的尺寸标注	微课	145
117	9-4	涵洞图的识读	微课	149
118	9-5	水闸图的识读	微课	152

目　录

第三篇　专业图识图

绪　论

一、本课程概念

水利工程制图是指绘制水利工程图样和看懂水利工程图样的一门课程，水利工程图是表达水工建筑物（水闸、大坝、渡槽、溢洪道等）的设计图样。工程图是工程技术员用来表达设计意图，组织生产施工，进行技术交流的技术性文件，它能准确地表达出建筑物的形状、大小、材料、构造及有关技术要求等内容。因此工程图也称为工程技术语言。

二、本课程的学习内容与学习要求

本课程内容分为三篇，各篇的主要内容与要求如下：

1. 绘图理论（第一章）

本篇主要内容是学习绘图工具与仪器的使用，学习基本制图标准和平面作图等知识。

通过对本篇的学习，要求能正确使用绘图工具和仪器抄绘平面图形，掌握基本的绘图技能。

2. 投影制图（第二章至第八章）

本篇主要内容是学习投影原理和物体的三视图、基本体和组合体的绘图与识图、立体表面交线、表达物体内部形状的剖视图和断面图等。

通过对本篇的学习，要求学生掌握视图、剖视图、断面图的画法、尺寸标注和读图方法，重视识图能力的培养和提高，初步掌握轴测图和标高投影的基本概念和作图方法。培养学生的空间思维和空间想象能力。

3. 专业图识图（第九章至第十一章）

本篇主要内容是学习绘制和阅读工程图样，掌握阅读水利工程图、钢筋混凝土结构图、房屋建筑图等图形的图示特点和表达方法。

通过对本篇的学习，要求学生能绘制简单的水利工程图，能熟练阅读常见的简单的水工图和简单的其他工程图。

三、本课程的学习方法

本课程是一门既有理论又十分重视实践的课程。只有认真钻研教材，弄懂投影原理和作图方法，多做习题练习，才能取得良好的效果。

(1) 绘图与识图原理部分的学习应重在理解，投影理论的基本内容是研究空间物体与平面基本视图的转换规律，只有增强对空间物体与基本视图转换过程的分析、理解，才能掌握视图的投影规律和特性。学习初期恰当运用模型、挂图及轴测立体图，能帮助提高对空间物体的感性认识和对图样的识图能力。平时多注意学习生活中的空间物体与视图的转换作图练习，也有助于培养和提高对空间物体的想象能力。

(2) 绘图技能和识图能力的培养重在实践练习，本课程具有实践性强的特点，必须做大量的“由三维空间立体画三视图和由三视图想象三维空间立体”的作业。同时将“绘图与识图”训练紧密结合，贯穿整个课程教学。

因此，学生必须及时完成每节课布置的作业与练习，并做到画图线型分明、字体工整、图面整洁、概念原理正确。这样才能培养好绘图能力，才能牢固掌握绘图与识图原理，提高专业图的识图能力。

第一篇 绘图理论

第一章　制图的基本知识和技能

【学习目的】 掌握制图工具的使用、基本制图标准、绘图的方法和步骤等制图的基本知识和技能。

【学习要点】 本章主要介绍常用制图工具的使用、基本制图标准、平面图形的绘制方法等相关知识，以及对应用计算机绘图软件绘图进行了简单的介绍。

【课程思政】 党的二十大报告提出：加快建设法制社会，弘扬社会主义法制精神，传承中华优秀团队传统法律文化，引导全体人民做社会主义法制的忠实崇尚者，自觉遵守者、坚定捍卫者。

《水利水电工程制图标准》（SL 73.1—2013）规定了制图的图幅、图框、线型、字体、尺寸标注等要求，每一位水利人在图学工作中都应当有标准意识，遵守制图标准，恪守职业道德，勤练技能，精益求精，为水利事业贡献自己的一份力量，犹如我们要遵守法律、捍卫法律，做遵纪守法的好公民。

第一节　常用制图工具和仪器的使用方法

制图工作应具备必要的工具，正确掌握它们的使用和维护方法，才能保证绘图质量，加快绘图速度。

一、图板、丁字尺、三角板

1. 图板

图板是绘图时固定图纸的垫板，如图 1-1 所示。板面要求平整光滑，图板四周镶有硬木边框，图板两侧的短边要保持平直，它是丁字尺的导向边。在图板上常使用透明胶带纸固定图纸四角，切勿使用图钉，以免造成丁字尺的上下移动以及图钉扎孔损坏板面。图板不可受潮、暴晒，以免变形后影响绘图。

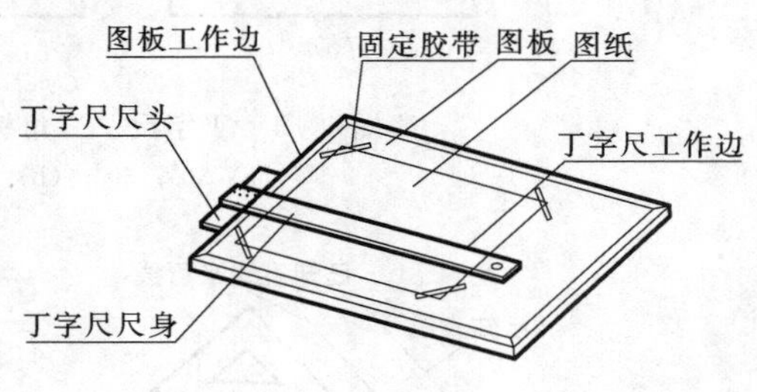

图 1-1　图板和丁字尺

动画 1-1

图板及丁字尺

图板有大小不同的规格，使用时应与绘图纸张的尺寸相适应，常用图板规格见表 1-1。

表 1-1　图板规格

图板规格代号	0	1	2	3
图板尺寸［宽（mm）×长（mm）］	920×1220	610×920	460×610	305×460

2. 丁字尺

丁字尺主要用于画水平线。它由尺头和尺身两部分组成，尺头和尺身相互垂直。丁字尺尺头内边缘和尺身带有刻度的上边缘为工作边。使用时应将尺头内侧紧靠图板左边框，左手握尺头，右手推动尺身上下滑动到需要画线的位置，沿尺身工作边从左向右画水平线，如图 1-2 所示。丁字尺不用时应挂起来，以免尺身翘起变形。

3. 三角板

三角板由 30°和 45°两块组成一副，主要用于画铅垂线和倾斜线。画铅垂线时与丁字尺配合，三角板一直角边紧靠丁字尺尺身，手持铅笔沿另一直角边自下而上画线，如图 1-3 所示。画 15°倍角的特殊斜线时，需两块三角板与丁字尺配合使用，如图 1-4 所示。两块三角板配合使用，还可以画出任意直线的平行线和垂直线，画线时一块三角板起定位作用，另一块三角板沿定位边移动画线，如图 1-5 所示。

动画 1-2

丁字尺画水平线

动画 1-3

丁字尺、三角板配合画铅垂线

动画 1-4

两块三角板配合作已知直线的平行线、垂直线

图 1-2　丁字尺画水平线

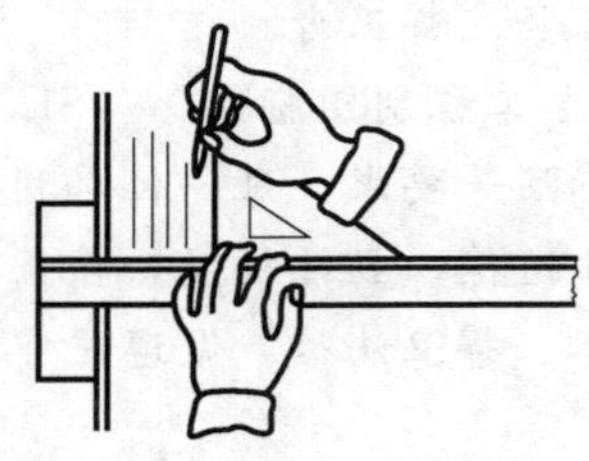

图 1-3　丁字尺、三角板配合画铅垂线

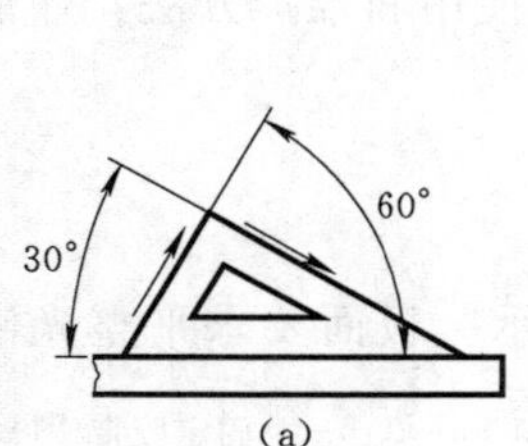

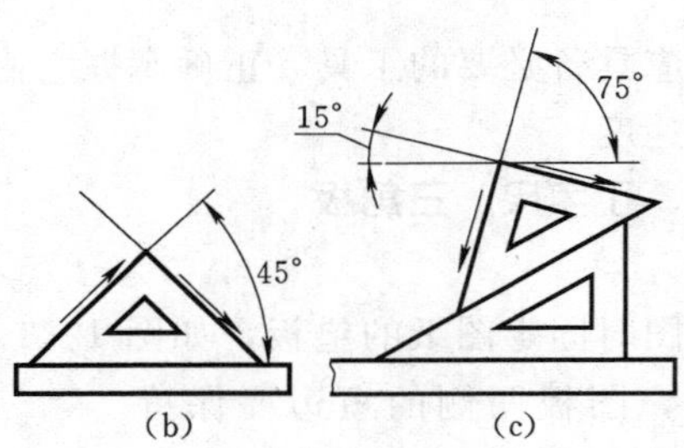

(a)　(b)　(c)

图 1-4　丁字尺、三角板配合画 15°倍角的斜线

(a) 30°; 60°; (b) 45°; (c) 15°、75°

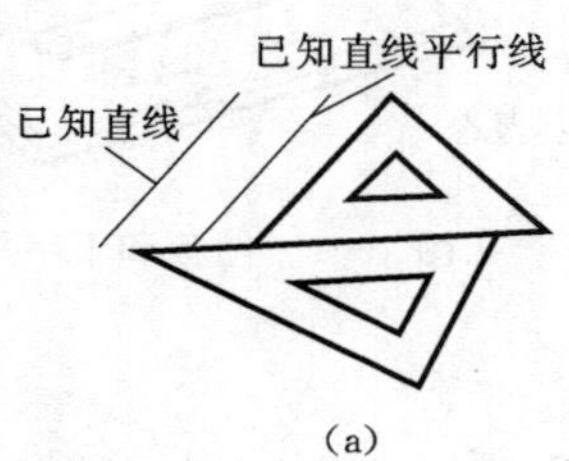

(a)

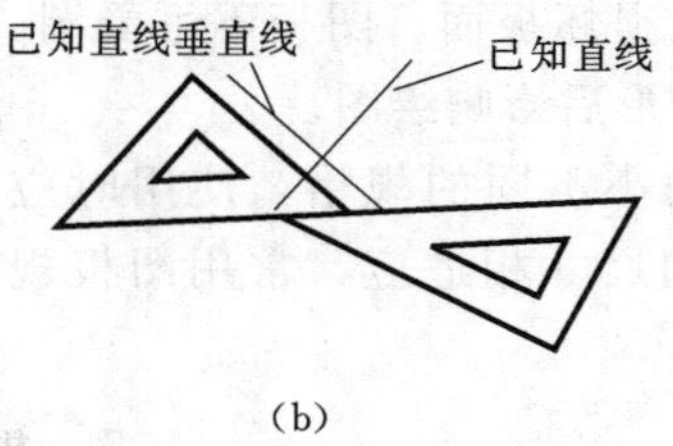

(b)

图 1-5　两块三角板配合作已知直线的平行线、垂直线

(a) 画任意直线的平行线；(b) 画任意直线的垂直线

二、圆规、分规、曲线板

1. 圆规

圆规是用于画圆和圆弧的工具。圆规一条腿下端装有钢针，用于确定圆心，另一条腿端部可拆卸换装铅芯插脚、墨线笔插脚或钢针插脚，可分别绘制铅笔圆、墨线笔圆或作分规使用。铅芯在画底稿时，应磨成截头圆柱形或圆锥形，加深底稿时应磨成扁平形状。画圆前要校正铅芯与钢针的位置，即圆规两腿合拢时，铅芯要与钢针平齐。画圆时，先用圆规量取所画圆的半径，左手食指将针尖导入圆心位置轻轻插住，再用右手拇指和食指捏住圆规顶部手柄，顺时针方向旋转，速度和用力要均匀，并向前进方向自然倾斜，如图 1-6 所示。

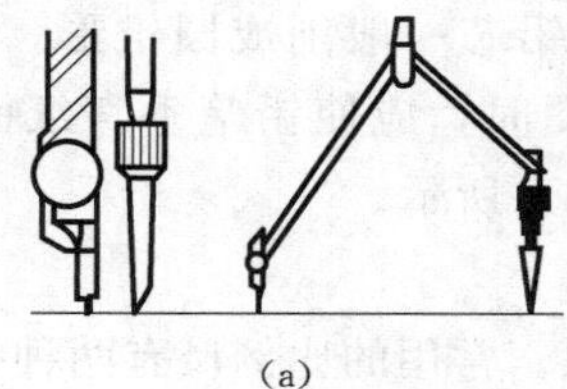

(a)

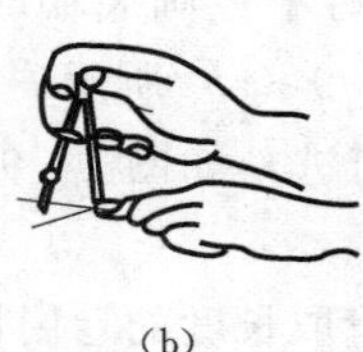

(b)

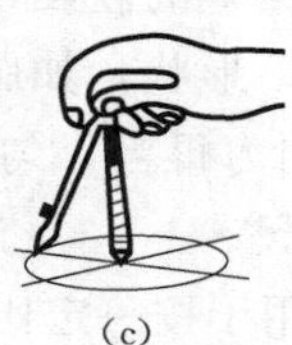

(c)

图 1-6 圆规及其用法

2. 分规

分规是用于量取线段和等分线段的工具。其形状与圆规相似，但两腿都为钢针。绘图时可用分规从尺子上把尺寸量取到图上，或将一处图形中的尺寸量取到另一处图形中去。量取尺寸时，用分规针尖在图上扎一小孔，这样移开分规或橡皮擦图后仍能看清尺寸位置。等分线段时，先通过目测等分的每一小段大体尺寸，然后试分一次，如图 1-7 所示，将试分不完的余量再分到各小段中，直至等分完全为止。

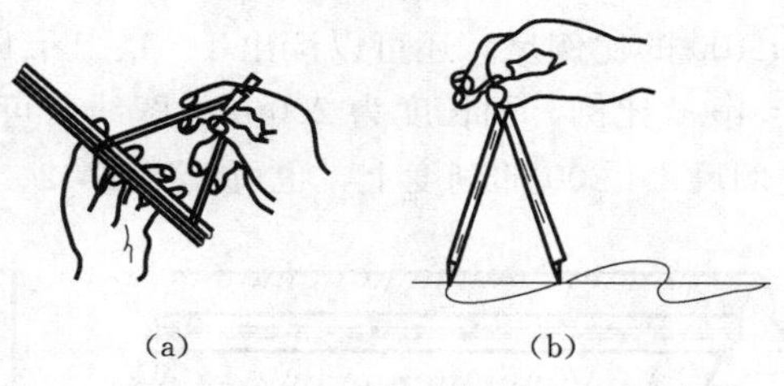

(a) (b)

图 1-7 分规及其用法

3. 曲线板

曲线板是用于画非圆曲线的工具，如图 1-8（a）所示。用曲线板画圆时，首先求得曲线上若干点，再徒手用铅笔过各点轻轻勾画出曲线，然后在曲线板上选择与曲线吻合的部分，用铅笔按顺序分段描深。在描深时，前面应有一段与上段描的线段重复，后面留一小段待下次再描，以保证曲线连接光滑，如图 1-8（b）～（d）所示。

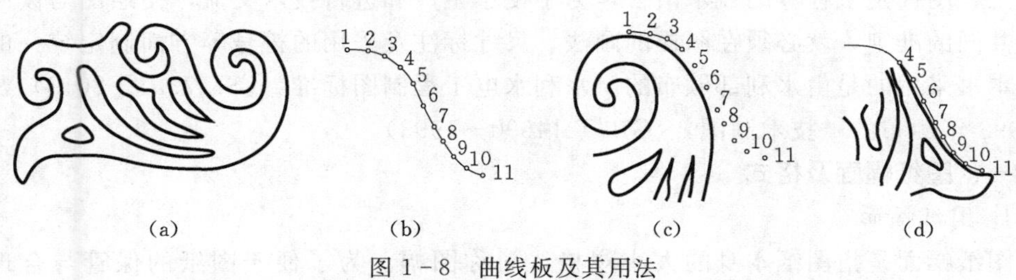

(a) (b) (c) (d)

图 1-8 曲线板及其用法

(a) 曲线板；(b) 徒手连曲线；(c) 描 1～4 点；(d) 描 4～11 点后完成连接

动画 1-5

曲线板及其用法

三、铅笔

铅笔是用于画图和写字的工具。铅笔的铅芯有软、硬之分，在铅笔上用字母 B 和 H 表示。B、2B 等数字越大，表示铅芯越软，颜色越浓黑；H、2H 等数字越大，表示铅芯越硬，颜色越浅淡；HB 介于软硬之间。绘图时，常用 H 和 2H 的铅笔画底稿，用 HB 或 B 的铅笔加深，用 H 铅笔写字，因此削铅笔时应保留标号，以便识别铅笔的软硬度。写字或画底稿时，铅芯一般削成圆锥形，加深图线时，铅芯应磨成扁平形状，如图 1-9（a）所示。画图时，应使铅笔垂直纸面，向运动方向倾斜 30°，用力得当，匀速前进，如图 1-9（b）所示。

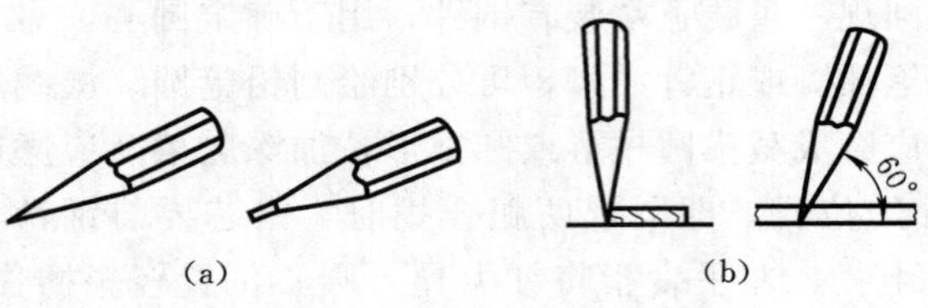

图 1-9　铅笔削法及其用法

四、比例尺

比例尺是用于按一定比例量取长度的专用量尺。常用的比例尺有两种：一种是三棱尺，外形呈三棱柱，3 个面上有 6 种不同比例的刻度；另一种是比例直尺，外形像普通的直尺，上面刻有 3 种不同的比例，如图 1-10 所示。比例尺上的数字以 m 为单位，画图时可按所需比例，用尺上标注的刻度直接量取而不需要换算。例如，按 1∶100 比例，画长度为 10m 的图线，可在比例尺上找到 1∶100 的刻度边直接量取 10 即可。利用 1∶100 的比例尺，还可以读出 1∶1、1∶10、1∶1000 等放大或缩小的比例。例如，按 1∶1000 比例，画长度为 200m 的图线，可在 1∶100 的刻度边量取 20 即可。同理，在比例尺 1∶200 的刻度上，也可读出 1∶2、1∶20、1∶2000 等比例的尺寸。

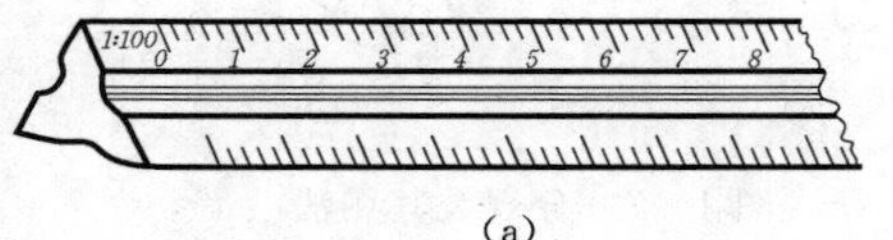

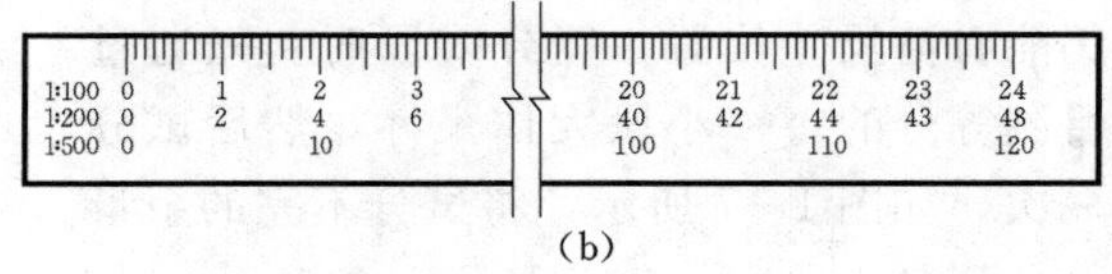

图 1-10　比例尺

（a）三棱尺；（b）比例直尺

第二节　制图的基本标准

工程图样是工程界的技术语言，为了便于生产和进行技术交流，使绘图与读图有一个共同的准则，就必须在图样的画法、尺寸标注及采用的符号等方面制定统一的标准。本书采用的是由水利部颁布的《水利水电工程制图标准》（SL 73.1—2013）及我国 1993 年颁布的《技术制图》（GB/T 14690—1993）。

一、图纸幅面及格式

1. 图纸幅面

图纸幅面是指图纸本身的大小规格，简称图幅。为了便于图纸的保管与合理利用，制图标准对图纸的基本幅面作了规定，具体尺寸见表 1-2。

表 1-2　　基本幅面及图框尺寸　　单位：mm

幅面代号		A0	A1	A2	A3	A4
幅面尺寸［宽×长］		841×1189	594×841	420×594	297×420	210×297
周边尺寸	e	20		10		
	c	10			5	
	a	25				

由表 1-2 可以看出，沿上一号幅面图纸的长边对折，即为下一号幅面图纸的大小。图幅在应用时若面积不够大，根据要求允许在基本幅面的短边成整数倍加长，具体尺寸参照国标《房屋建筑制图统一标准》（GB/T 50001—2017）的规定执行。同一项工程的图纸，不宜多于两种幅面。

2. 图框格式

无论用哪种幅面的图纸绘制图样，均应先在图纸上用粗实线绘出图框，图形只能绘制在图框内。图框格式分为非装订式和装订式两种，非装订式的图纸，其图框格式如图 1-11 所示；装订式的图纸，其图框格式如图 1-12 所示；图框周边尺寸见表 1-2。

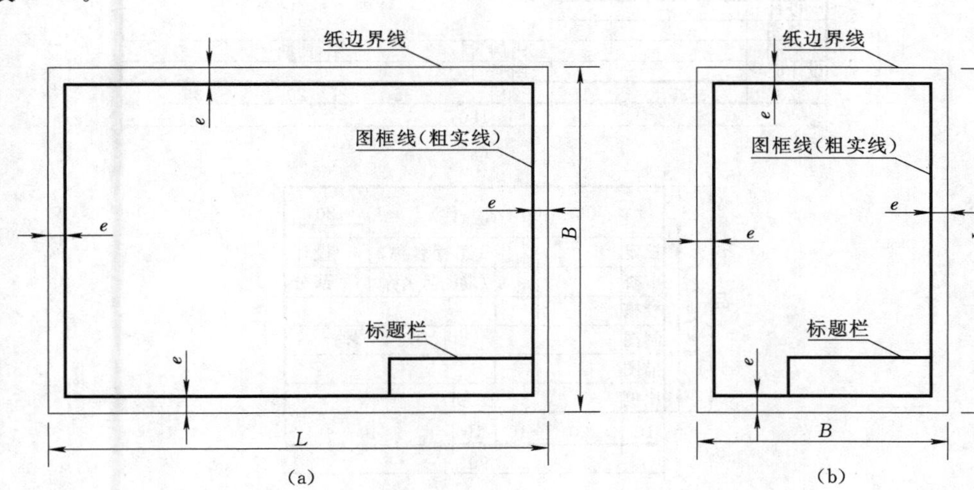

图 1-11　非装订式图框

3. 标题栏

图样中的标题栏（简称图标）是图样的重要内容之一，每张图纸都必须画出标题栏。标题栏画在图纸右下角，外框线为粗实线，内部分格线为细实线，如图 1-13、图 1-14 所示。A0、A1 图幅可采用图 1-13（a）所示标题栏；A2～A4 图幅可采用图 1-13（b）所示标题栏。校内作业建议采用图 1-14 所示标题栏。

4. 会签栏

会签栏是供各工种设计负责人签署单位、姓名和日期的表格。会签栏的内容、格式和尺寸如图 1-15（a）所示，会签栏一般宜在标题栏的右上角或左下角，如图 1-15（b）、（c）所示。不需会签的图纸，可不设会签栏。

动画 1-7
装订式图框

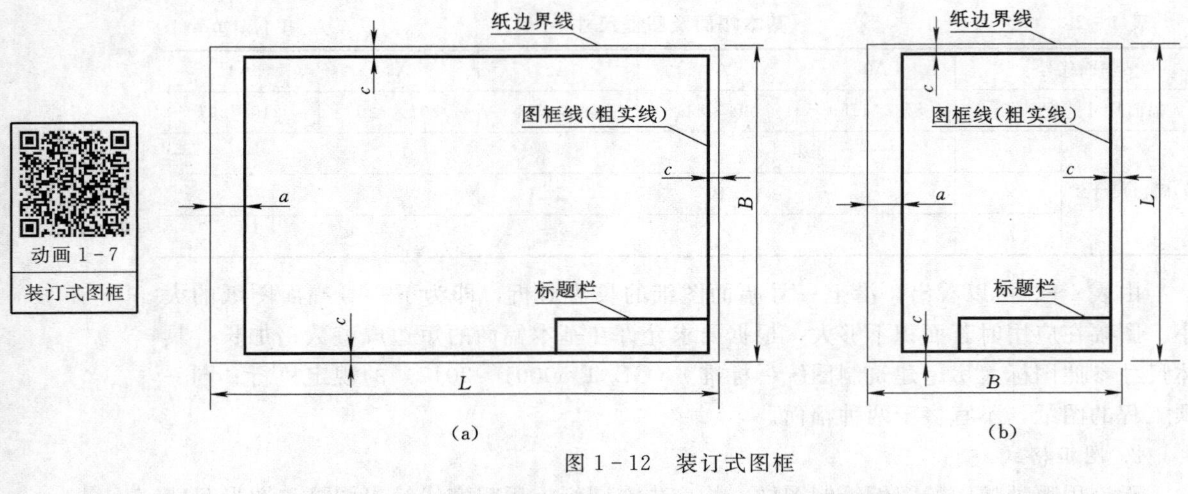

图 1-12　装订式图框

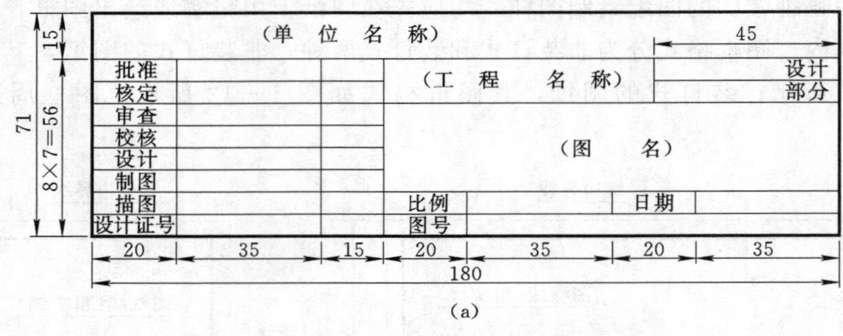

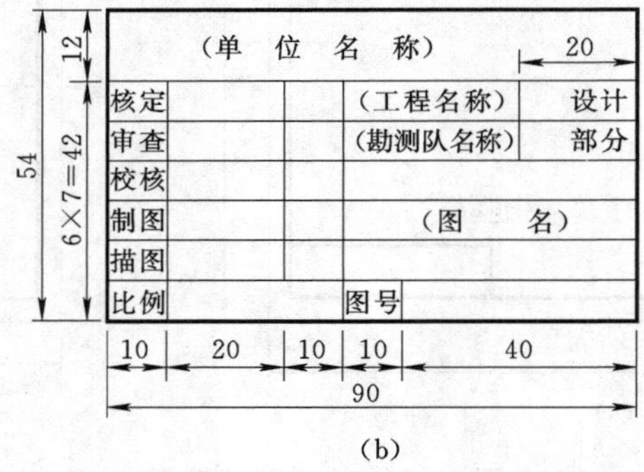

图 1-13　标题栏

(a) 标题栏（A0、A1）；(b) 标题栏（A2～A4）

			15	20	15	20
（图　　名）			比例		班级	
			图号		学号	
制图		（日期）	（校　　名）			
审核		（日期）				
15	30	25				

总长 140；高 4×8=32

图 1-14　校内作业标题栏

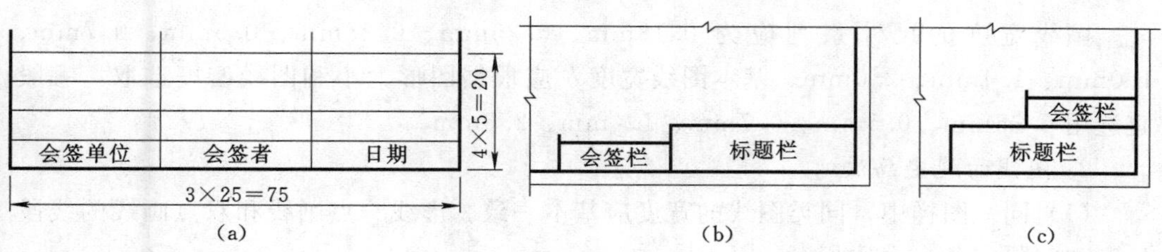

图 1-15　会签栏

二、图线

1. 图线及其应用

画在图纸上的线条统称图线。在制图标准中对各种不同图线的名称、形式、宽度和应用都作了明确的规定，常用的几种图线线型和用途见表 1-3。

表 1-3　图线线型和用途

序号	图线名称	线　型	线宽	一　般　用　途
1	粗实线	————	b	(1) 可见轮廓线 (2) 钢筋 (3) 结构分缝线 (4) 材料分界线 (5) 断层线 (6) 岩性分界线
2	虚线	– – – –（1～2，3～6）	$b/2$	(1) 不可见轮廓线 (2) 不可见结构分缝线 (3) 原轮廓线 (4) 推测地层界限
3	细实线	————	$b/3$	(1) 尺寸线和尺寸界限 (2) 剖面线 (3) 示坡线 (4) 重合剖面的轮廓线 (5) 钢筋图的构件轮廓线 (6) 表格中的分格线 (7) 曲面上的素线 (8) 引出线
4	点画线	—·—（1～2，1～2，15～30）	$b/3$	(1) 中心线 (2) 轴线 (3) 对称线
5	双点画线	—··—	$b/3$	(1) 原轮廓线 (2) 假想投影轮廓线 (3) 运动构件在极限或中间位置的轮廓线
6	波浪线	～～	$b/3$	(1) 构件断裂处的边界线 (2) 局部剖视的边界线
7	折断线	—⌇—	$b/3$	(1) 中断线 (2) 构件断裂处的边界线

图线宽度的尺寸系列应为 0.18mm、0.25mm、0.35mm、0.5mm、0.7mm、1.0mm、1.4mm、2.0mm。基本图线宽度 b 应根据图形大小和图线密度选取，一般宜选用 0.35mm、0.5mm、0.7mm、1.4mm、2.0mm。

2. *图线的规定画法*

(1) 同一图样中，同类图线的宽度应基本一致。虚线、点画线和双点画线的线段长度和间隔应各自大致相等。

(2) 点画线、双点画线的两端应是线段而不是点，当在较小图形中绘制有困难时，可用细实线代替。

(3) 画图时应注意图线相交、相接和相切处的规定画法，如图 1-16 所示。

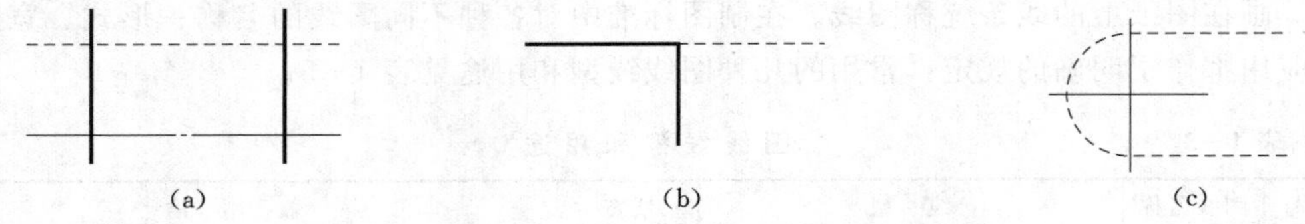

图 1-16 图线的规定画法

(a) 图线相交应是线段相交；(b) 虚线与实线相接时，粗实线应画至分界点，留间断后再画虚线；(c) 圆弧虚线与直虚线相切时，圆弧虚线应画至切点处，留间断后再画直虚线

3. *剖面线的画法*

水利工程中使用的建筑材料类别很多，画剖视图与剖面图时，必须根据建筑物所用的材料画出建筑材料图例，称剖面材料符号，以分辨材料类别，方便施工。常见建筑材料图例见表 1-4。

表 1-4 **常用建筑材料图例**

材料		符号	说明	材料	符号	说明
水、液体			用尺画水平细线	岩基		用尺画
自然土壤			徒手绘制	夯实土		斜线为 45°细实线，用尺画
混凝土			石子带有棱角	钢筋混凝土		斜线为 45°细实线，用尺画
干砌块石			石缝要错开，空隙不涂黑	浆砌块石		石缝间空隙涂黑
卵石			石子无棱角	碎石		石子有棱角
木材	纵纹		徒手绘制	砂、灰、土、水泥砂浆		点为不均匀的小圆点
	横纹					
金属			斜线为 45°细实线，用尺画	塑料、橡胶及填料		斜线为 45°细实线，用尺画

三、字体

图样中除了绘制图线外，还要用汉字填写标题栏与说明事项；用数字标注尺寸；用字母注写各种代号或符号。制图标准对图样中的汉字、数字和字母的大小及字型作出规定，并要求书写时必须做到字体工整、笔画清楚、间隔均匀、排列整齐。

字体的大小以字号表示，字号就是字体的高度。图样中字体的大小应依据图幅、比例等情况从制图标准中规定的下列字号中选用：2.5mm、3.5mm、5mm、7mm、10mm、14mm、20mm。字宽一般为字高的0.7倍。

1. 汉字

汉字应尽可能书写成长仿宋体，并采用国家正式公布实施的简化字，字高不应小于3.5mm。长仿宋体字的特点是：笔画粗细一致，挺拔秀丽，易于硬笔书写，便于阅读。书写要领是横平竖直、起落有锋、结构匀称、填满方格。长仿宋体字示例如下：

水利枢纽河流电墙护坡垫底沉陷温（10号字）
水利枢纽河流电墙护坡垫底沉陷温度伸缩缝防洪（7号字）
水利枢纽河流电墙护坡垫底沉陷温度伸缩缝防洪渠道沟槽设计回（5号字）
水利枢纽河流电墙护坡垫底沉陷温度伸缩缝防洪渠道沟槽设计回填挖土厂（3号字）

2. 数字和字母

数字和字母可以写成直体，也可以写成与水平线成75°的斜体。工程图样中常用斜体，但与汉字组合书写时，则宜采用直体。数字和字母示例如下：

ABCDEFGHIJKLMNOPQ（拉丁字母大写斜体）
abcdefghijklmnopqrst（拉丁字母小写斜体）
0123456789 0123456789（阿拉伯字母斜、直体）
I II III IV V VI VII VIII IX X（罗马字母斜体）

四、尺寸标注

图样除反映物体的形状外，还需注出物体的实际尺寸，以作为工程施工的依据。尺寸标注是一项十分重要的工作，必须认真仔细，准确无误，严格按照制图标准中的有关规定。如果尺寸有遗漏或错误，将会给施工带来困难和损失。

1. 尺寸组成

完整的尺寸包括4个要素：尺寸界线、尺寸线、尺寸起止符号和尺寸数字，如图

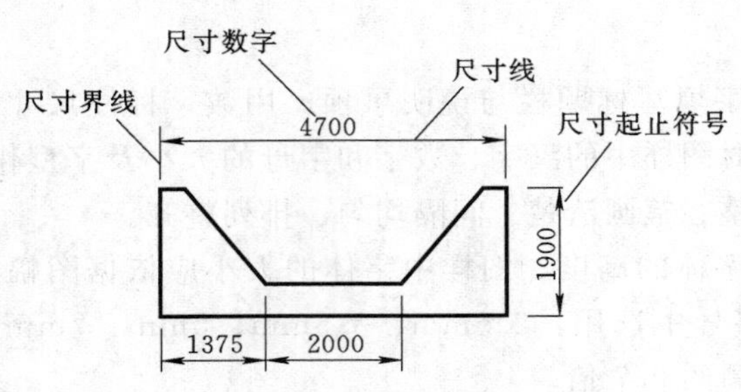

图 1-17　尺寸标注四要素

1-17 所示。

（1）尺寸界线。尺寸界线用于表示所注尺寸的范围，用细实线绘制。尺寸界线一般从图形的轮廓线、轴线或中心线处引出，也可直接利用轮廓线、轴线或中心线作为尺寸界线。绘制尺寸界线时，引出线一端应离开轮廓线 2～3mm，另一端应超出尺寸线 2～3mm。

（2）尺寸线。尺寸线用于表示尺寸的方向，用细实线绘制。尺寸线两端应指到尺寸界线，与被注的轮廓线等长且平行。互相平行的尺寸线，按尺寸由小到大的顺序从轮廓线由近向远整齐排列，最近的尺寸线与轮廓线之间距离不宜小于 10mm，平行尺寸线之间的间距为 7～10mm，并应保持一致。尺寸线必须单独画出，不能用图样中任何图线代替。

（3）尺寸起止符号。尺寸起止符号用于表示尺寸的起止点，一般采用箭头，形式如图 1-18（a）所示；必要时也可使用 45°细短画线，其倾斜方向应与尺寸界线成 45°，长度为 2～3mm，如图 1-18（b）所示。当尺寸线两端采用 45°细短画线时，尺寸线与尺寸界线必须垂直。在同一张图纸上，宜采用一种尺寸起止符号。半径、直径、角度和弧长等尺寸起止符号必须使用箭头。

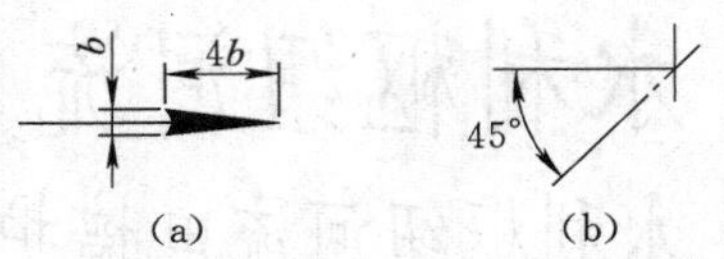

图 1-18　尺寸起止符号

（4）尺寸数字。尺寸数字表示物体的真实大小，用阿拉伯数字注写在尺寸线的中部。水平方向的尺寸，尺寸数字要写在尺寸线的上方，字头朝上；竖直方向的尺寸，尺寸数字要写在尺寸线的左侧，字头朝左，如图 1-19（a）所示；倾斜方向的尺寸，尺寸数字注写方法如图 1-19 所示（b）。尽可能避免在图 1-19（b）所示的 30°范围内标注尺寸，当无法避免时可按图 1-19（c）所示的形式标注。尺寸数字不可被任何图线或符号所通过，当无法避免时，必须将其他图线或符号断开，如图 1-19（d）

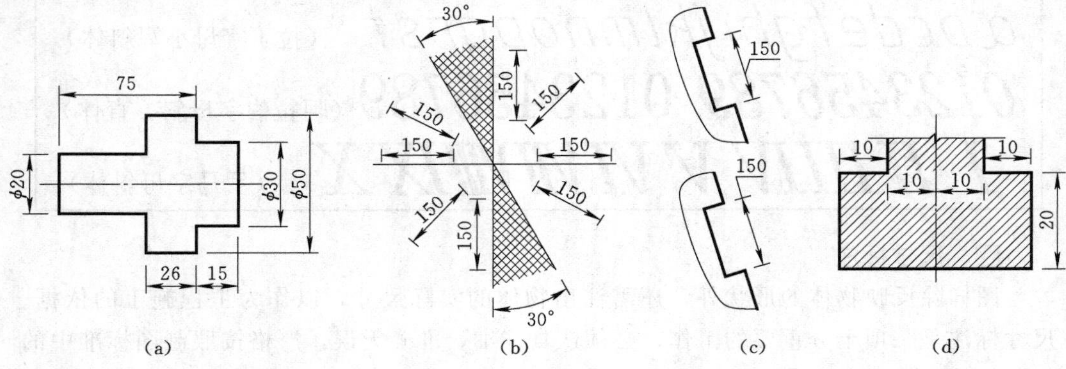

图 1-19　尺寸数字的注写方法

（a）水平和竖直方向尺寸；（b）倾斜方向尺寸；（c）30°范围内尺寸数字注写方法；（d）断开图线注写尺寸数字

所示。

图样中标注的尺寸单位，除标高、桩号及规划图、总布置图的尺寸以 m 为单位外，其余尺寸均以 mm 为单位，图中不必说明。若采用其他尺寸单位时，则必须在图纸中加以说明。

2. 常见尺寸标注方法

(1) 直线段的尺寸标注如图 1－20 所示。

(2) 角度的尺寸标注如图 1－21 所示。

(3) 圆和圆弧的尺寸标注如图 1－22 所示。

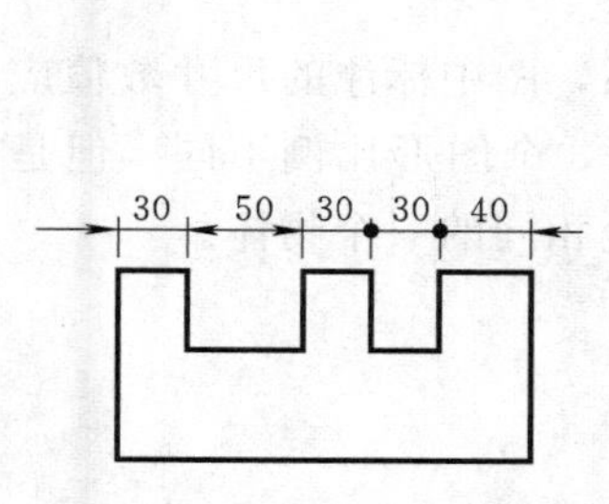

图 1－20　直线段的尺寸标注

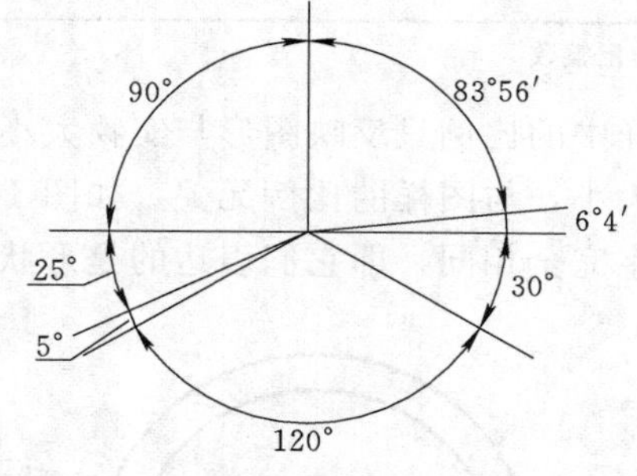

图 1－21　角度的尺寸标注

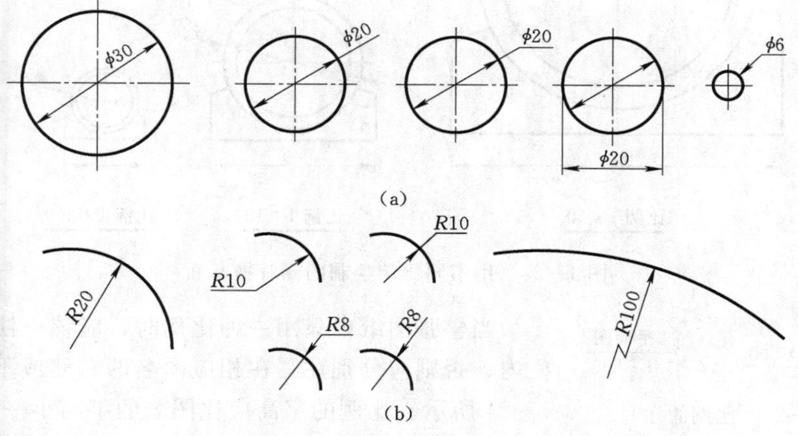

图 1－22　圆和圆弧的尺寸标注

五、比例

工程建筑物的尺寸一般都很大，不可能都按实际尺寸绘制，所以用图样表达物体时，需选用适当的比例将图形缩小。而有些机件的尺寸很小，则需要按一定比例放大。

图样中图形与实物相对应的线性尺寸之比即为比例。比值为 1 称原值比例，即图形与实物同样大；比值大于 1 称放大比例，如 2∶1，即图形是实物的两倍大；比值小于 1 称缩小比例，如 1∶2，即图形是实物的一半大。绘图时所用的比例应根据图样的用途和被绘对象的复杂程度，采用表 1－5 所列的《水利水电工程制图标准》（SL

73.1—2013）规定的比例，并优先选用表中常用比例。

表 1－5　　水利工程制图规定比例

种　类	选　用	比　例			
原值比例	常用比例	1∶1			
放大比例	常用比例	2∶1	5∶1	(10×n)∶1	
	可用比例	2.5∶1	4∶1		
缩小比例	常用比例	1∶10^n	1∶2×10^n	1∶5×10^n	
	可用比例	1∶1.5×10^n	1∶2.5×10^n	1∶3×10^n	1∶4×10^n

注　n 为正整数。

图样中的比例只反映图形与实物大小的缩放关系，图中标注的尺寸数值应为实物的真实大小，与图样的比例无关。如图 1－23 所示，3 个图形比例不同，但是标注的尺寸数字完全相同，即它们表达的是形状和大小完全相同的一个物体。

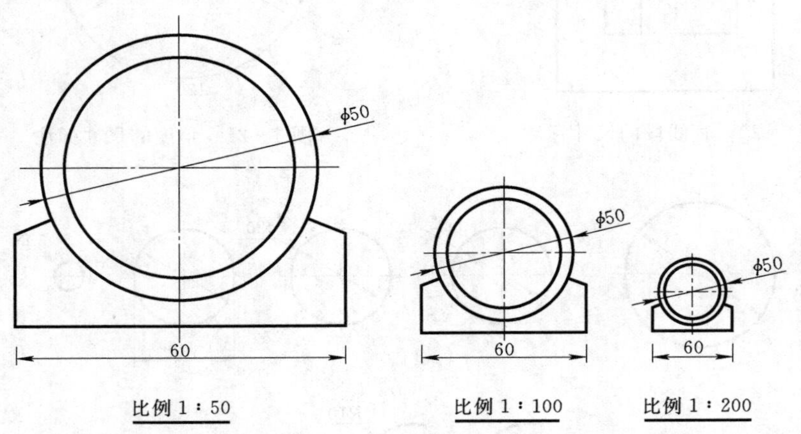

比例 1∶50　　比例 1∶100　　比例 1∶200

图 1－23　用不同比例绘制的涵管横断面

平面图 1∶500　或　平面图 / 1∶500

图 1－24　比例的注写

当整张图纸中只用一种比例时，应统一注写在标题栏内；否则应分别注写在相应图名的右侧或下方，如图 1－24 所示。比例的字高应比图名的字高小一号。

第三节　平面图形的画法

在水利工程图样中，无论物体的结构和形状怎样复杂，都是由直线、圆弧和其他一些曲线组成的。因此，掌握几何作图的基本技能和方法是绘制水利工程图的基础。

一、等分直线段与二等分角

1. 直线段的任意等分

在工程中经常将直线段等分成若干份，如图 1－25 所示，将直线段分成 5 等分。

2. 角的二等分

如图 1－26 所示，将∠AOB 分成二等分。

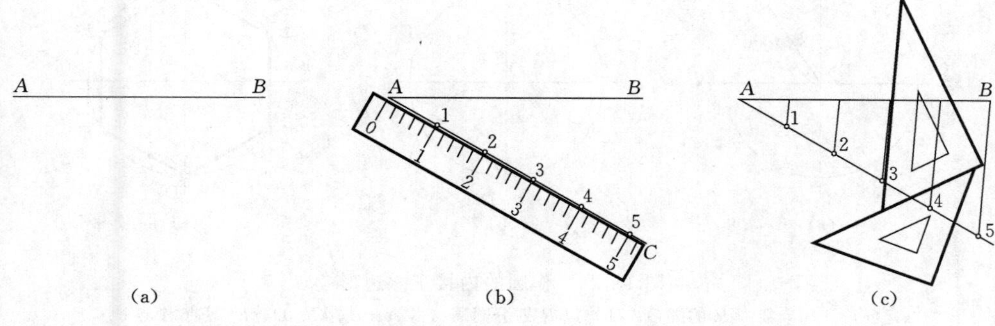

图 1-25　直线段的五等分

(a) 已知直线段 AB；(b) 过 A 点作任意直线 AC，用直尺在 AC 上从点 A 起截取任意长度五等分，得 1、2、3、4、5 点；(c) 连接 B、5 两点，过其余点分别作平行于 $B5$ 的直线，交 AB 于 4 个等分点

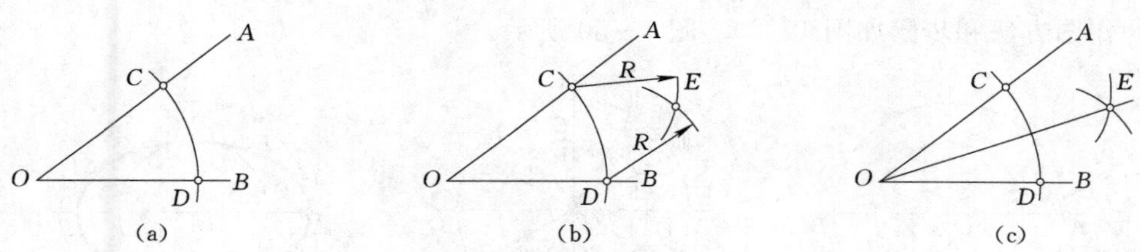

图 1-26　角的二等分

(a) 以 O 点为圆心、任意长为半径作圆弧，交 OA 于 C，交 OB 于 D；(b) 以 C、D 为圆心，以相同半径 R 作圆弧，两圆弧交于 E；(c) 连接 OE，即为所求角的二等分线

二、等分圆周作正多边形

1. 正五边形

作圆的内接正五边形，如图 1-27 所示。

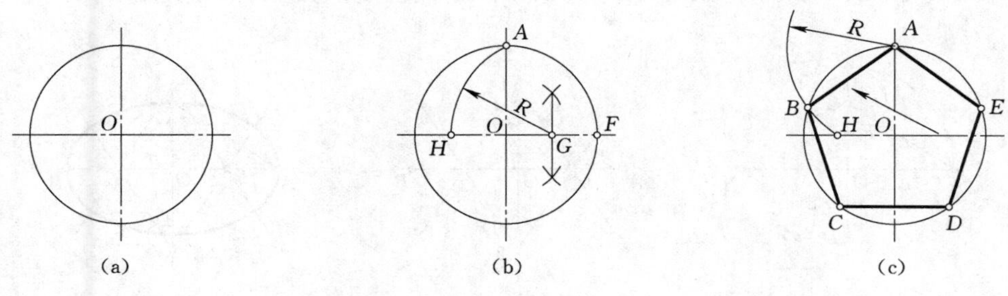

图 1-27　作圆的内接正五边形

(a) 已知圆 O；(b) 作半径 OF 的二等分点 G，以 G 为圆心，GA 为半径作圆弧，交直径于 H；(c) 以 AH 为半径，分圆周为五等分，顺序将 A、B、C、D、E 5 个等分点连接起来，即为所求圆内接正五边形

2. 正六边形

作圆的内接正六边形，如图 1-28 所示。

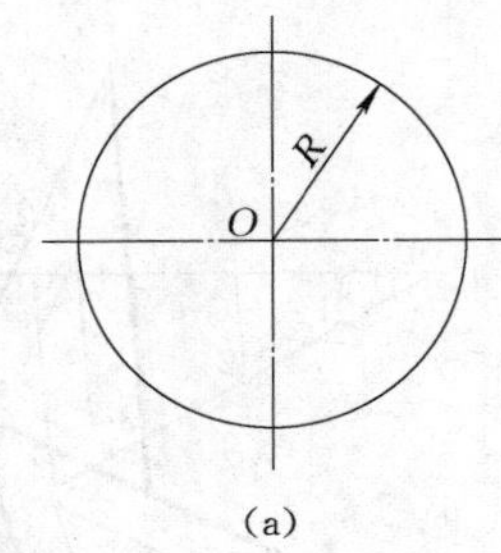

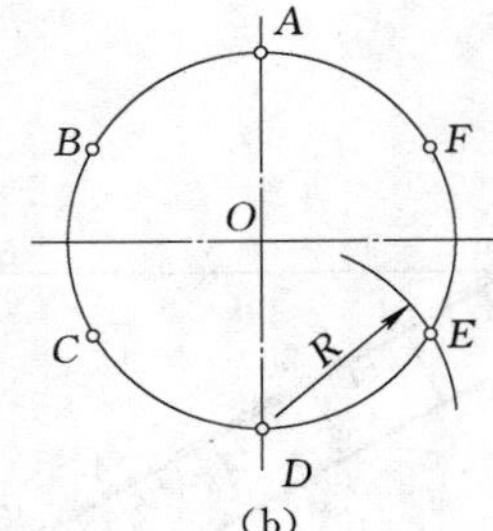

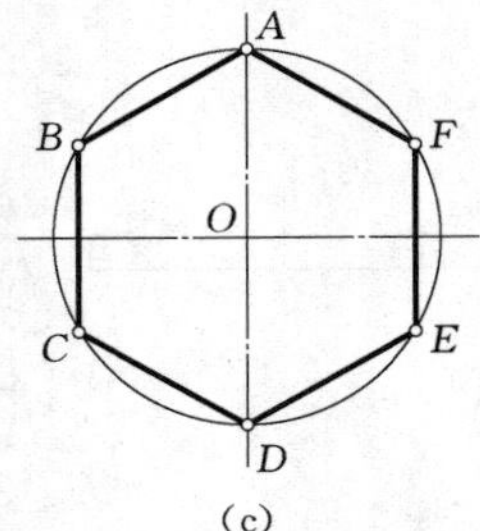

图 1-28　作圆的内接正六边形

(a) 已知半径为 R 的圆 O；(b) 以 R 划分圆周，得 A、B、C、D、E、F 6 个点；
(c) 顺序将 6 个等分点连接起来，即为所求圆内接正六边形

三、椭圆的画法

椭圆是工程图样中常见的一种非圆曲线，常采用同心圆法或四心圆法来近似绘制，作图方法和步骤如图 1-29、图 1-30 所示。

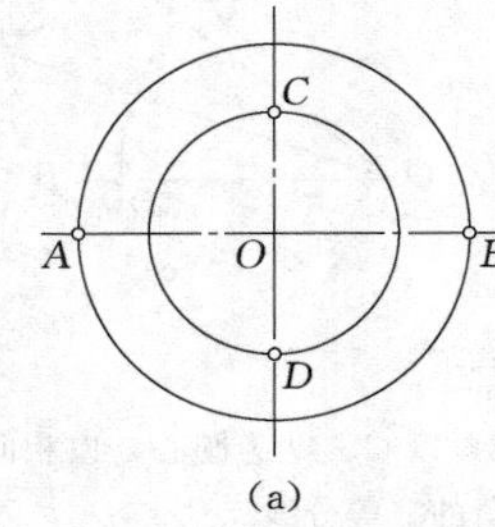

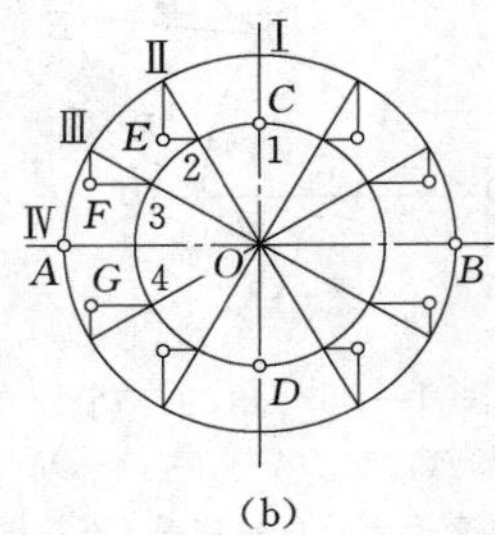

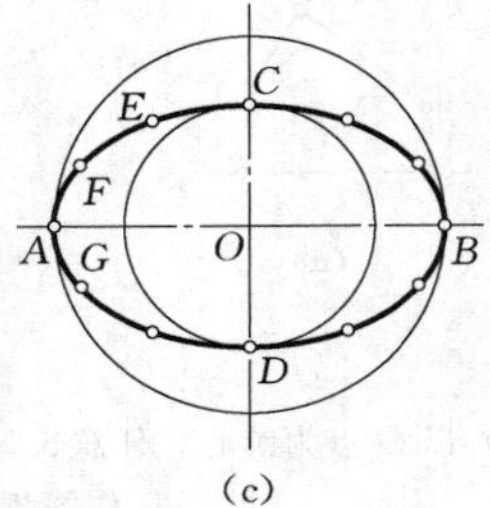

图 1-29　同心圆法作椭圆

(a) 已知椭圆的长轴 AB 和短轴 CD，以 O 为圆心，分别以 OA、OC 为半径画两个同心圆；
(b) 将两同心圆等分（图例为 12 等分），得各等分点Ⅰ、Ⅱ、Ⅲ、Ⅳ、…和 1、2、3、4、…。过大圆等分点作短轴的平行线，过小圆等分点作长轴的平行线，分别交于点 E、F、G、…；(c) 用曲线板顺序将点 E、F、G、…光滑地连接起来，即为所求椭圆

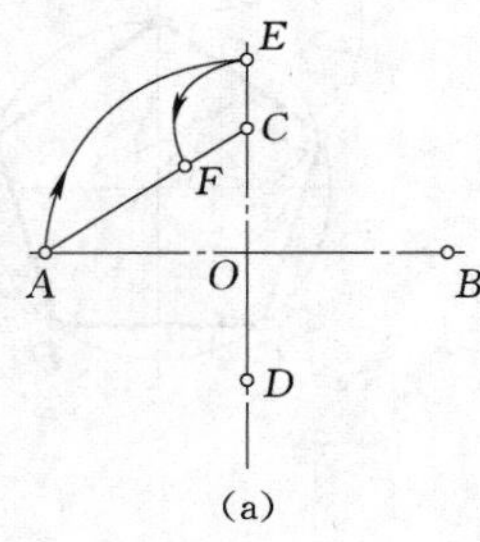

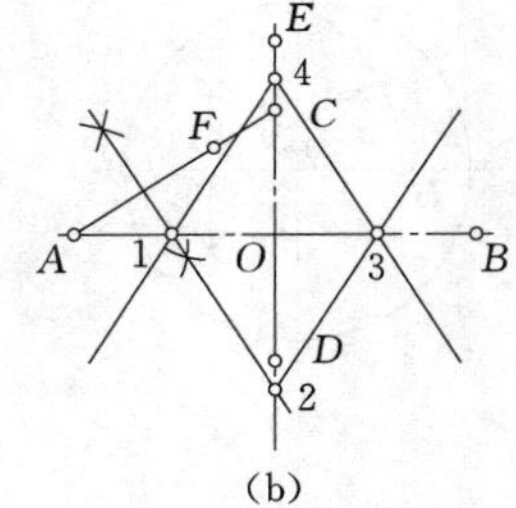

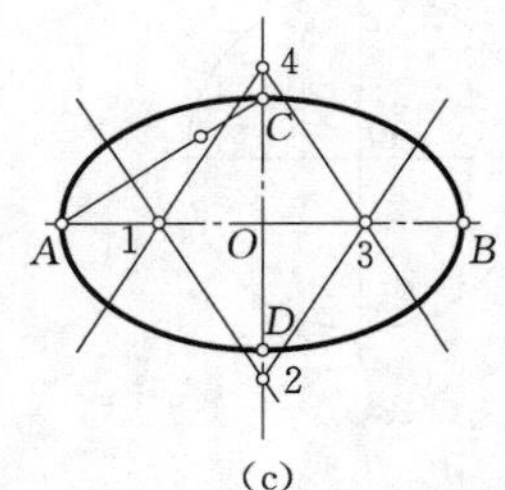

图 1-30　四心圆法作椭圆

(a) 已知椭圆的长轴 AB 和短轴 CD，以 O 为圆心，OA 为半径画圆弧交短轴 OC 延长线于点 E。再以 C 为圆心，CE 为半径画圆弧交 AC 于点 F；(b) 作线段 AF 的垂直平分线，与长、短轴分别交于点 1、2，再取点 1、2 的对称点 3、4。作连心线 21、23、41、43，并如图延长；(c) 分别以 1、3 为圆心，$1A$（或 $3B$）为半径画圆弧至连心线的延长线，再分别以 2、4 为圆心，$2C$（或 $4D$）为半径画圆弧至连心线的延长线，即为所求椭圆

四、圆弧连接

圆弧连接是指用一个已知半径但未知圆心位置的圆弧，把已知两条线段光滑地连接起来。光滑连接，即连接圆弧要与相邻线段相切。因此在作图时要解决两个问题：一是求出连接圆弧的圆心位置；二是找出连接点即切点的位置。圆弧连接的基本形式有3种，其作图方法如图1－31～图1－34所示。

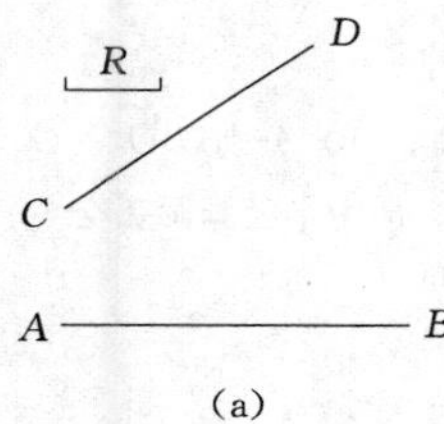

(a)

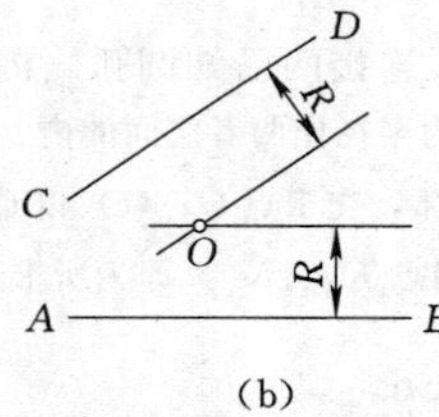

(b)

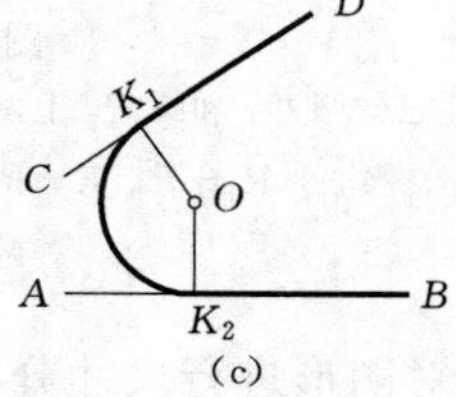

(c)

图1－31　圆弧连接两已知直线

(a) 已知两直线 AB 和 CD，以 R 为半径作两者之间的连接圆弧；(b) 如图分别作 AB 和 CD 距离为 R 的平行线，交于点 O；(c) 以 O 为圆心、R 为半径画圆弧交 AB 和 CD 于切点 K_1、K_2，即为所求连接圆弧

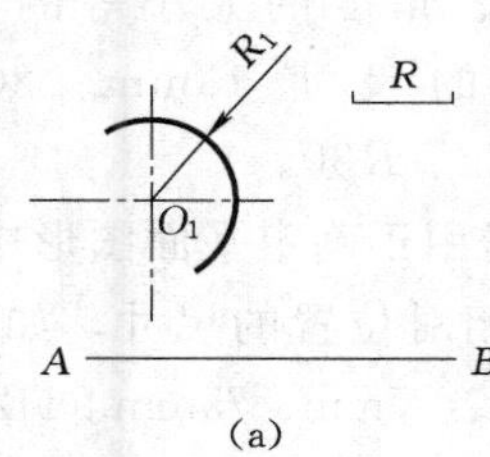

(a)

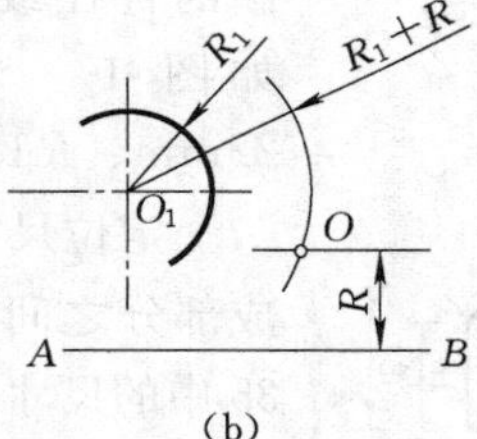

(b)

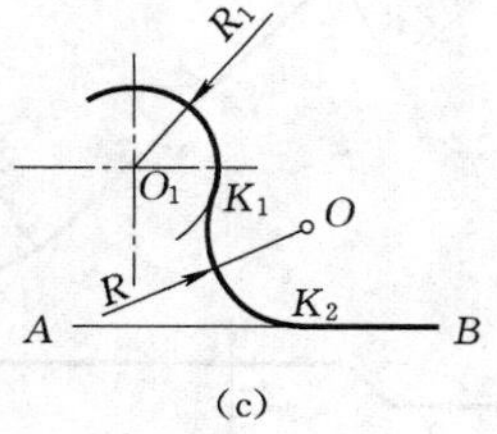

(c)

图1－32　圆弧连接一直线和外接一圆弧

(a) 已知直线 AB 和圆 O_1 上一段弧，以 R 为半径作两者之间的连接圆弧；(b) 如图作 AB 距离为 R 的平行线，以 O_1 为圆心，R_1+R 为半径画圆弧交 AB 的平行线于点 O；(c) 以 O 为圆心、R 为半径画圆弧交圆弧和 AB 于切点 K_1、K_2，即为所求连接圆弧

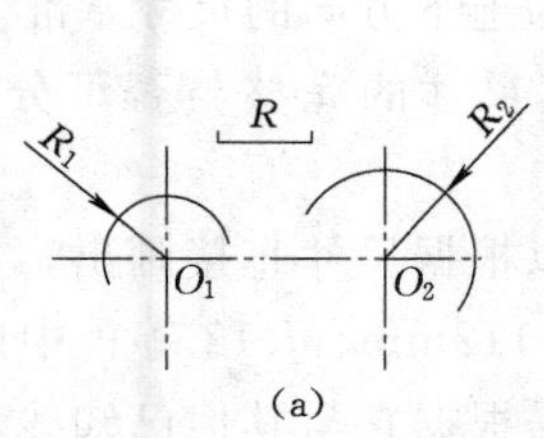

(a)

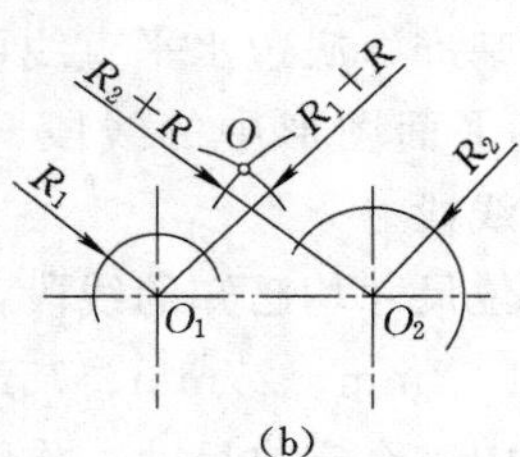

(b)

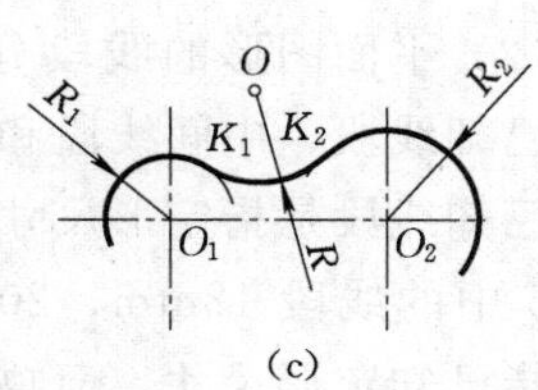

(c)

图1－33　圆弧连接两已知圆弧（外连接）

(a) 已知圆 O_1 和圆 O_2 上两圆弧，以 R 为半径作两者之间的外连接圆弧；(b) 分别以 O_1、O_2 为圆心，R_1+R、R_2+R 为半径画圆弧，交于点 O；(c) 以 O 为圆心、R 为半径画圆弧交两已知圆弧于切点 K_1、K_2，即为所求连接圆弧

五、平面图形的分析和绘制

1. 平面图形的分析

平面图形是由许多基本线段连接而成的。有些线段可以根据所给定的尺寸直接画出；而有些线段则需要利用已知条件和线段连接关系才能间接作出。所以，在画图时

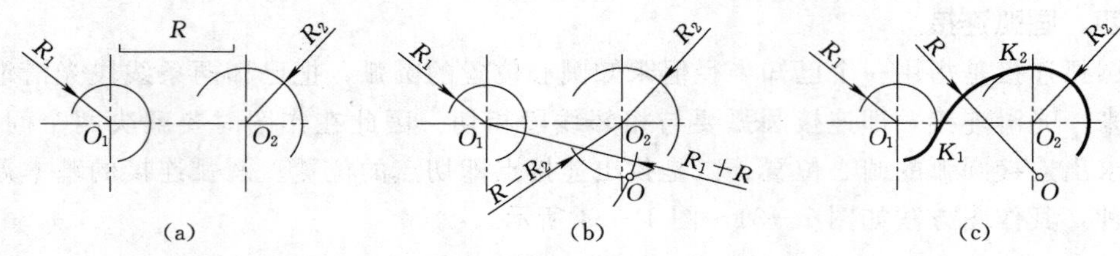

图 1 - 34　圆弧连接两已知圆弧（内外连接）

(a) 已知圆 O_1 和圆 O_2 上两圆弧，以 R 为半径作两者之间的内、外接圆弧；(b) 分别以 O_1、O_2 为圆心，R_1+R、$R-R_2$ 为半径画圆弧，交于点 O；(c) 以 O 为圆心、R 为半径画圆弧交两已知圆弧于切点 K_1、K_2，即为所求连接圆弧

应首先对图形进行尺寸分析和线段分析。

(1) 平面图形的尺寸分析。平面图形中的尺寸，按其作用可分为定形尺寸和定位尺寸两种。

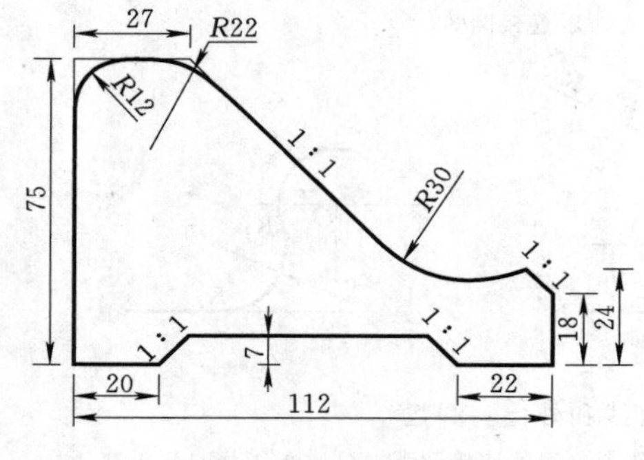

图 1 - 35　滚水坝

动画 1 - 13

滚水坝

定形尺寸是指用于确定线段的长度、圆的直径或半径、角度的大小等的尺寸，如图 1 - 35 中的尺寸 18mm、20mm、22mm、$R12$、$R22$、$R30$。

定位尺寸是指用于确定平面图形中各组成部分之间所处相对位置的尺寸，如图 1 - 35 中的尺寸 24mm、27mm、75mm、112mm。

定位尺寸应以尺寸基准作为标注尺寸的起点，一个平面图形应有水平和铅垂两个方向的尺寸基准。尺寸基准通常选用图形的对称线、底边、侧边、圆或圆弧的中心线等。在图 1 - 35 所示的平面图中，左边铅垂直线可作为左右方向的尺寸基准，底边水平直线可作为上下方向的尺寸基准。

(2) 平面图形的线段分析。平面图形中的线段，按其尺寸的完整与否可分为 3 种：已知线段、中间线段和连接线段。

已知线段是指定形尺寸和定位尺寸均已知的线段，可以根据尺寸直接画出，如图 1 - 35 中的线段 18mm、20mm、22mm、27mm、75mm、112mm、$R12$ 等；中间线段是指已知定形尺寸，但缺少其中一个定位尺寸，作图时需根据它与其他已知线段的连接条件，才能确定其位置的线段，如图 1 - 35 中的线段 $R22$ 等；连接线段是指只有定形尺寸，没有定位尺寸，作图时需根据与其两端相邻线段的连接条件，才能确定其位置的线段，如图 1 - 35 中的线段 $R30$ 和坡度为 1∶1 的坝面线。

2. 平面图形的绘制步骤与方法

(1) 首先对平面图形进行尺寸分析和线段分析，找出尺寸基准和圆弧连接的线段，拟定作图顺序。

(2) 确定比例和布局，用 H 或 2H 铅笔轻画底稿。先画图框、标题栏、平面图形的对称线、中心线或基准线，再顺次画出已知线段、中间线段、连接线段。

（3）标注尺寸，并校核修正底稿，清理图面。

（4）用 HB 铅笔加深粗线，用 H 铅笔加深细线及写字，圆规加深用 B 铅芯。

一张高质量的图样，应作图准确，图形布局匀称，图线粗细分明，尺寸排列美观易读，数字、字母和汉字书写清晰、规范，同字号字体大小一致，图面干净整洁。

【复习思考题】

1. GB 中规定 A3 图幅［宽（mm）×长（mm）］的尺寸是（　　）。

A. 210×297　　B. 420×594　　C. 841×1189　　D. 297×420

2. A1 图幅是 A4 图幅的（　　）。

A. 8 倍　　B. 16 倍　　C. 4 倍　　D. 32 倍

3. A1 图幅中的 e 值是（　　）mm。

A. 10　　B. 20　　C. 15　　D. 25

4. GB 中规定图标在图框内的位置是（　　）。

A. 左下角　　B. 右上角　　C. 右下角　　D. 左上角

5. 分别用下列比例画同一个物体，画出图形最大的比例是（　　）。

A. 1∶100　　B. 1∶50　　C. 1∶10　　D. 1∶200

6. 图上尺寸数字代表的是（　　）。

A. 图上线段的长度　　B. 物体的实际大小

C. 随比例变化的尺寸　　D. 图线乘比例的长度

7. 标注直线段尺寸时，铅直尺寸线上的尺寸数字字头方向是（　　）。

A. 朝上　　B. 朝左　　C. 朝右　　D. 任意

8. 制图标准规定尺寸线（　　）。

A. 可以用轮廓线代替　　B. 可以用轴线代替

C. 可以用中心线代替　　D. 不能用任何图线代替

9. 绘制连接圆弧图时，应确定（　　）。

A. 切点的位置　　B. 连接圆弧的圆心

C. 先定圆心再定切点　　D. 连接圆弧的大小

10. 绘制平面图形时，应首先绘制（　　）。

A. 曲线　　B. 已知线段　　C. 中间线段　　D. 连接线段

第二篇　投影制图

第二章　投影的基本知识

【学习目的】 掌握正投影的基本原理，掌握三视图的形成及其投影规律，掌握点、线、面的投影特性。

【学习要点】 投影的基本特性；物体的三视图的绘制；点、线、面的投影特性。

【课程思政】 党的二十大报告提出：在全社会弘扬劳动精神、奋斗精神、奉献精神、创造精神。

三视图的投影规律“长对正、高平齐、宽相等”九字诀，是我国图学奠基人之一的赵学田教授提出的。20 世纪 50 年代初，新中国建设进行得如火如荼，国家开始大规模经济建设。为了解决制造工人看不懂图纸的问题，提高工程的技术水平，跟上国家建设的需要，他深入工厂进行实践研究，将复杂的投影原理概括为“长对正、高平齐、宽相等”通俗易懂的九字歌诀。他的爱国精神、责任和担当值得每一位水利人学习。

第一节　投　影　方　法

一、投影的概念

在日常生活中，可以看到当太阳光或灯光照射物体时，在地面或墙壁上出现物体的影子，这就是一种投影现象。

投影法与自然投影现象类似，就是投影线通过物体向选定的投影面投射，并在该面上得到图形的方法，用投影法得到的图形称为投影图或投影，如图 2 - 1 所示。

产生投影时必须具备的 3 个基本条件是投影线、被投影物体和投影面。

需要注意的是，生活中的影子和工程制图中的投影是有区别的，投影必须将物体的各个组成部分的轮廓全部表示出来，而影子只能表达物体的整体轮廓，并且内部为一个整体，如图 2 - 2 所示。

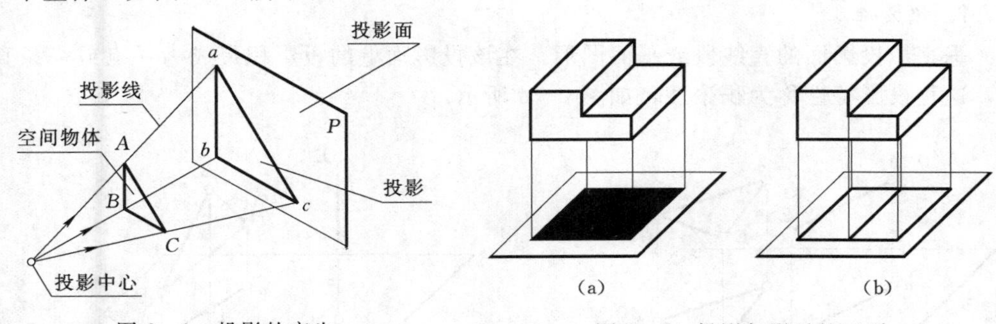

图 2 - 1　投影的产生

图 2 - 2　投影与影子的区别

(a) 影子；(b) 投影

微课 2 - 1

投影方法

二、投影法分类

根据投影线与投影面的相对位置的不同，投影法分为两种。

1. 中心投影法

投影线从一点出发，经过空间物体，在投影面上得到投影的方法（投影中心位于有限远处），如图 2-3 所示。

缺点：中心投影不能真实地反映物体的大小和形状，不适合用于绘制水利工程图样。

优点：中心投影法绘制的直观图立体感较强，适用于绘制水利工程建筑物的透视图。

2. 平行投影法

投影线相互平行经过空间物体，在投影面上得到投影的方法（投影中心位于无限远处），称为平行投影法。平行投影法根据投影线与投影面的角度不同，又分为斜投影法和正投影法，如图 2-4 所示。图 2-4（a）所示为斜投影法，图 2-4（b）所示为正投影法。

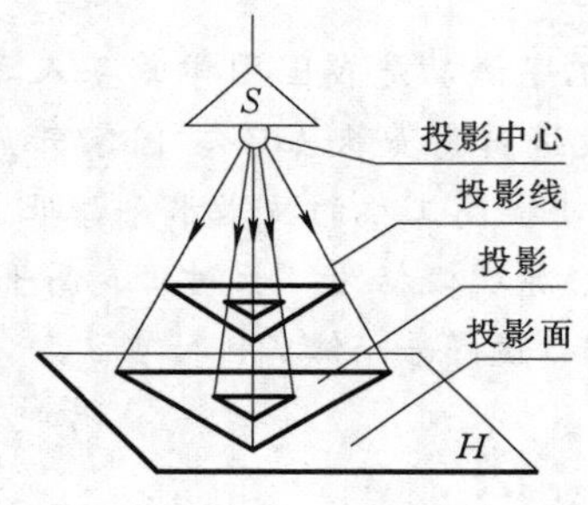

图 2-3 中心投影法

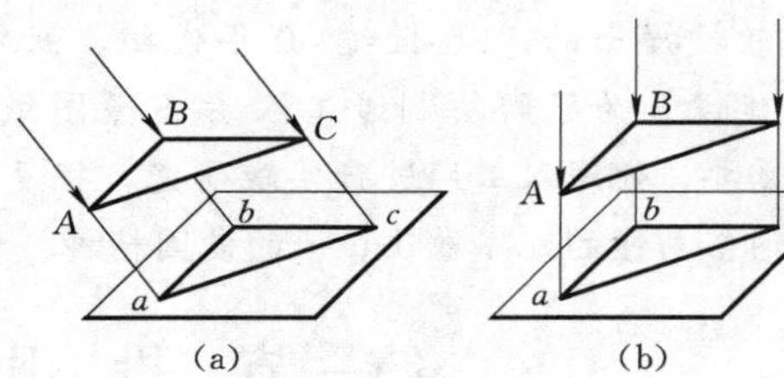

图 2-4 平行投影法

（a）斜投影法；（b）正投影法

优点：正投影法能够表达物体的真实形状和大小，作图方法也较简单，所以广泛用于绘制工程图样。

在以后的章节中所讲述的投影都是指的正投影。

三、投影的特性

1. 真实性

平行于投影面的直线段或平面图形，在该投影面上的投影反映了该直线段或者平面图形的实长或实形，这种投影特性称为真实性，如图 2-5 所示。

2. 积聚性

垂直于投影面的直线段或平面图形，在该投影面上的投影积聚成为一点或一条直线，这种投影特性称为积聚性，如图 2-6 所示。

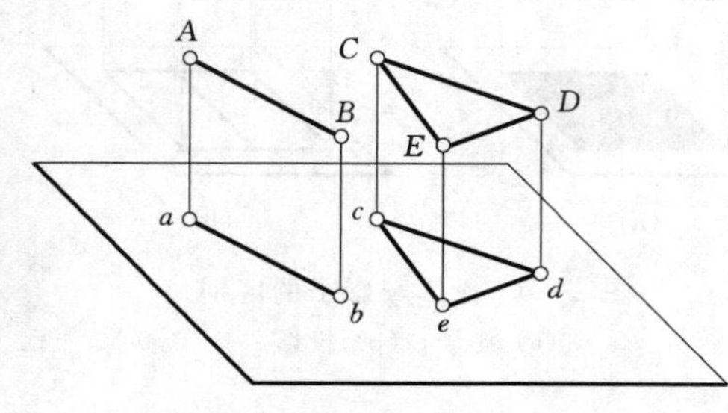

图 2-5 投影的真实性

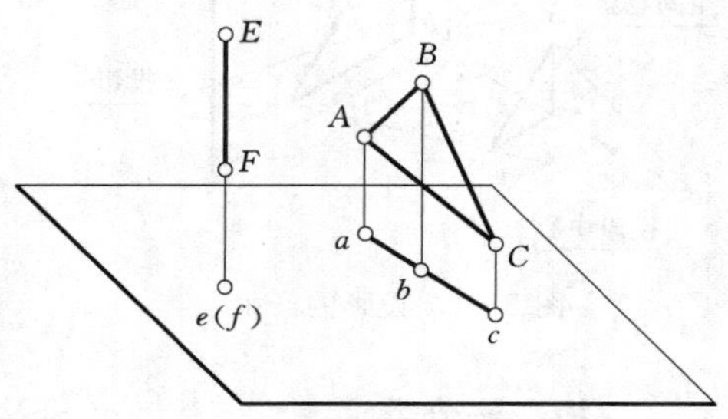

图 2-6 投影的积聚性

3. 类似收缩性

倾斜于投影面的直线段或平面图形，在该投影面上的投影长度变短或是一个比真实图形小，但形状相似、边数相等的图形，这种投影特性称为类似收缩性，如图 2－7 所示。

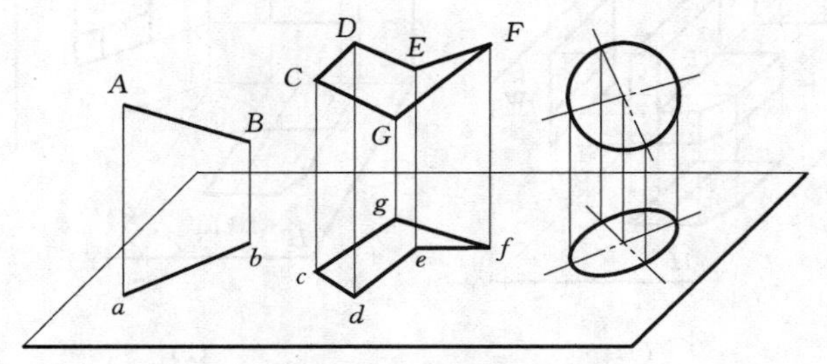

图 2－7 投影的类似收缩性

第二节 物体的三视图

如图 2－8 所示，单个投影无法全面、正确地显示物体的空间形状。要正确反映物体的完整形状，通常需要 3 个投影，制图中称为三视图。

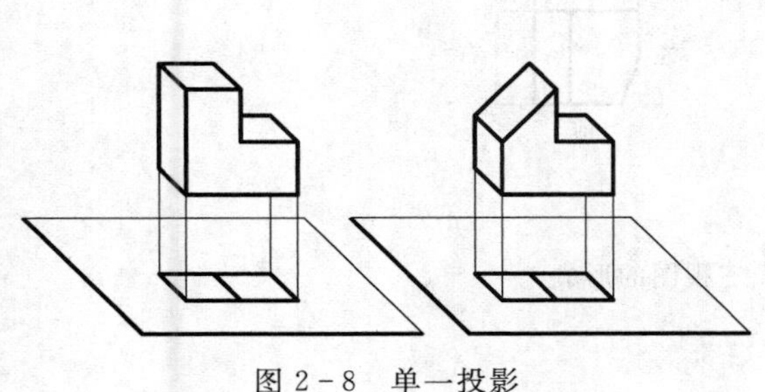

图 2－8 单一投影

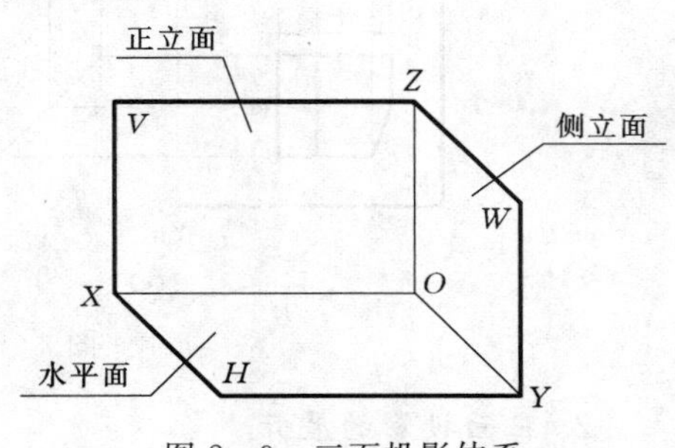

图 2－9 三面投影体系

一、三视图的形成

1. 三面投影体系的建立（图 2－9）

正立投影面简称正立面，用大写字母 V 表示。

水平投影面简称水平面，用大写字母 H 表示。

侧立投影面简称侧立面，用大写字母 W 表示。

3 个投影面垂直相交，得到 3 条投影轴 OX、OY 和 OZ。OX 轴表示物体的长度；OY 轴表示物体的宽度；OZ 轴表示物体的高度。3 个轴相交于原点 O。

如图 2－10（a）所示，将被投影的物体置于三投影面体系中，并尽可能使物体的几个主要表面平行或垂直于其中的一个或几个投影面（使物体的底面平行于 H 面，物体的前、后端面平行于 V 面，物体的左、右端面平行于 W 面）。保持物体的位置不变，将物体分别向 3 个投影面作投影，得到物体的三视图。

正视图：物体在正立面上的投影，即从前向后看物体所得的视图。

俯视图：物体在水平面上的投影，即从上向下看物体所得的视图。

左视图：物体在侧立面上的投影，即从左向右看物体所得的视图。

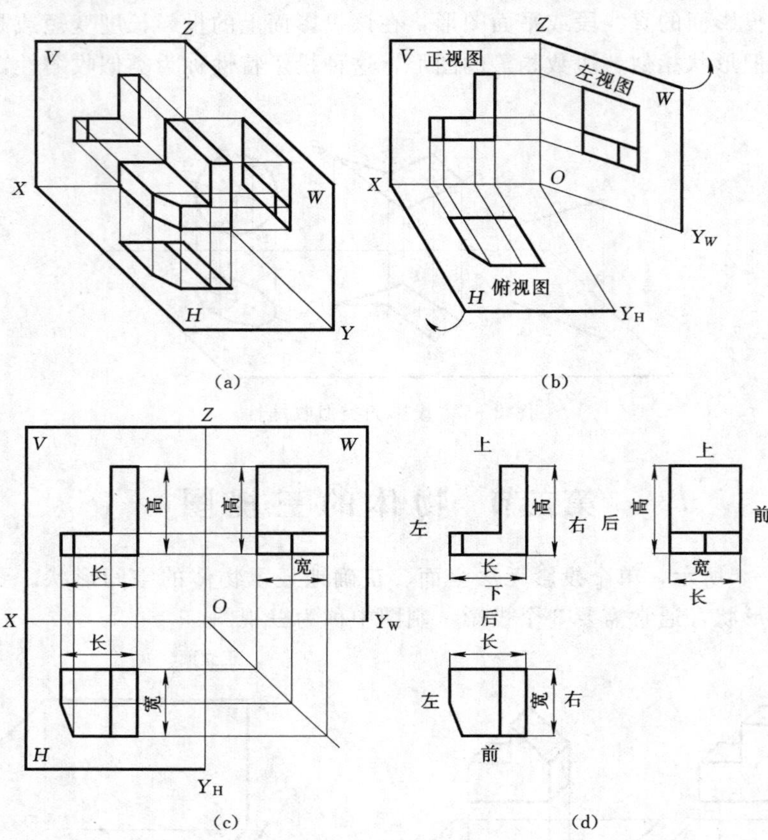

图 2－10　三视图的形成

2. 三面投影的展开

工程中的三视图是在平面图纸上绘制的，因此需要将三面投影体系展开，如图 2－10（b）所示。V 面保持不动，H 面向下绕 OX 轴旋转 90°，W 面向右旋转 90°，三面展成一个平面。OY 轴一分为二，H 面的标记为 Y_H，W 面的标记为 Y_W。

二、三视图的规律

1. 视图与物体的位置对应关系

物体的空间位置分为上下、左右、前后，尺寸为长、宽、高，如图 2－10（c）所示。

正视图：反映物体的长、高尺寸和上下、左右位置。

俯视图：反映物体的长、宽尺寸和左右、前后位置。

左视图：反映物体的高、宽尺寸和前后、上下位置。

2. 三视图的投影规律

三视图的投影规律是指 3 个视图之间的关系。从三视图的形成过程中可以看出，三视图是在物体安放位置不变的情况下，从 3 个不同的方向投影所得，它们共同表达一个物体，并且每两个视图中就有一个共同尺寸，所以三视图之间存在以下的度量关系：

正视图和俯视图“长对正”，即长度相等，并且左右对正。

正视图和俯视图“高平齐”，即高度相等，并且上下平齐。

俯视图和侧视图“宽相等”，即在作图中俯视图的竖直方向与侧视图的水平方向对应相等。

“长对正、高平齐、宽相等”是三视图之间的投影规律。

如图 2-10（d）所示，这是画图和读图的基本规律，无论是物体的整体还是局部，都必须符合这个规律。

三、三视图的画法

1. 绘图步骤

下面以图 2-11 所示的空间形体为例作三视图。

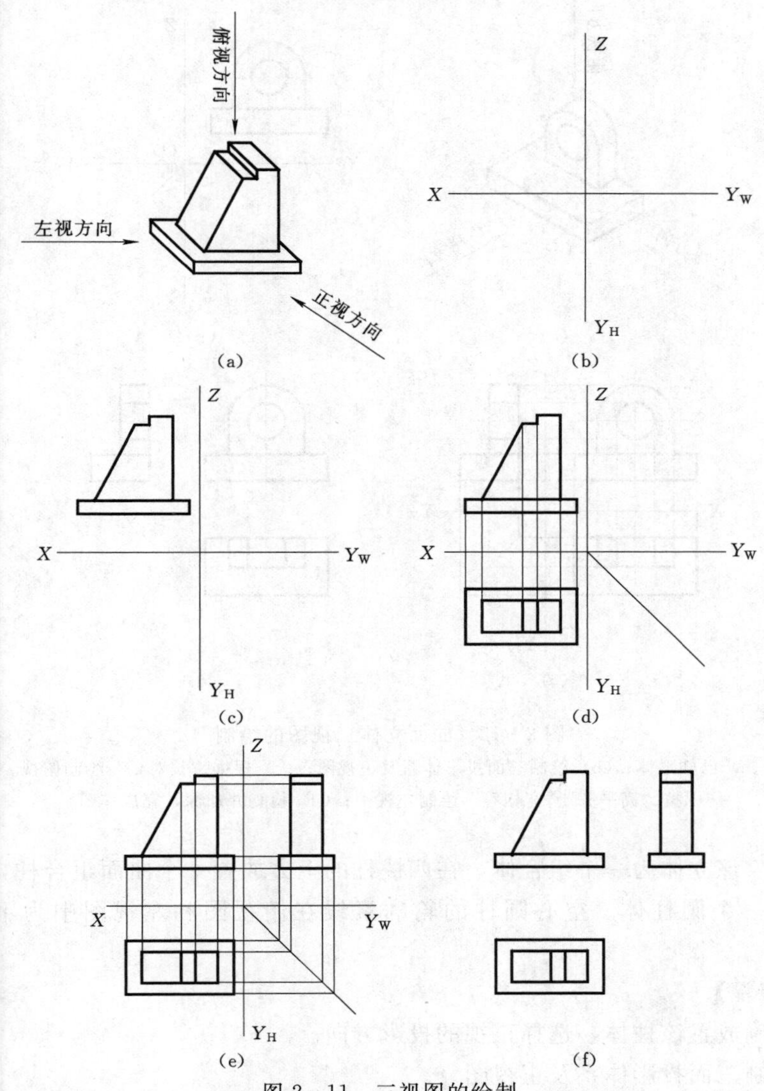

图 2-11　三视图的绘制

（a）已知形体；（b）绘制三面投影体系；（c）量取长、高画正视图；（d）按“长对正”绘制俯视图；（e）按“高平齐”“宽相等”绘制左视图；（f）检查并加深、完成作图

总结作三视图的作图步骤如下：

(1) 画展开的三面投影体系。

(2) 根据轴测图选正视方向，先画正视图。

(3) 根据“长对正”画俯视图，在俯视图右侧 Y_HOY_W 画角平分线。

(4) 根据“高平齐、宽相等”画左视图。

(5) 完成三视图，检查并加深图线。

2. 绘图实例

【例 2-1】 绘制图 2-12 所示曲面立体的三视图。

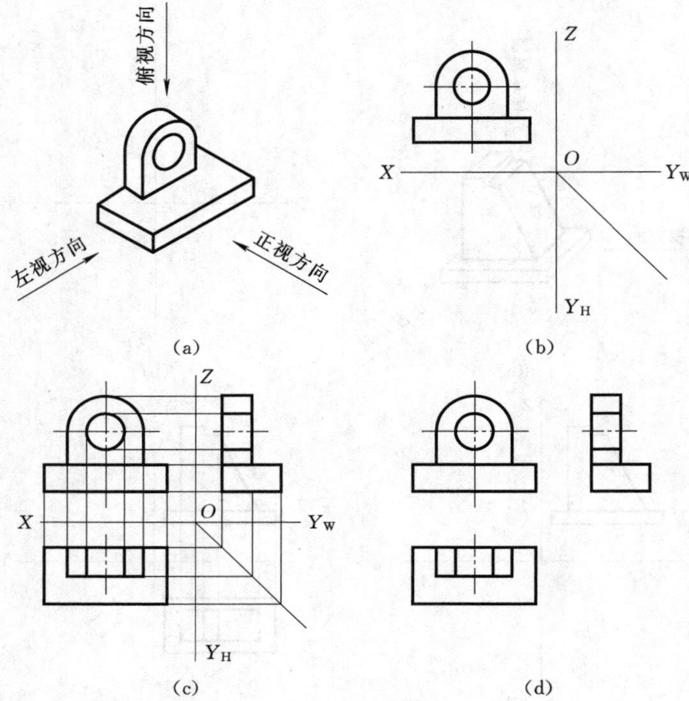

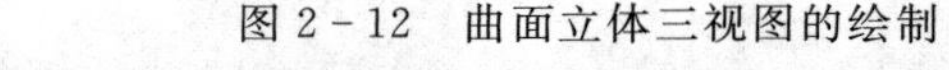

图 2-12 曲面立体三视图的绘制

(a) 已知形体；(b) 绘制三面投影体系及正视图；(c) 根据“长对正”绘制俯视图按“高平齐”“宽相等”绘制左视图；(d) 检查并加深，完成作图

【分析】 该立体为一个组合体，在四棱柱的上方放置一个曲面组合柱，在其正中的上方挖掉一个圆柱体。空心圆柱的轮廓素线在俯视图和左视图中为不可见轮廓素线。

【作图步骤】

(1) 正确放置该柱体，选择正视的投影方向。

(2) 绘制三面投影体系及正视图。

(3) 根据“长对正、宽相等、高平齐”绘制其余两面投影。

(4) 检查并加深，并且擦去投影轴及辅助线。

第三节　点、直线和平面的投影

一、点的投影

1. 点的位置和坐标

空间点的位置，可用直角坐标值来确定，一般书写形式为 $A(x, y, z)$，A 表示空间点。

x 坐标表示空间点 A 到 W 面的距离。

y 坐标表示空间点 A 到 V 面的距离。

z 坐标表示空间点 A 到 H 面的距离。

2. 点的三面投影

为了统一起见，规定空间点，如 A、B、C 等的水平投影用相应的小写字母表示，如 a、b、c 等；正面投影用相应的小写字母加撇表示，如 a'、b'、c'等；侧立面投影用相应的小写字母加两撇表示，如 a''、b''、c''等。

如图 2－13（a）所示，过点 A 分别向 3 个投影面上作投影线，在 3 个面上分别得到相应的垂足 a'、a、a''。

a'称为点 A 的正立面投影，位置由坐标（x，z）决定，它反映了点 A 到 W、H 两个投影面的距离。

a 称为点 A 的水平面投影，位置由坐标（x，y）决定，它反映了点 A 到 W、V 两个投影面的距离。

a''称为点 A 的侧立面投影，位置由坐标（y，z）决定，它反映了点 A 到 V、H 两个投影面的距离。

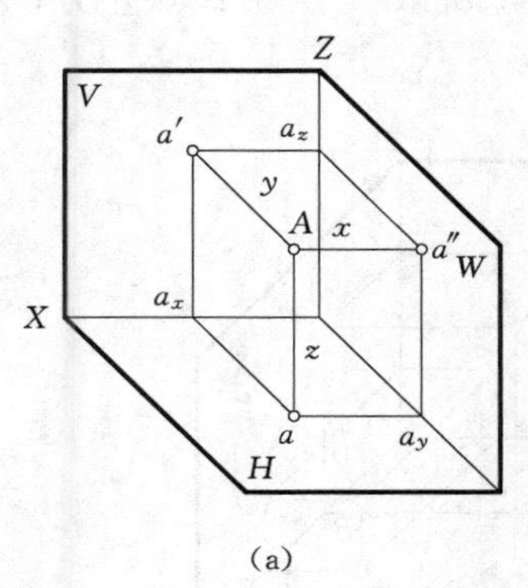

(a)

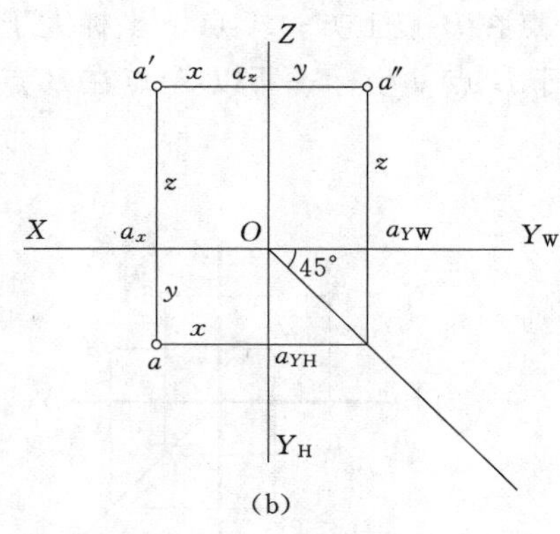

(b)

图 2－13　点的三面投影

3. 点的投影规律

按照规定，将 3 个投影面展平，得到点 A 的三面投影图，如图 2－13（b）所示。分析得出点的三面投影规律。

点的 V 面投影和 H 面投影的连线垂直于 OX 轴，即 $aa' \perp OX$（长对正）。

点的 V 面投影和 W 面投影的连线垂直于 OZ 轴，即 $a'a'' \perp OZ$（高平齐）。

点的 H 面投影至 OX 轴的距离等于点的 W 面投影至 OZ 轴的距离，即 $aa_x = a''a_z$（宽相等）。实际作图中用 45°辅助线作宽相等。

【例 2－2】 如图 2－14 所示，已知点 A 的两个投影 a 和 a'，求 a''。

【分析】 由于点的两个投影反映了该点的 3 个坐标，可以确定该点的空间位置。因而应用点的投影规律，可以根据点的任意两个投影求出第三个投影。

【作图步骤】

（1）过 a' 向右作水平线，过 O 点画 45°斜线。

（2）过 a 作水平线与 45°斜线相交，并由交点向上引铅垂线，与过 a' 的水平线的交点即为所求点 a''。

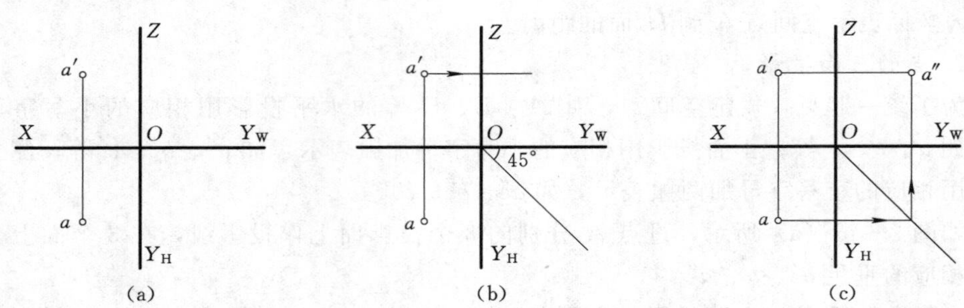

图 2－14 已知点的两投影求第三个投影

4. 两点之间的相对位置关系

分析两点的同面投影之间的坐标大小，可以判断空间两点的相对位置。x 坐标值的大小可以判断两点的左右位置；z 坐标值的大小可以判断两点的上下位置；y 坐标值的大小可以判断两点的前后位置。如图 2－15 所示，A 点 z 坐标大于 B 点 z 坐标，所以 A 点在 B 点上方；A 点 x 坐标大于 B 点 x 坐标，所以 A 点在 B 点左方；A 点 y 坐标小于 B 点 y 坐标，所以 A 点在 B 点后方。

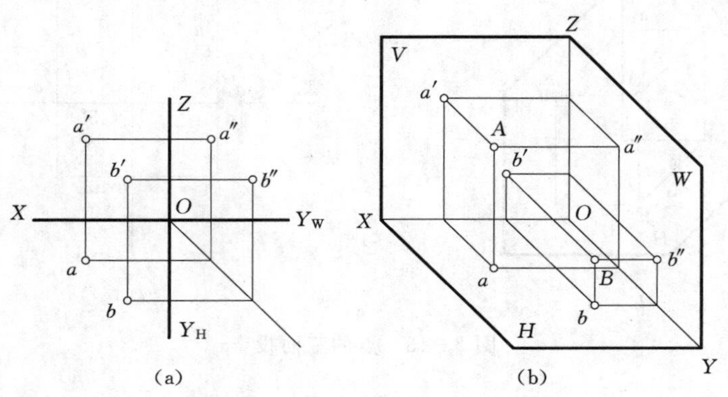

图 2－15 两点的空间位置

当空间两点位于同一投影线上，它们在该投影面上的投影重合为一点，这两点称为该投影面的重影点。如图 2－16 所示的 A、B 两点处在 H 面的同一投影线上，它们的水平投影 a 和 b 重影为一点，空间点 A、B 称为水平投影面的重影点。

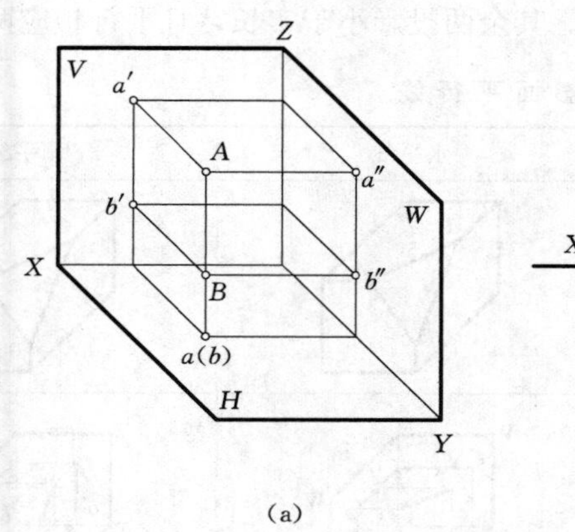

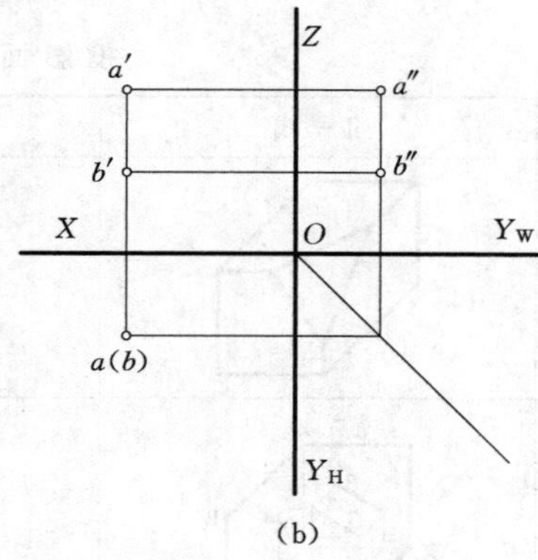

图 2-16 重影点

重影点可见性的判别，一般根据（x，y，z）3 个坐标值中不相同的那个坐标值来判断，其中坐标值大的点投影可见。制图标准规定在不可见的点的投影上加圆括号。如图 2-16 所示，A 点的 z 坐标值大于 B 点的 z 坐标值，可知 A 点在 B 点上方，B 点为不可见点，其水平投影应加括号。

二、直线的投影

两点确定一条直线。绘制直线段的投影，可先绘制直线段两端点的投影，然后用粗实线将各同面投影连接为直线即可，如图 2-17 所示。

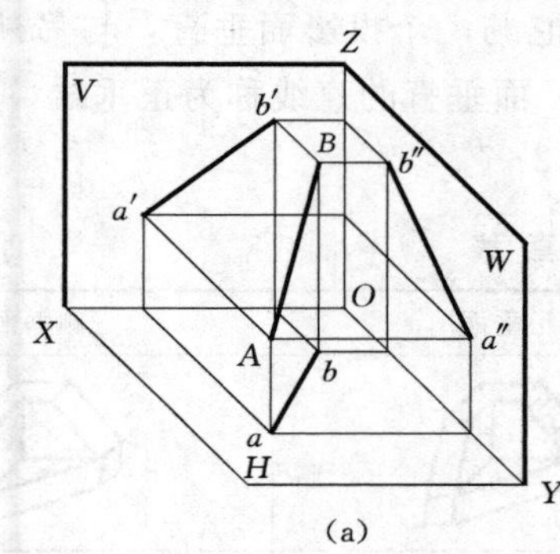

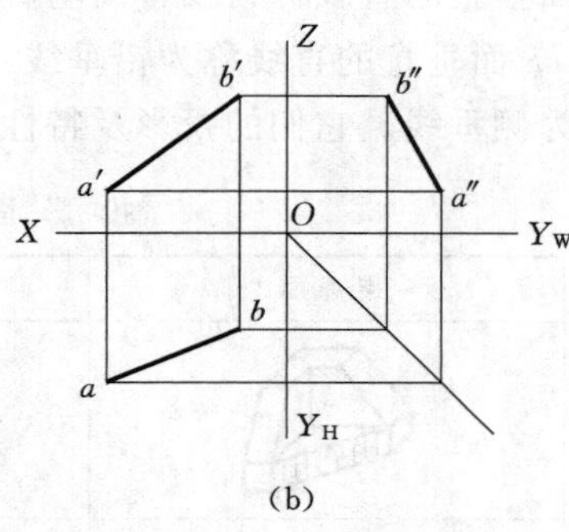

图 2-17 直线的投影

（一）空间各种位置直线的投影特性

在三面投影体系中，直线按所处空间位置的不同分为 3 类：投影面平行线、投影面垂直线、一般位置直线。

1. 投影面平行线

平行一个投影面，倾斜于另外两个投影面的直线称为投影面平行线。与 H 面平行的直线称为水平线，与 V 面平行的直线称为正平线，与 W 面平行的直线称为侧平线。它们的投影及投影特性见表 2-1。规定直线与 H、V、W 面的夹角分别用 α、β、γ 表示。

投影面平行线的投影共性为：直线在所平行的投影面上的投影为一斜线，反映实

长，并反映直线与其他两投影面的倾角。其余两投影小于实长，且平行相应两投影轴。

表 2-1　　投影面平行线

类型	正平线	水平线	侧平线
物表面上的线			
直观图			
投影图			
投影特性	①$ab // OX$，$a''b'' // OZ$ ②$a'b' = AB$	①$a'c' // OX$，$a''c'' // OY_W$ ②$ac = AC$	①$b'c' // OZ$，$bc // OY_H$ ②$b''c'' = BC$

2. 投影面垂直线

与投影面垂直的直线称为投影面垂直线，它与一个投影面垂直，与另外两个投影面平行。与 H 面垂直的直线称为铅垂线，与 V 面垂直的直线称为正垂线，与 W 面垂直的直线称为侧垂线。它们的投影及特性见表 2-2。

表 2-2　　投影面垂直线

类型	铅垂面	正垂面	侧垂面
物表面上的线			
直观图			
投影图			
投影特性	①H 面投影有积聚性 ②V、W 面投影为类似形	①V 面投影有积聚性 ②H、W 面投影为类似形	①W 面投影有积聚性 ②H、V 面投影为类似形

投影面垂直线的投影共性为：直线在所垂直的投影面上的投影积聚为一点，其他两投影反映实长，且垂直于相应的两投影轴。

3. 一般位置直线

一般位置直线与 3 个投影面都倾斜，因此在 3 个投影面上的投影都不反映实长，投影与投影轴之间的夹角也不反映直线与投影面之间的夹角，如图 2－18 所示。

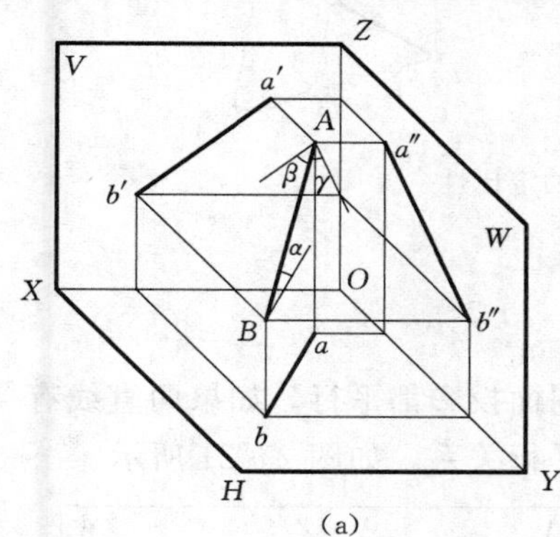

(a)

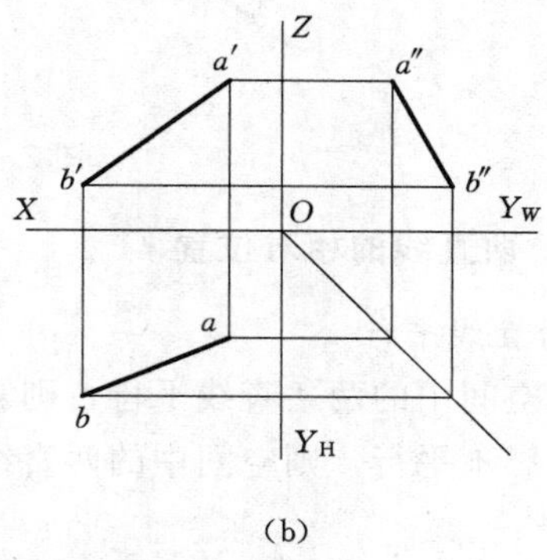

(b)

动画 2－20

一般位置直线

图 2－18　一般位置直线

（二）直线上点的投影特性

1. 从属性

直线上点的投影必在该直线的同面投影上，该特性称为点的从属性。如图 2－19 所示，C 点在直线 AB 上，根据点在直线上投影的从属性和点的三面投影规律，可知 C 点的三面投影 c、c'、c''分别在直线的同面投影 ab、$a'b'$、$a''b''$上，并且三面投影符合点的投影规律。

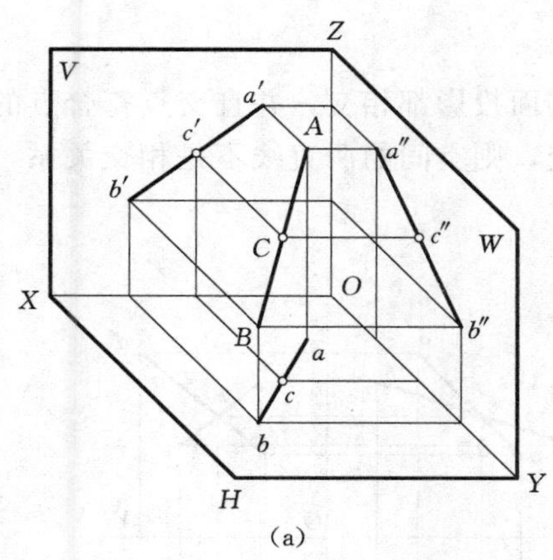

(a)

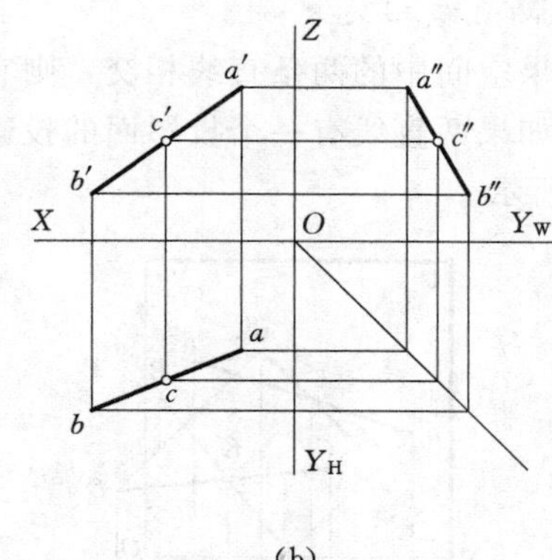

(b)

动画 2－21

点的从属性

图 2－19　点的从属性

2. 定比性

直线上的点分割直线之比，投影后保持不变，这个特性称为定比性，如图 2－20 所示。

动画 2-22
点的定比性

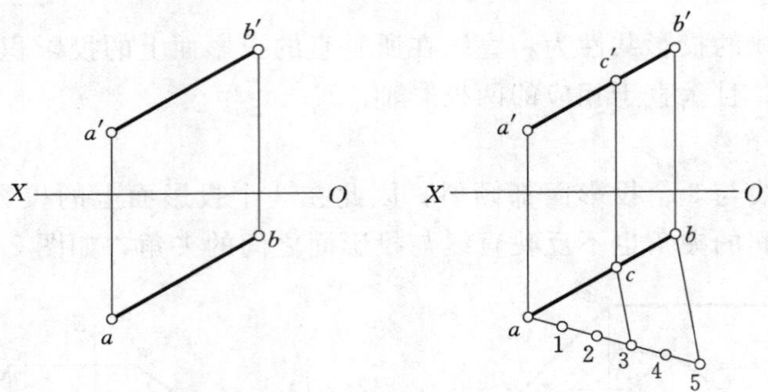

图 2-20　点的定比性

(三) 两直线的相对位置

1. 两直线平行

如果空间中的两条直线平行，则它们的同面投影都平行。如果两直线有一个投影面上的投影不平行，则空间中的两直线不是平行关系，如图 2-21 所示。

动画 2-23
两直线平行

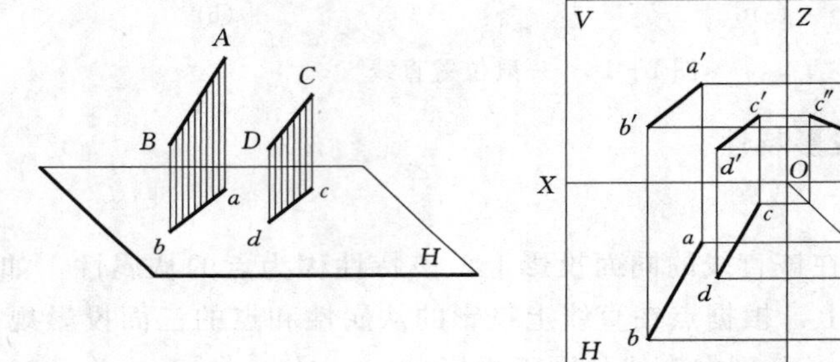

图 2-21　两直线平行

2. 两直线相交

如果空间中的两条直线相交，则它们的同面投影都相交，并且交点符合点的投影规律。如果两直线有一个投影面的投影不相交，则空间的两直线不是相交关系，如图 2-22 所示。

动画 2-24
两直线相交

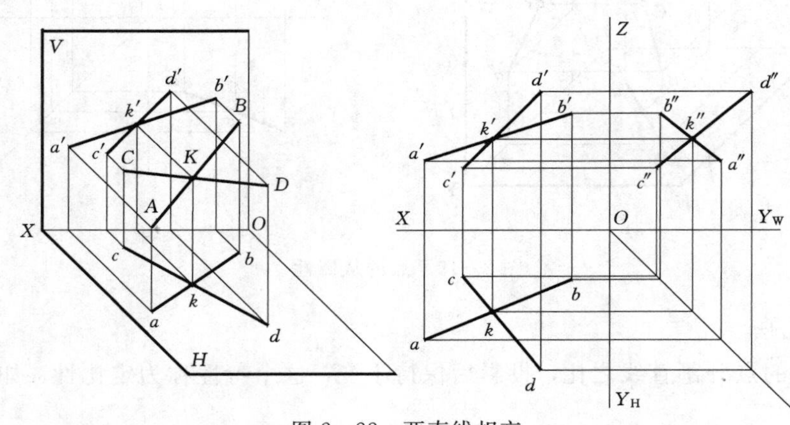

图 2-22　两直线相交

3. 两直线交叉

如果空间中两条直线交叉，则它们的同面投影既不相交又不平行，如图 2－23 所示。

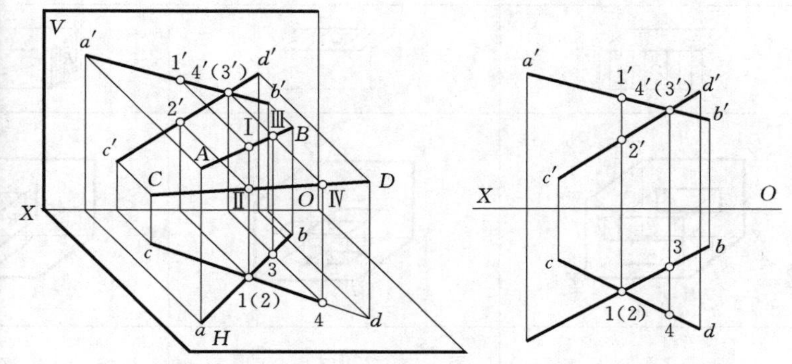

图 2－23　两直线交叉

三、平面的投影

(一) 平面的表示法

平面的几何元素投影表示法包括以下几种形式：

(1) 不在同一直线上的 3 个点，如图 2－24 (a) 所示。

(2) 直线和直线外一点，如图 2－24 (b) 所示。

(3) 两条相交直线，如图 2－24 (c) 所示。

(4) 两条平行直线，如图 2－24 (d) 所示。

(5) 任意平面图形，如图 2－24 (e) 所示。

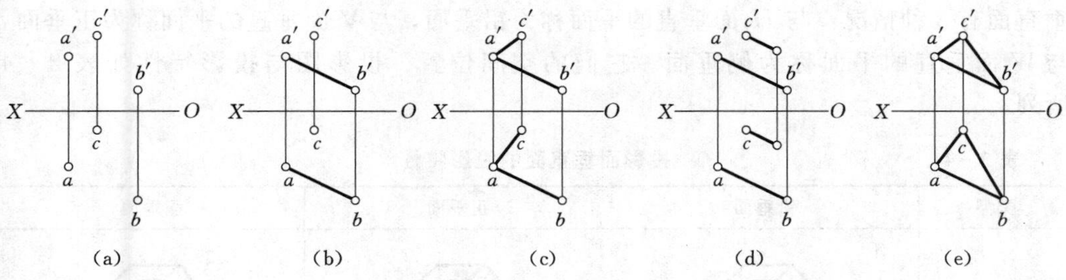

图 2－24　平面的表示

(二) 空间各种位置平面的投影特性

平面与投影面的相对位置可分为 3 种：投影面的平行面、投影面的垂直面和一般位置平面。

1. 投影面的平行面

平行于一个投影面的平面，称为投影面的平行面。投影面的平行面有 3 种情况：与 V 面平行的平面称为正平面；与 H 面平行的平面称为水平面；与 W 面平行的平面称为侧平面。它们的空间位置、投影图和投影特性见表 2－3。

投影面平行面的投影共性为：平面在所平行的投影面上的投影反映真实形体，其他两面投影都积聚成与相应投影轴平行的直线。

表 2-3　　**投影面平行面的投影特性**

类型	正平面	水平面	侧平面
物体上的平面	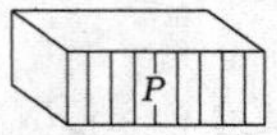		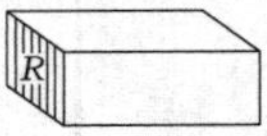
直观图	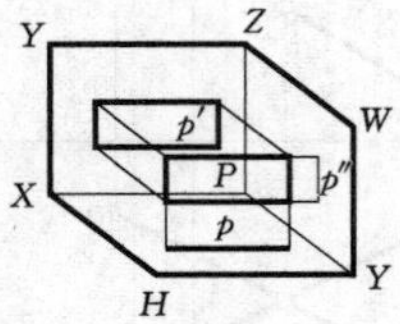	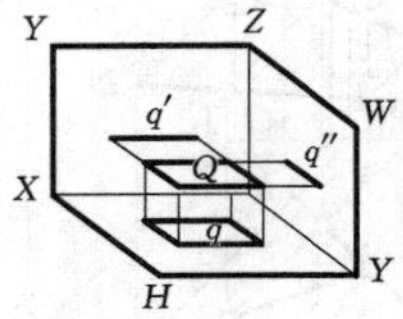	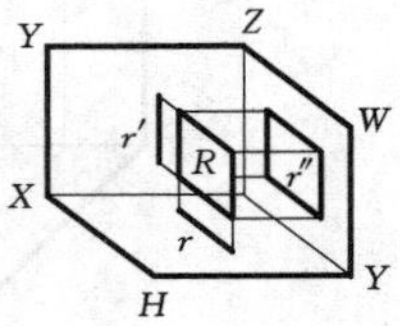
投影图	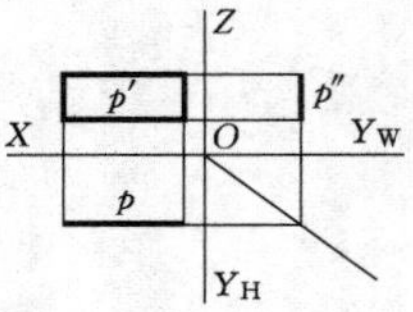	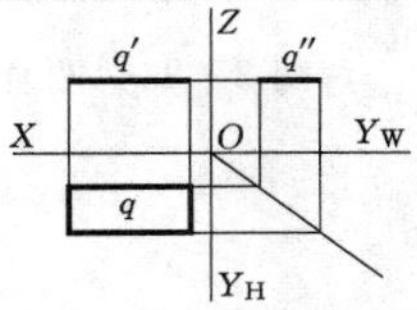	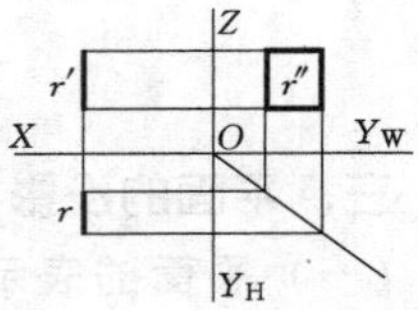
投影特性	①V 面投影反映真形 ②H、W 面投影积聚为一直线，且分别平行于 OX、OZ	①H 面投影反映真形 ②Y、W 面投影有积聚性，且平行于 OX、OY_W	①W 面投影反映真形 ②H、Y 面投影有积聚性，且分别平行于 OY_H、OZ

2. 投影面的垂直面

垂直于一个投影面，倾斜于其他两投影面的平面称为投影面的垂直面。投影面的垂直面有 3 种情况：与 H 面垂直的平面称为铅垂面，与 V 面垂直的平面称为正垂面，与 W 面垂直的平面称为侧垂面。它们的空间位置、投影图与投影特性如表 2-4 所列。

表 2-4　　**投影面垂直面的投影特性**

类型	铅垂面	正垂面	侧垂面
物体上的平面		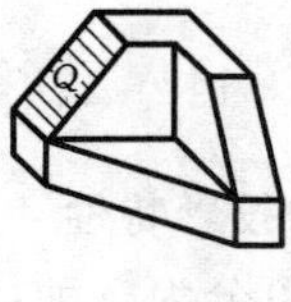	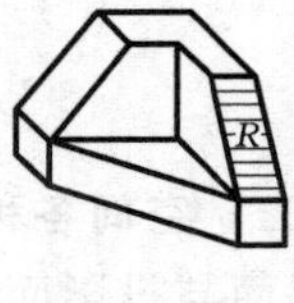
直观图	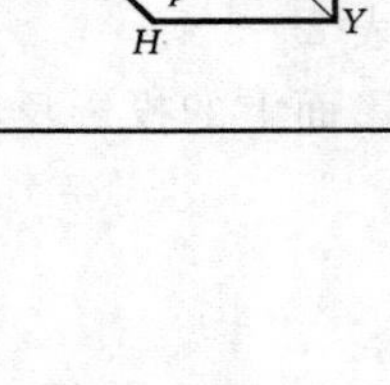	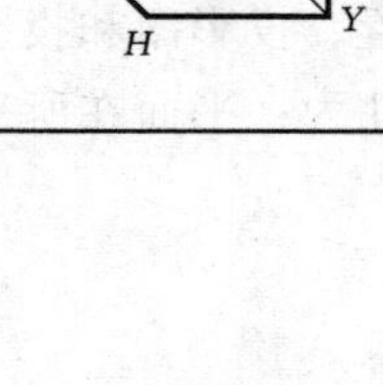	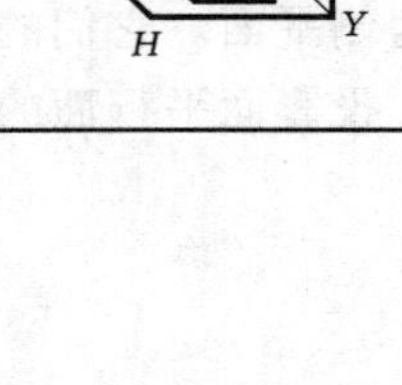

续表

类型	铅垂面	正垂面	侧垂面
投影图			
投影特性	①H 面投影有积聚性 ②V、W 面投影为类似形	①V 面投影有积聚性 ②H、W 面投影为类似形	①W 面投影有积聚性 ②H、V 面投影为类似形

投影面垂直面的投影共性为：平面在所垂直的投影面上的投影积聚为直线，其他两面投影为类似形。

3. 一般位置平面

一般位置平面与 3 个投影面都倾斜，如图 2－25 所示。因此在 3 个投影面上的投影都不反映实形，而是缩小的类似形。

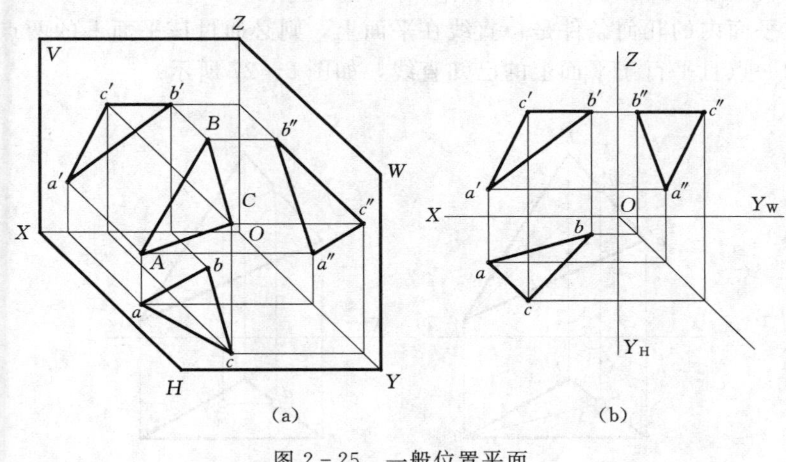

图 2－25 一般位置平面

动画 2－26

一般位置平面

（三）平面内的点和直线

1. 平面内的点

点在平面内的几何条件是：点在平面内，则该点必在平面的某一直线上。

在平面内取点，当点所处的平面投影具有积聚性时，可利用积聚性直接求出点的各面投影；当点所处的平面为一般位置平面时，应先在平面上作一条辅助直线，然后利用辅助直线的投影求得点的投影。

【例 2－3】 如图 2－26 所示，K 点在△ABC 所确定的平面内，已知 k'，求 k 点的投影。

【分析】 既然 K 点在△ABC 所确定的平面内，则 K 点必在该平面内的一条直线上，该直线的正面投影必通过 k'点，所以 k 点必在该直线的水平投影上。

动画 2-27
求平面内点的投影

微课 2-28
平面上的点和直线

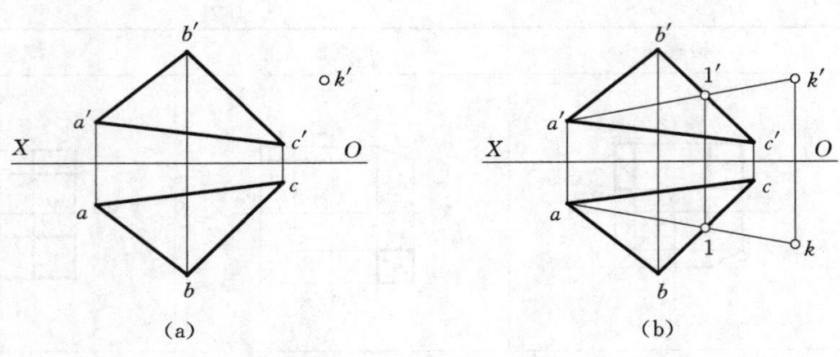

图 2-26 求平面内点的投影

【作图步骤】

(1) 如图 2-26 (b) 所示，连接 $a'k'$ 交 $b'c'$ 于 $1'$ 点，由 $1'$ 点作 X 轴垂线与水平投影 bc 交于 1 点，连接 $a1$ 并延长。

(2) 由 k' 作 X 轴垂线与水平投影 $a1$ 的延长线交于 k 点，该点即为平面内 K 点的水平投影。

2. 平面内的直线

直线在平面内的几何条件是：直线在平面上，则必通过该平面上的两点，或者通过平面内的一点且平行于平面上的已知直线，如图 2-27 所示。

动画 2-29
平面内的直线

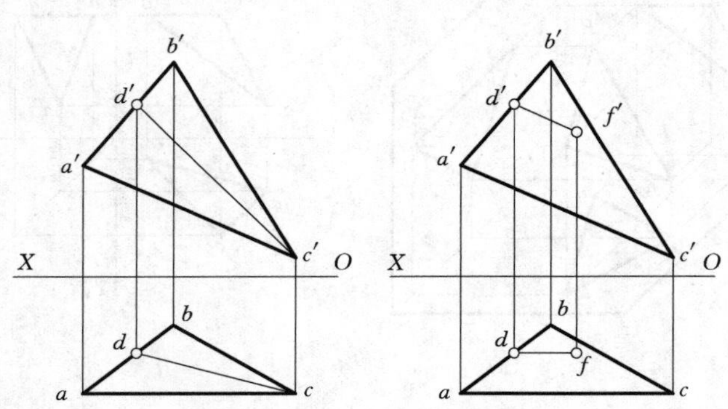

图 2-27 平面内的直线

3. 平面内的投影面平行线

平面内的投影面平行线有 3 种：平面内平行于 H 面的直线称为平面内的水平线；平行于 V 面的直线称为平面内的正平线；平行于 W 面的直线称为平面内的侧平线。

平面内的投影面平行线，既符合直线在平面内的几何条件，又具有前述投影面平行线的一切特性。

如图 2-28 (a) 所示，$\triangle ABC$ 内的直线 $AD /\!/ H$ 面，所以 AD 是 $\triangle ABC$ 内的水平线，在投影图中 $a'd' /\!/ OX$ 轴，ad 反映实长。

在图 2-28 中，$\triangle ABC$ 平面内的直线 $BE /\!/ V$ 面，所以 BE 是 $\triangle ABC$ 内的正平线。在投影图中 $be /\!/ OX$，$b'e'$ 反映实长。

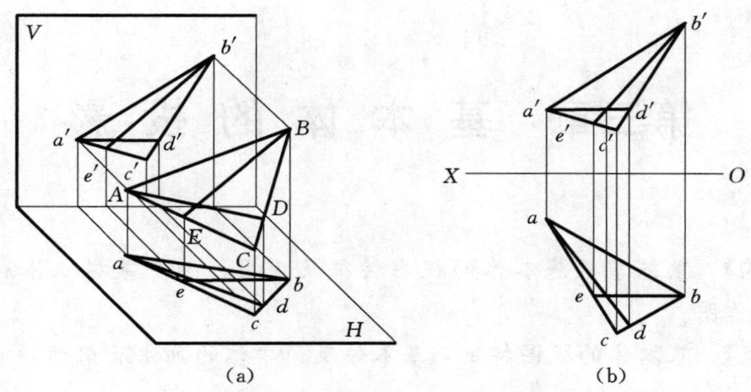

图 2-28　平面内的投影面平行线

【复习思考题】

1. 三视图采用的投影方法是（　　）。

A. 斜投影法　　B. 中心投影法　　C. 正投影法　　D. 单面投影法

2. 当直线、平面与投影面平行时，该投影面上的投影具有（　　）。

A. 积聚性　　B. 真实性　　C. 类似收缩性　　D. 收缩性

3. 左视图反映了物体（　　）位置关系。

A. 上下　　B. 左右　　C. 上下前后　　D. 前后左右

4. 空间点 A 在点 B 的正上方，这两个点为（　　）。

A. H 面的重影点　　B. W 面的重影点

C. V 面和 W 面的重影点　　D. V 面的重影点

5. 直线 AB 的正面投影与 OX 轴倾斜，水平投影与 OX 轴平行，则直线 AB 是（　　）。

A. 水平线　　B. 正平线　　C. 侧垂线　　D. 一般位置直线

6. 平面的正面投影积聚为一条直线并与 OX 轴平行，该平面是（　　）。

A. 正平面　　B. 水平面　　C. 正垂面　　D. 铅垂面

第三章　基本体的投影

【学习目的】 熟练掌握基本体的视图特征及应用；熟练掌握立体表面取点的方法，完成投影作图。

【学习要点】 基本体的视图特征，基本体及简单体的画法及识读；立体表面取点的方法。

【课程思政】 党的二十大报告提出：教育、科技、人才是全面建设社会主义现代化国家的基础性、战略性支撑。

基本体是构成复杂水工建筑物的基础，基本体的投影是水工图的基础。水利是农业的命脉。自古至今，世界遗产都江堰水利工程、郑国渠、红旗渠、三峡水利工程，超级工程白鹤滩水利工程等都在发挥着巨大的作用。作为水利人，应该“守初心，担使命”，胸怀天下、情系民生，致力于人民对优质水资源、健康水生态、宜居水环境的美好生活向往，承担起新时代水利事业的光荣使命，努力做“忠诚、干净、担当、科学、求实、创新”的水利人。

工程建筑物形状虽然复杂多样，但都是由基本形体按照不同的方式组合而成的。如图 3-1（a）所示的闸墩可分解为三棱柱、四棱柱、半圆柱等基本形体，如图 3-1（b）所示。

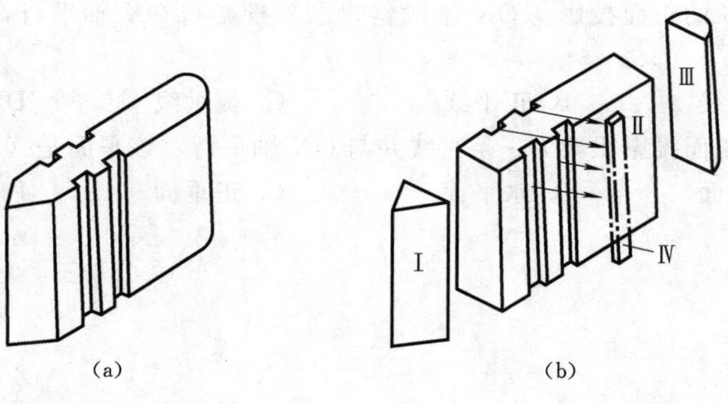

图 3-1　闸墩

根据立体表面的几何性质，立体可分为平面立体和曲面立体两类。

第一节　平面立体的投影及其表面的点和线

由若干平面围成的基本几何体称为平面立体。平面立体有棱柱和棱锥两种。棱柱

的棱线彼此平行，棱锥的棱线相交于一点。

一、棱柱

（一）棱柱的投影

常见的棱柱有正六棱柱、正四棱柱、正三棱柱等。现以正六棱柱为例说明棱柱的投影。画正六棱柱的投影一般可按下列步骤完成。

1. 选择摆放位置

为了更好地表达正六棱柱的表面形状，可使正六棱柱的顶面和底面平行于 H 面，并使它的前、后两个棱面平行于 V 面，如图 3-2（a）所示。然后向 3 个投影面进行投影，得正六棱柱的三面投影图，如图 3-2（b）所示。

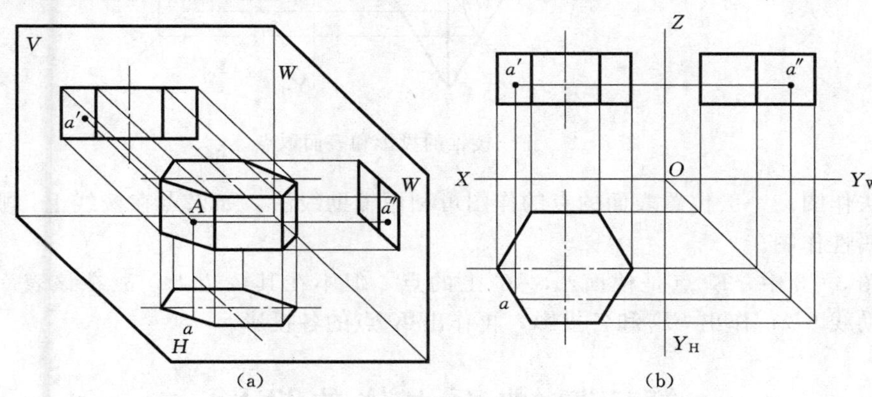

图 3-2 正六棱柱的三视图

2. 投影分析

如图 3-2 所示，正六棱柱的 6 个棱面都与 H 面垂直，其水平投影有积聚性，顶面和底面均平行于 H 面，其水平投影反映实形。6 个棱面中的前、后面与 V 面平行，其正面投影反映实形。其余的 4 个棱面均与 V、W 面倾斜，在其投影面上的投影为类似形。

（二）在棱柱的表面取点、线

在棱柱体的表面取点、线的方法一般可以利用积聚性作图。

在图 3-2 中，正六棱柱左前表面有一点 A，已知其 V 面投影 a'，完成 a、a''的投影。由图可知 A 点所在棱面的 H 面投影有积聚性，故可利用积聚性先求出 a，然后根据点的投影规律求出 a''。

二、棱锥

1. 棱锥的投影

常见的棱锥有三棱锥、四棱锥等，现以三棱锥为例来说明棱锥的投影。

图 3-3 所示的三棱锥，其棱面$\triangle SAC$ 和$\triangle SAB$ 都是一般位置平面，其三面投影都是类似形。另一棱面 SCB 为侧垂面，其侧面投影有积聚性，底面$\triangle ABC$ 是水平面，其水平投影反映实形，其余两投影均有积聚性。

2. 在棱锥表面取点、线

在棱锥表面取点，首先要分析点所在表面的空间位置。特殊位置表面的点可利用

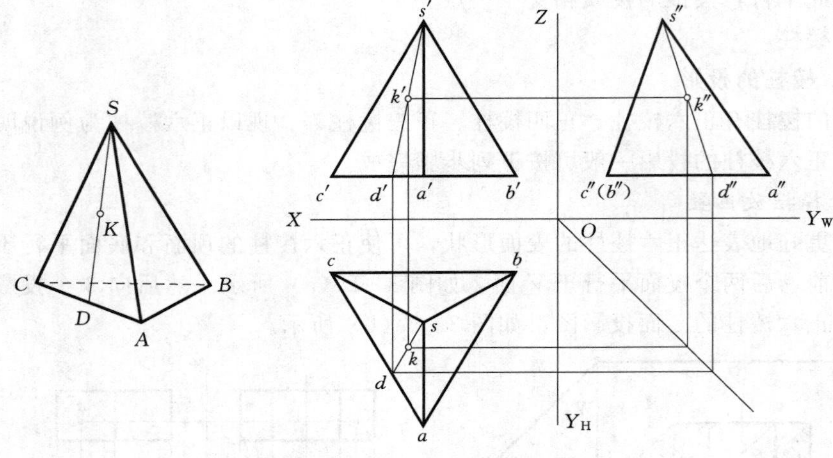

图 3－3　正三棱锥的投影和表面取点

动画 3－3

正三棱锥的三视图

积聚性法作图。一般位置表面的点的作图可利用辅助线法。如果点在棱线上，则利用点的从属性作图。

在图 3－3 中，K 点是棱面$\triangle SAC$ 上的点，但不在其棱边上，故在该表面过 K 点作辅助线 SD，作出 SD 和各投影，再作出 K 点的各投影。

第二节　曲面立体的投影

由曲面或曲面和平面围成的立体称为曲面立体。常见的曲面立体有圆柱、圆锥、圆球、圆环（图 3-4）等。它们的曲表面可视为由一条动线绕某固定轴线旋转而成的，故这种形体又称为回转体。动线称为母线，母线在旋转过程中的每一个具体位置称为曲面的素线。因此，可认为回转体的曲面上存在着许多素线。

动画 3－4

回转面的形成

微课 3－5

曲面立体的投影

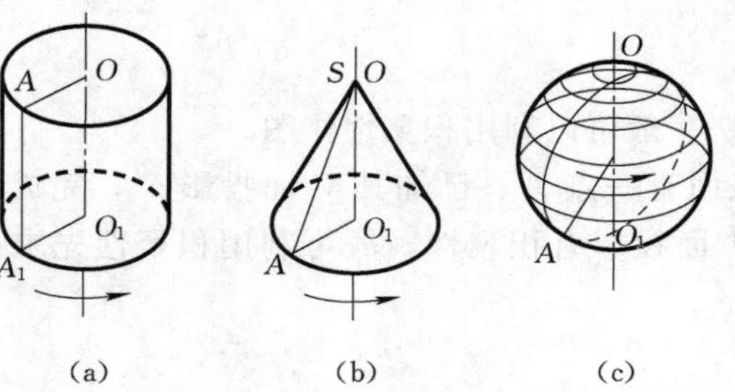

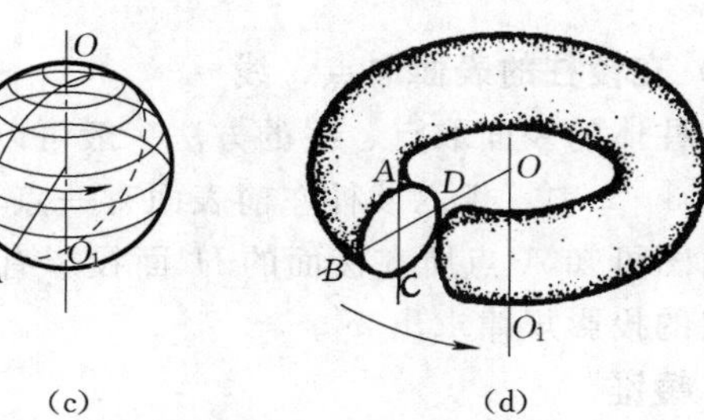

图 3－4　回转面的形成

当母线为直线，围绕与它平行的轴线旋转而形成的曲面是圆柱面，如图 3－4（a）所示。

当母线为直线，围绕与它相交的轴线旋转而形成的曲面是圆锥面，如图 3－4（b）所示。

当母线为一圆，围绕其直径旋转而形成的曲面是球面，如图 3－4（c）所示。

当母线为一圆，回转轴线与该圆共平面但在圆外时，绕轴线旋转而形成的是圆环，如图 3-4（d）所示。

一、圆柱

1. 圆柱的投影

圆柱体由圆柱面和上、下底平面所围成，如图 3-5（a）所示。图 3-5（b）所示为一轴线垂直于水平投影面的正圆柱体的三面投影图。其中上、下两底面为水平面，它们的水平投影仍为圆，正面投影和侧面投影均积聚为直线；圆柱面的水平投影有积聚性，投影积聚在圆周上，正立投影面上画出轮廓素线（轮廓素线是曲面体向投影面投影时，可见与不可见的分界线）AA_1 和 BB_1 的投影；在侧立投影面上画出轮廓素线 CC_1 和 DD_1 的投影。应该注意的是：轮廓素线 AA_1 和 BB_1 的侧面投影及 CC_1 和 DD_1 的正面投影与轴线的投影重合均不必画出，同时，应在投影图中用点画线画出圆柱体轴线的投影和圆的中心线。

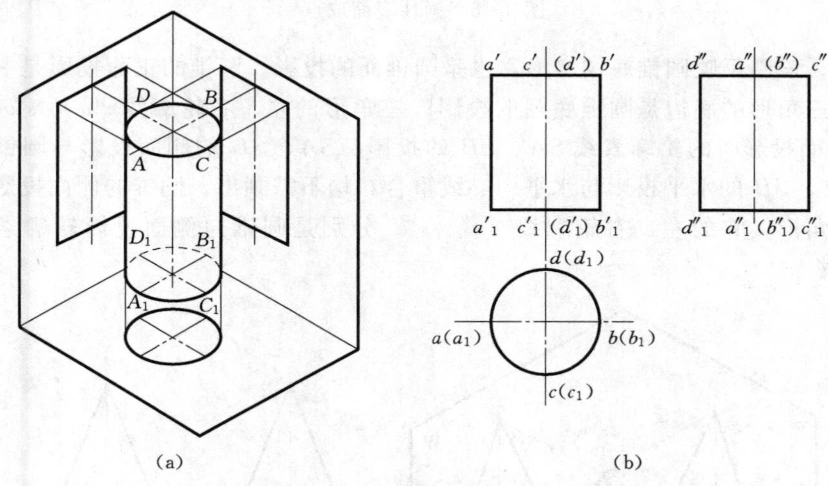

图 3-5　圆柱体的投影图

2. 圆柱体表面取点

在圆柱体表面取点，可利用圆柱表面的积聚性投影来作图。

如图 3-6（a）所示，在圆柱体左前方表面有一点 K，其侧面 k''在水平中心线的上半个圆周上。水平投影 k 在矩形的下半边，并且可见。正面投影 k'也在矩形的上半边，仍为可见。

如果已知点 K 的正面投影 k'如图 3-6（b）所示，求其他两投影时可利用圆柱的积聚投影，先过 k'作 OZ 轴的垂线，与侧面投影上半个圆周交于 k''，即为点 K 的侧面投影，再利用已知点的两面投影求出点 K 的水平投影 k。

二、圆锥

（一）圆锥的投影

圆锥是由圆锥面和底面所围成的。

图 3-7（b）所示为一轴线垂直于 H 面的正圆锥的三面投影图。圆锥的水平投影

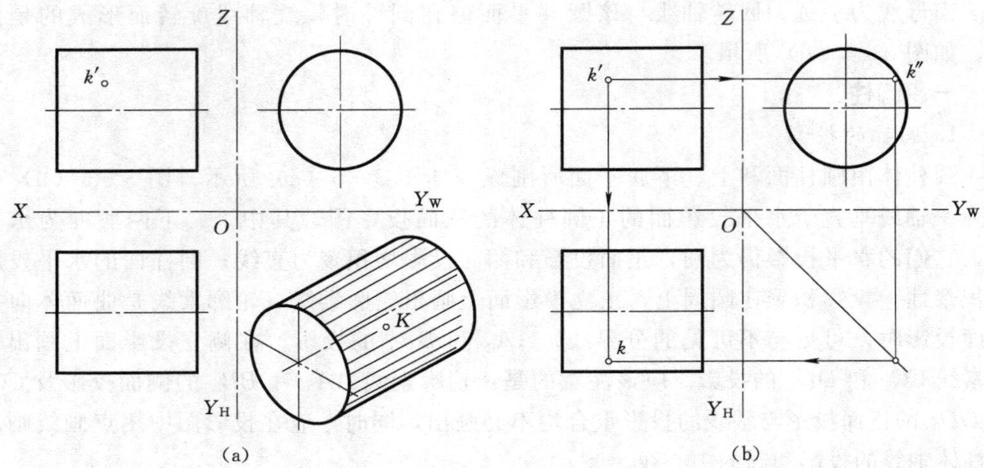

图 3-6 圆柱表面取点

为一个圆。该圆反映圆锥底圆实形，也是圆锥面的投影。圆锥的正面投影是一个等腰三角形，三角形的底边是圆锥底圆的投影。三角形的左、右轮廓线 $s'a'$、$s'b'$ 分别为圆锥向 V 面投影时的轮廓素线 SA、SB 的投影。SA、SB 的侧面投影与圆锥的轴线重合，SA、SB 的水平投影与水平中心线重合，均不需画出。圆锥的侧面投影也是一个等腰三角形，它的左、右轮廓线 $s''c''$、$s''d''$ 分别是圆锥向侧面投影轮廓素线 SC、SD 的投影。

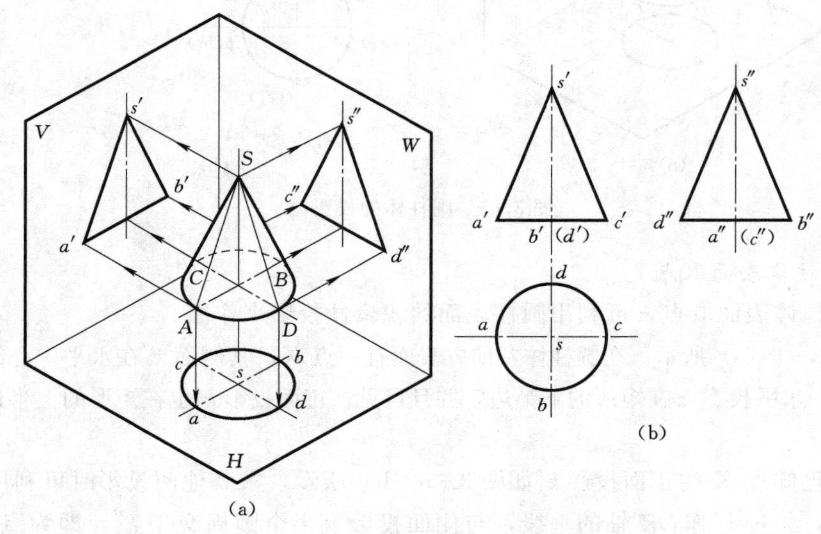

图 3-7 圆锥的投影

(二) 在圆锥表面取点

根据圆锥面的形成规律，在圆锥表面取点有辅助直线法和辅助圆法两种。

1. 辅助直线法

在图 3-8（b）中，已知圆锥面上 K 点的正面投影 k'，求 K 点的水平投影 k。

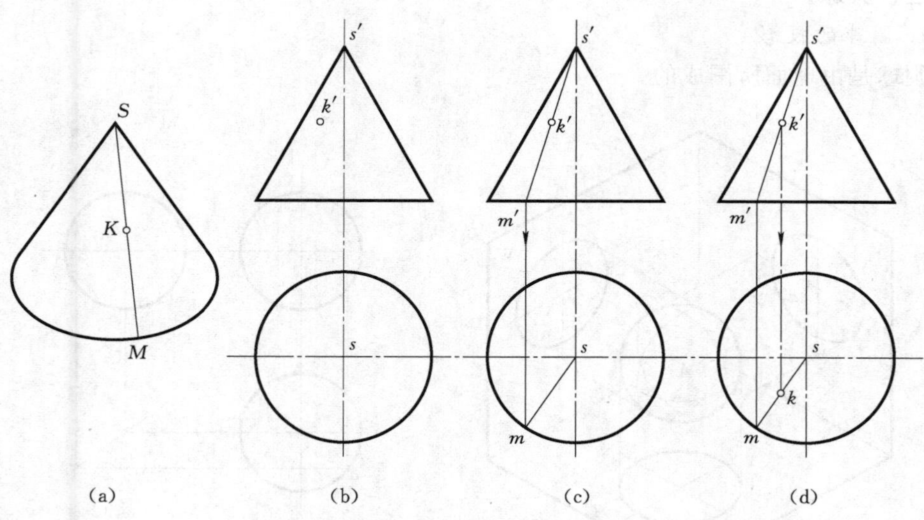

图 3-8　用辅助直线法在圆锥面上取点

作图：在圆锥面上过 K 点和锥顶 S 作辅助直线 SM［图 3-8（a）］：先作 $s'm'$，然后求出 sm［图 3-8（c）］，再由 k' 作 k，即为所求［图 3-8（d）］。

2. 辅助圆法

辅助圆法就是在圆锥表面作垂直圆锥轴线的圆，使此圆的一个投影反映圆的实形，而其他投影为直线。在图 3-9（b）中，已知圆锥表面 K 点的正面投影 k'，求 K 点的水平投影 k。

在圆锥表面作一圆，如图 3-9（a）所示。作图步骤如下：先过 k' 点作水平直线［图 3-9（c）］，再作水平投影的圆［图 3-9（d）］，最后由 k' 作出 k 即为所求［图 3-9（e）］。

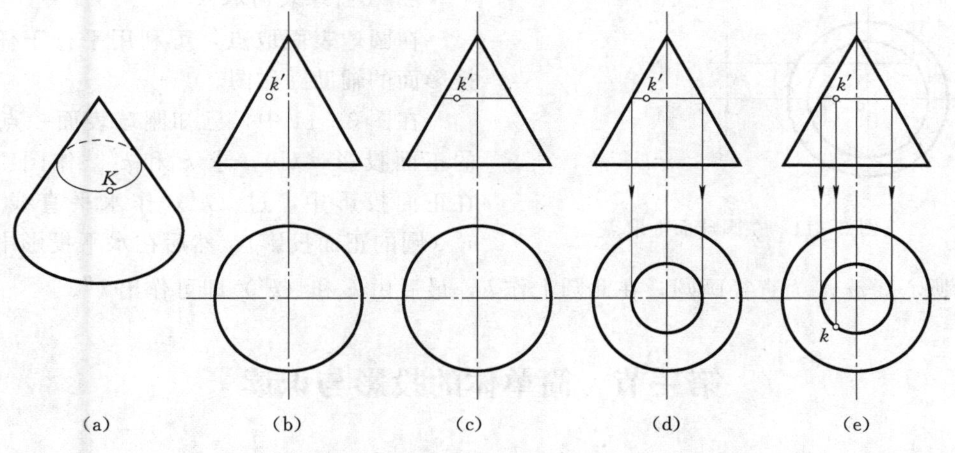

图 3-9　用辅助圆法在圆锥面上取点

三、圆球

1. 圆球的投影

圆球是由球面所围成的。

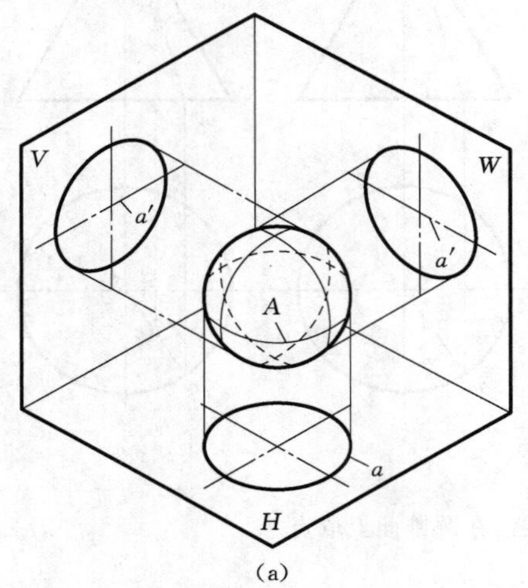

(a)

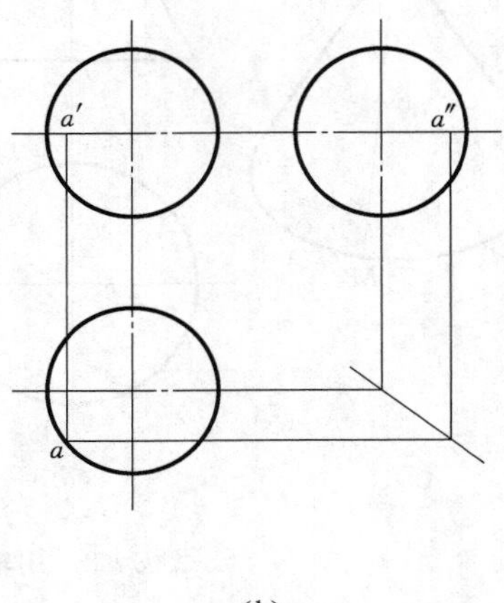

(b)

动画 3－8
圆球的三视图

图 3－10　圆球的投影

图 3－10 所示为一圆球的三面投影图。圆球的三面投影图均为大小相等的圆。这些圆的直径等于圆球的直径。这 3 个圆分别表示圆球对 V、H、W 面投影时的 3 条轮廓素线。在图 3－10（b）中，a 为圆球向 H 面投影时的轮廓素线，a'则为该线的正面投影，a''为该线的侧面投影，a'和 a''均不需画出。

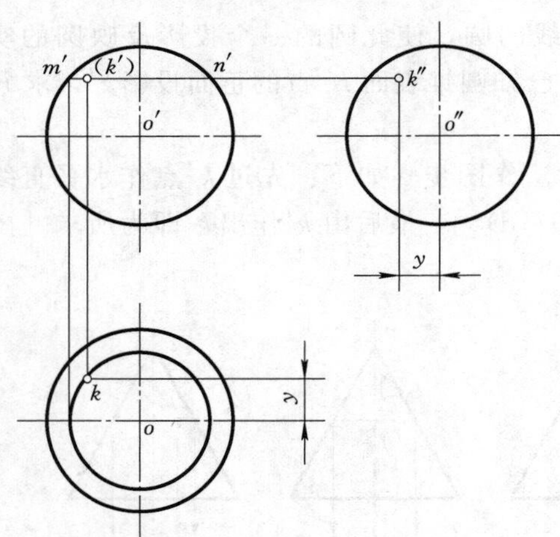

图 3－11　在圆球面上取点

2. 在圆球表面取点

在圆球表面取点，可利用平行于任一投影面的辅助圆作图。

在图 3－11 中，已知圆球表面一点 K 的正面投影（k'），求 k 和 k''。作图：先在正面投影中，过（k'）作水平直线 $m'n'$（圆的正面投影），然后在水平投影中以 o 为圆心，$m'n'$为直径画圆，在此圆上作 k，最后由 k 和（k'）即可作出 k''。

第三节　简单体的投影与识读

由较少的基本体进行简单的叠加或切割而形成的立体称为简单体。因此基本体的视图特征是绘制和阅读简单体三视图的依据，应熟练掌握。

一、简单体三视图的画法

在绘制简单体三视图前，首先要分析该形体是由哪些基本体组合而成的；其次分析各基本体之间的相互位置关系；最后逐个画出各基本体的三视图，检查无误后加深。

【例 3-1】 画出如图 3-12（a）所示物体的三视图。

【分析】 该物体由上、下两部分组成，上部分是组合柱，下部分是长方体，组合关系为左右对称，后面平齐。

【作图步骤】 先画出下部分长方体的三视图，再画出上部分组合柱的三视图，具体作图步骤如图 3-12（b）、（c）、（d）所示。

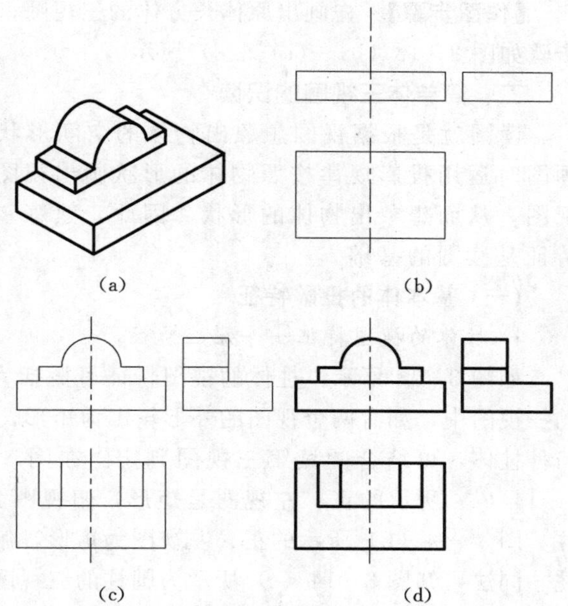

图 3-12　叠加式简单体三视图的画法

（a）三视图；（b）先画对称线，再画长方体三视图；（c）画组合柱三视图；（d）检查无误后加深，完成作图

动画 3-9

叠加式简单体三视图的画法

【例 3-2】 画出如图 3-13（a）所示物体的三视图。

【分析】 该物体为切割体，未切割时的原体是长方体，中间切去了一个三棱柱。

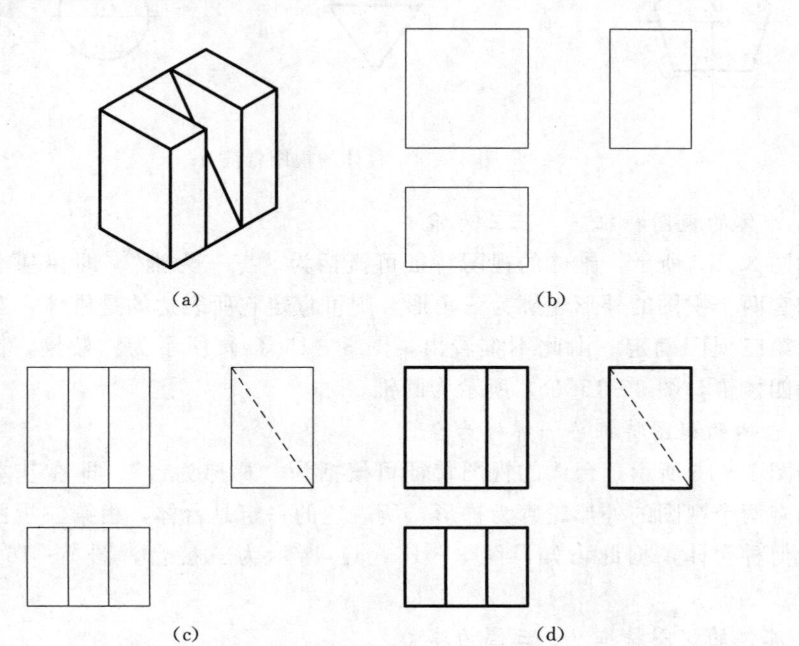

图 3-13　切割式简单体三视图的画法

（a）三视图；（b）先画原体长方体三视图；（c）画切割三棱柱三视图；（d）检查后加深，完成作图

动画 3-10

切割式简单体三视图的画法

【作图步骤】 先画出原体长方体的三视图，再画出切割部分的三视图，具体作图步骤如图 3-13（b）、（c）、（d）所示。

二、简单体三视图的识读

读图就是根据视图想象出物体的空间形状，它与画图是两个相反的过程。在画图时运用投影规律按照物体的形状画出视图，读图时仍要运用投影规律来分析视图，从而想象出物体的形状。因此，熟练掌握投影规律及其线、面的基本投影特征是读图的基础。

（一）基本体的投影特征

1. 柱体的视图特征——矩矩为柱

如图 3-14 所示，柱体的视图特征可概括为“矩矩为柱”。其含义是，在基本体的三视图中，如有两个视图的外形轮廓为矩形，则可肯定它所表达的是柱体。至于是何种柱体，可结合阅读第三视图判定。在图 3-14 所示的 3 组基本体视图中，图 3-14（a）所示的正、左视图是矩形，俯视图为五边形，说明所表达的是一个五棱柱。图 3-14（b）所示的正、左视图为矩形，俯视图为三角形，说明所表达的是三棱柱。同法可知图 3-14（c）所示为圆柱的三视图。

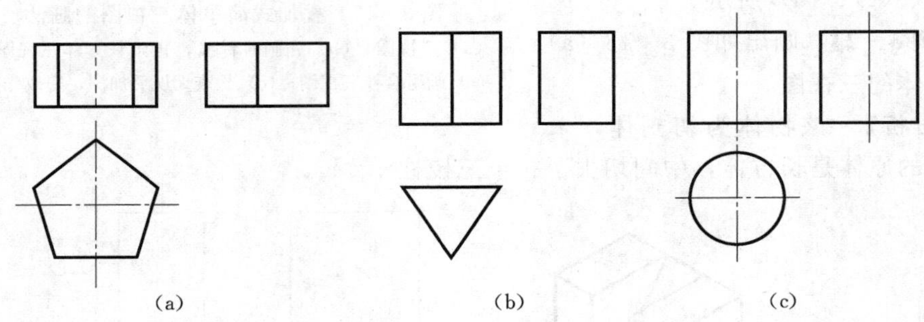

图 3-14　柱体的视图特征

2. 锥体的视图特征——三三为锥

如图 3-15 所示，锥体的视图特征可概括为“三三为锥”。即在基本体的三视图中，如有两个视图的外形轮廓为三角形，则可肯定它所表达的是锥体，至于是何种锥体，由第三视图确定。由此不难看出，图 3-15（a）所示为六棱锥，图 3-15（b）所示为四棱锥，图 3-15（c）所示为圆锥。

3. 台体的视图特征——梯梯为台

如图 3-16 所示，台体的视图特征可概括为“梯梯为台”。即在基本体的三视图中，如有两个视图的外形轮廓为梯形，所表达的一定是台体，由第三视图可进一步确知其为何种台体，据此可知，图 3-16（a）所示为三棱台，图 3-16（b）所示为圆台。

4. 球体的视图特征——三圆为球

如图 3-17 所示，球体的 3 个视图都具有圆的特征，即“三圆为球”。图 3-17（a）所示为圆球，图 3-17（b）所示为半球。

(a)　(b)　(c)

图 3-15　锥体的视图特征

(a)　(b)

图 3-16　台体的视图特征

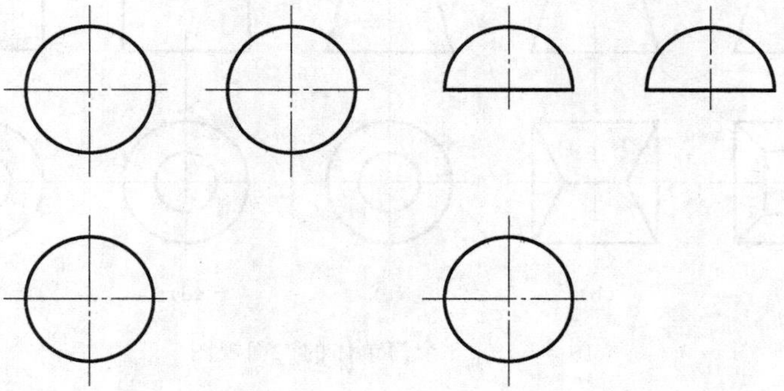

(a)　(b)

图 3-17　球体的视图特征

（二）视图中图线及线框的含义

分析视图中的图线及线框的含义，对读图想象出物体的形状是很有帮助的。

视图中的一条线可能代表物体上一个积聚面的投影，也可能代表棱线的投影，还可能代表曲面体轮廓素线的投影。

视图中一个封闭的线框一般表示一个面（平面或曲面），线框里面的线框，不是凸出来的表面，就是凹进去的表面，或者是通孔。

在图 3-18 中，标有“△”的线表示一个面的投影或棱线的投影；标有“×”的

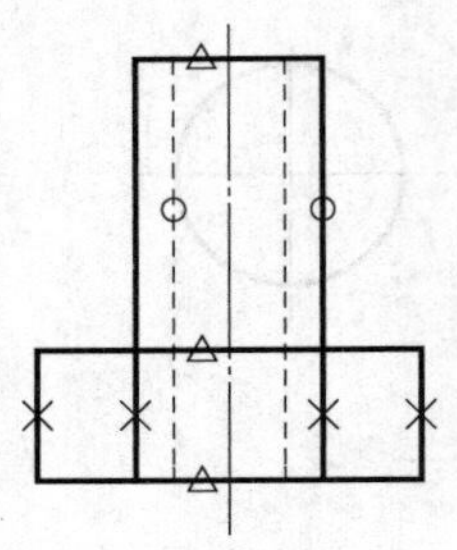

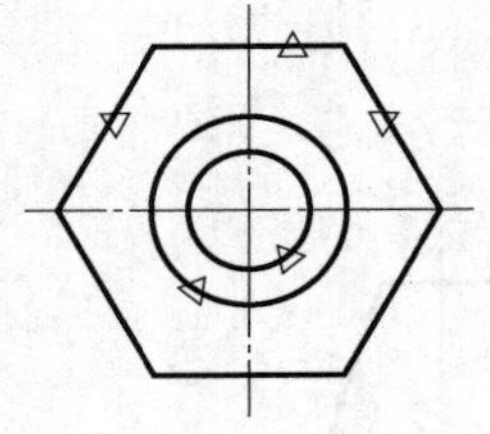

图 3-18 视图线条和线框的分析

线表示棱线的投影；标有“○”的线表示曲面的轮廓素线。从线框来分析，正视图下部的 3 个粗实线线框表示六棱柱前面 3 个棱面和后面 3 个棱面的重影；上部的粗实线线框则表示圆柱的曲面的投影。俯视图中正六边形内的大圆线框，是表示六棱柱上面凸出的圆柱的投影；大圆内的小圆线框与正视图的两条虚线相对应，表示圆孔的投影。

（三）简单体视图的识读

识读简单体视图时，不仅要能熟练地运用投影规律和基本体的投影特征，还应注意读图的方法。

读图时首先要弄清各个视图的投影方向和它们之间的投影关系，然后抓住一个能反映物体主要特征的视图（一般是正视图），再结合其他视图进行分析、判断，绝不能只盯着一个视图看，因为只看一个视图往往容易作出错误的判断。

图 3-19 所示为 5 个简单体的二面视图。其中图 3-19（a）、（b）、（c）所示的正视图都是梯形，但它们的俯视图各不相同，所以物体的形状也一定是不相同的。对照两个视图进行分析，就不难看出图 3-19（a）所表达的是一个四棱台，图 3-19（b）所表达的是一个两头斜截的三棱柱，图 3-19（c）所表达的是一个圆台。

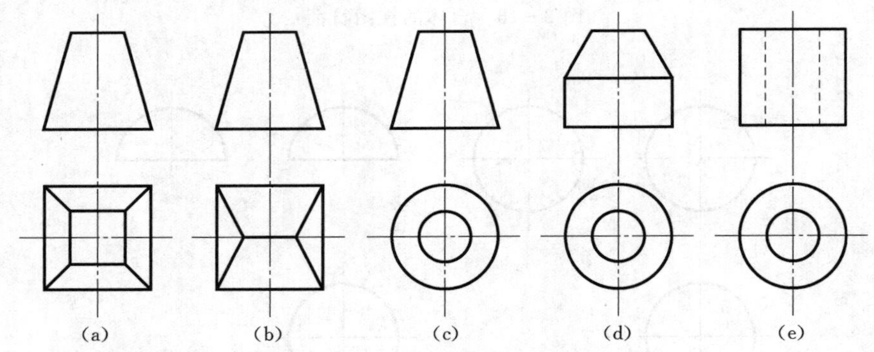

图 3-19 5 个简单体的二面视图

又如图 3-19（c）、（d）、（e），它们的俯视图都是两个同心圆，但正视图各不相同。所以图 3-19（c）所表达的是一个圆台，图 3-19（d）所表达的是一个圆柱和一个圆台的组合体，图 3-19（e）所表达的是其空心圆柱。

图 3-20 是 3 个基本体的三面视图，它们的正视图和俯视图均为长形，左视图则各不相同。这时必须根据具有形状特征的左视图对照其他视图进行分析，才能得出正确的判断。可以看出，图 3-20（a）表达的是一个长方体；图 3-20（b）表达的是一个三棱柱；图 3-20（c）表达的是一个半圆柱。

【例 3-3】 识读图 3-21（b）所示两面视图，想象出该物体的空间形状，并补画第三视图。

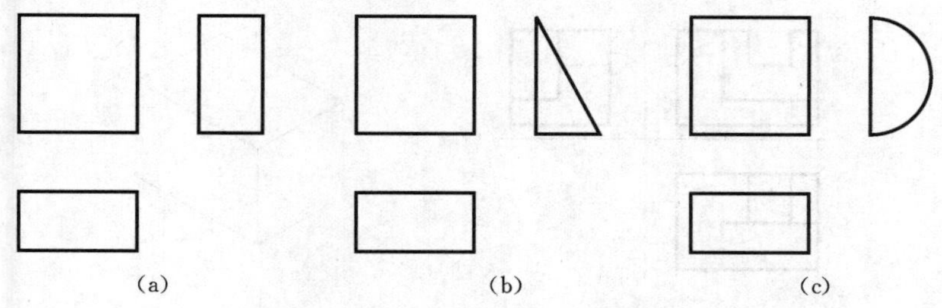

图 3-20　3 个基本体的三面视图

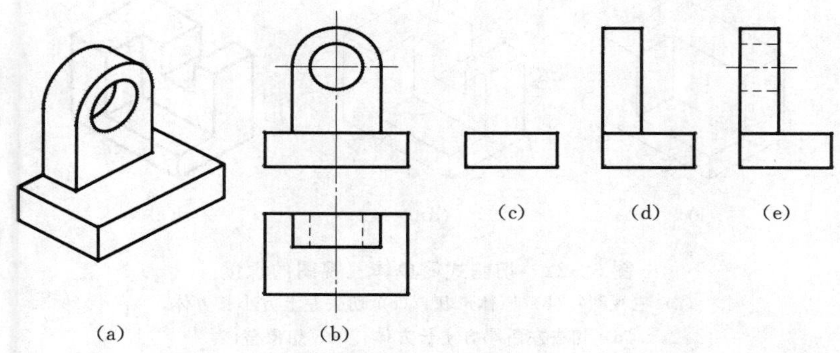

图 3-21　叠加式简单体三视图的识读

动画 3-11
叠加式简单体三视图的识读

【分析】 补画第三视图之前要先根据已知的两面视图，根据读图方法想象出该物体的空间形状。该物体为叠加式简单体，由 3 个部分组成，下部是一长方体，上部是一组合柱，组合柱中部又挖去了一个圆孔，如图 3-21（a）所示。

【作图步骤】 根据投影规律，先补画出下部长方体的左视图，为一矩形，再画出上部组合柱的左视图，也是一矩形，最后画出圆孔的左视图，因为左视圆孔不可见，所以是虚线，如图 3-21（c）、（d）、（e）所示。

【例 3-4】 识读图 3-22（a）所示三视图，想象出该物体的空间形状。

【分析】 该物体为切割体，未切割时的原体是长方体，左前上方切去了一个小长方体，又在左后上方开出了一个小长方体的槽口。

【读图步骤】 识读步骤如图 3-22（b）、（c）、（d）、（e）所示。

【复习思考题】

1. 常见的基本体有哪些？
2. 柱体的投影特征是什么？
3. 锥体的投影特征是什么？
4. 台体的投影特征是什么？
5. 球体的投影特征是什么？
6. 正五棱锥的一个视图外框是正五边形，其他两个视图外框均为（　　）。

A. 矩形　　B. 三角形　　C. 梯形　　D. 五边形

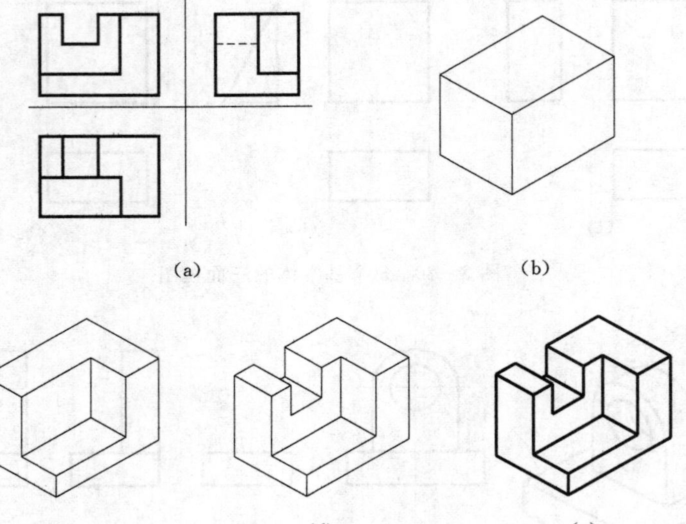

图 3－22 切割式简单体三视图的识读

(a) 三视图；(b) 原体形状；(c) 切去左上方小长方体；

(d) 切去左后小方土长方体；(e) 想象整体

7. 一个视图是L形，另两个视图外框均为矩形，该立体为（ ）。

A. 梯形柱 B. 四棱柱 C. L形柱 D. 四棱锥

8. 半圆柱的两个视图外框为（ ），另一个视图外框为（ ）。

A. 圆 B. 梯形 C. 半圆 D. 矩形

9. 半球体的两个视图为（ ），另一个视图为（ ）。

A. 圆 B. 矩形 C. 三角形 D. 半圆

10. 正视图外框是梯形，俯视图为两个同心圆，该立体为（ ）。

A. 梯形柱 B. 圆柱 C. 圆台 D. 圆锥

第四章 立体表面的交线

【学习目的】 掌握工程结构形体上截交线和相贯线的形成、类型和特点；掌握立体表面求点的方法与可见性分析；掌握立体表面截交线和相贯线的求法与可见性分析。

【学习要点】 立体表面求点；立体的截交线；立体间的交线、立体表面截交线和相贯线的求法。

【课程思政】 党的二十大报告提出：要深入推进环境污染防治。统筹水资源、水环境、水生态治理，推动重要江河湖库生态保护治理。

立体表面的交线是两个物体相交或相切所形成的表面交线，是两个物体的共有线。在本内容中重点培养学生解决问题时联系统筹的思维能力。犹如在推动江河湖库生态保护治理时，我们需要统筹水资源、水环境、水生态治理。

工程结构是较复杂的，主要是由叠砌和切削形式而成，故其表面具有很多交线，如图 4－1 所示。

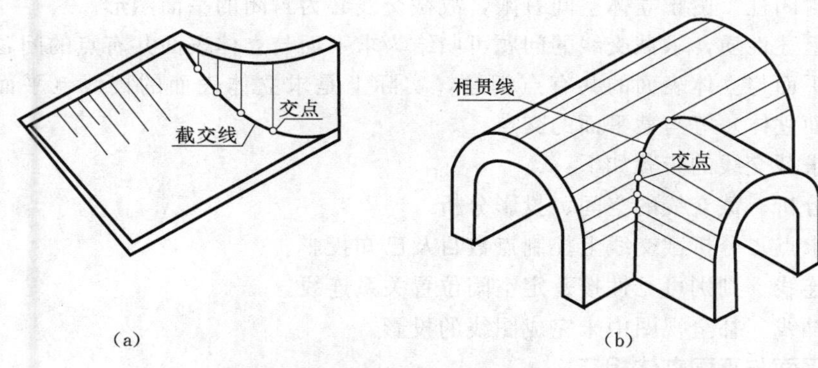

图 4－1　工程结构表面交线实例

工程结构表面的交线分为截交线和相贯线两种。平面与立体相交在其表面产生的交线称为截交线。两立体相交在其表面产生的交线称为相贯线。

第一节 立体的截交线

平面与立体相交，也称为立体被平面所截。该平面称为截平面，截平面与立体的表面交线称为截交线。截交线所围成的平面图形称为截断面。

图 4－2 所示为三棱锥被平面截切产生截交线的情况。

截交线具有各种不同的形式，但都具有以下性质：

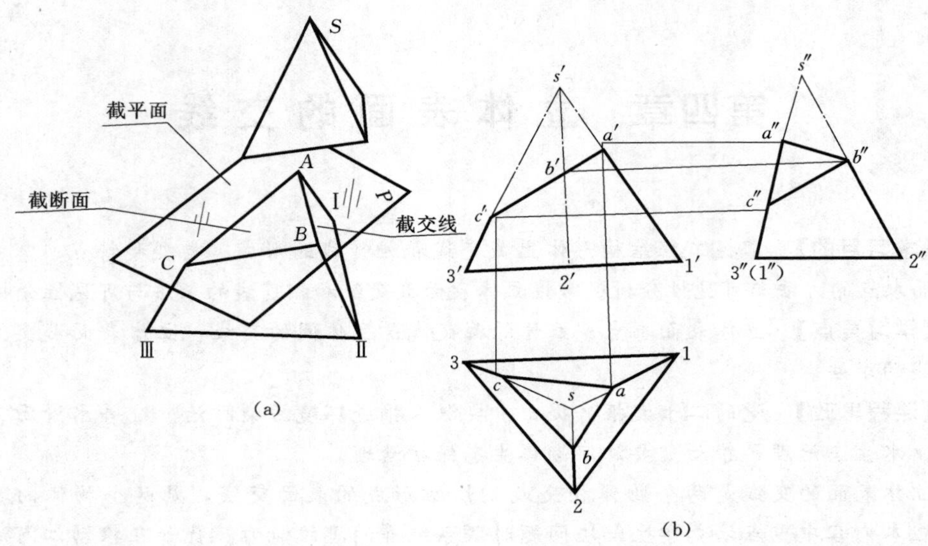

图 4-2 三棱锥的截交线

(1) 共有性。截交线是截平面与立体表面的共有线，如图 4-2 (a) 中的截交线 ABC，截交线的转折点是共有点。

(2) 封闭性。由于立体空间有限，故截交线必为封闭的平面图形。

根据上述性质，求截交线的问题可归结为求平面与立体表面共有点的问题。

求截平面与立体表面的共有点问题，实际上是求立体表面的棱线（平面立体）、素线（曲面立体）等与截平面的交点。

具体求截交线的步骤如下：

(1) 分析。截交线的空间、投影分析。

(2) 求点。分析截交线上控制点数目及已知投影。

(3) 连线。判别可见性按一定空间位置关系连线。

(4) 补线。补全视图中未完成图线的投影。

一、平面与平面立体相交

平面与平面立体相交，其截交线是平面多边形。多边形的各边为平面体各棱面与截平面的交线，而多边形的顶点是平面立体各棱线与平面的交点。

【例 4-1】 已知四棱锥被平面所截，试作截交线的投影，如图 4-3 (b) 所示。

【分析】 从图 4-3 (a) 中可以看出，水平面与四棱锥的 SA、SB、SD 3 条棱线相交于Ⅰ、Ⅱ、Ⅲ 3 个点；侧平面与四棱锥的 SC 棱线相交于Ⅳ点；水平面与侧平面的交线Ⅴ、Ⅵ两端点位于 SBC、SCD 两个棱面上。截断面上Ⅰ—Ⅱ—Ⅴ—Ⅳ—Ⅵ—Ⅲ与四棱锥底面平行，所以截交线ⅠⅡ、ⅠⅢ、ⅡⅤ、ⅢⅥ分别与 AB、AD、BC、CD 平行；侧平面Ⅳ—Ⅴ—Ⅵ与 SB、SD 两棱线平行，因此，截交线ⅣⅤ、ⅣⅥ分别平行于 SB 和 SD。

【作图步骤】

(1) 在正面投影中，选定出棱线与截平面的交点投影 1′、2′ (3′)、4′、5′ (6′)；

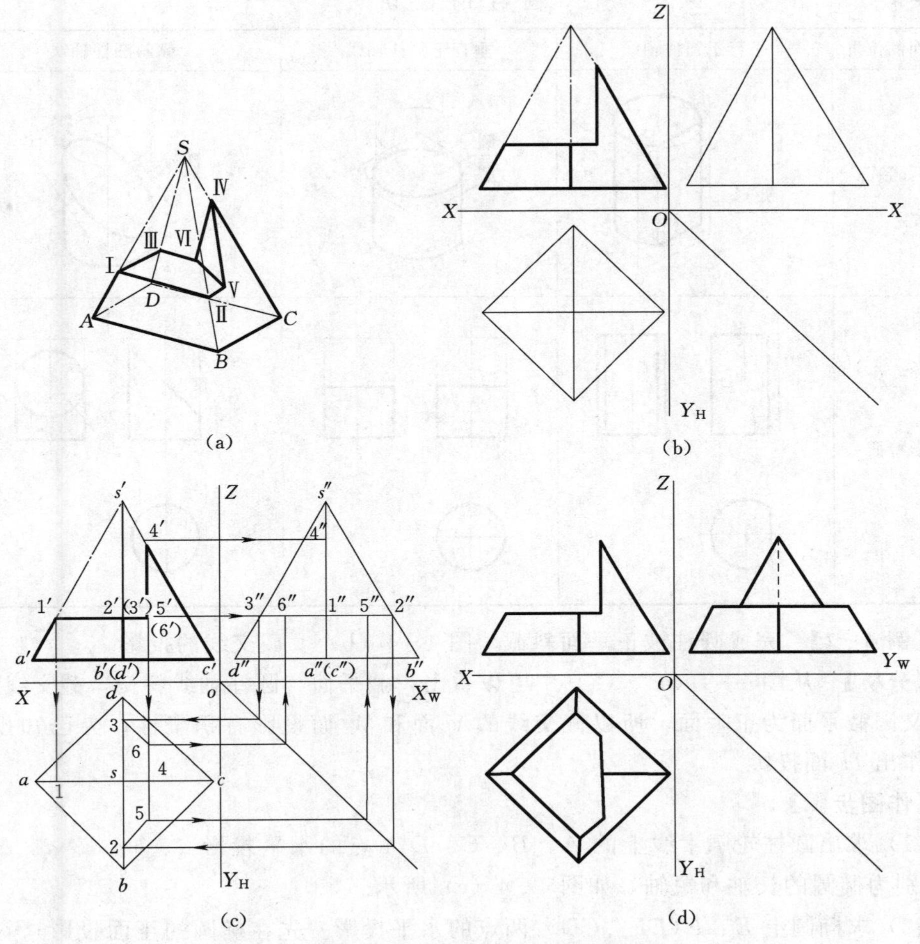

图 4-3 截切正四棱锥的截交线投影

再由 1′、4′两点向 OX 轴作垂线与水平投影 sa、sc 相交于 1、4；由 1′、2′（3′）、4′各点向 OZ 轴作垂线，分别与侧面投影的相应棱线相交于 1″、2″、3″、4″，如图 4-3（c）所示。

（2）在水平投影中，由 1 点分别作 ab、ad 的平行线与 sb、sd 相交于 2、3 两点；再由 2、3 两点分别作 bc、dc 的平行线与自 5′（6′）所作 OX 轴的垂线相交得 5、6 两点，根据 5、6 和 5′（6′）按投影规律求出侧面投影 5″、6″，如图 4-3（c）所示。

（3）根据可见性，连接同面投影中的各点，完成截交线的投影，如图 4-3（d）所示。

（4）补全视图。

二、平面与曲面体相交

1. 平面与圆柱相交

平面与圆柱相交，由于平面与圆柱轴线的相对位置不同，圆柱面的截交线有 3 种情况，如表 4-1 所列。

表 4－1　　　　　　　　　　　　　圆 柱 的 截 切

截平面的位置	平行于圆柱轴线	垂直于圆柱轴线	倾斜圆柱轴线
截交线形状	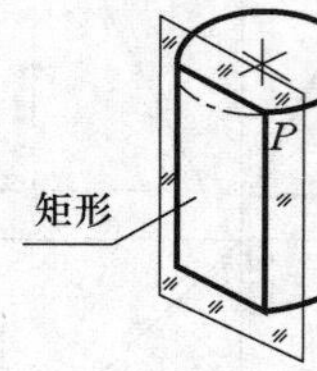 矩形　P	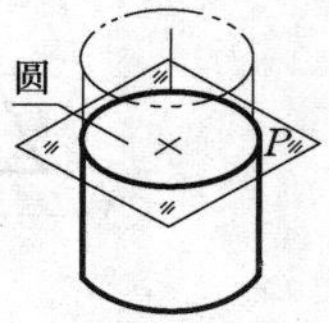 圆　P	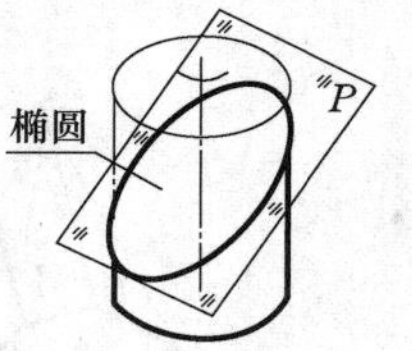 椭圆　P
投影特征	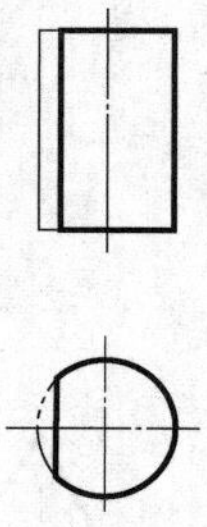	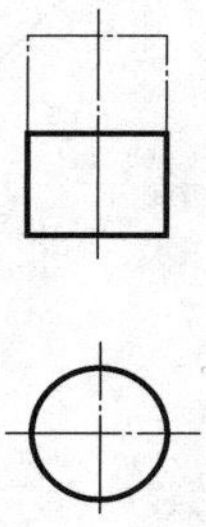	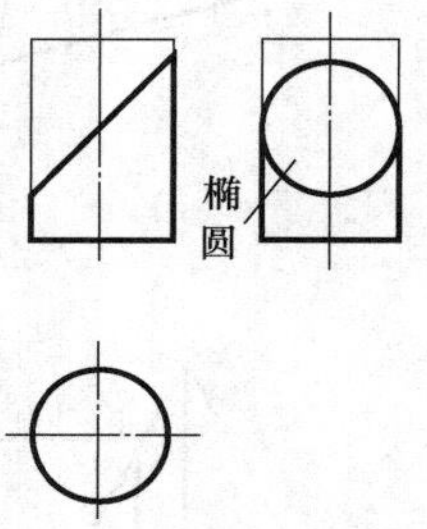 椭圆

【例 4－2】　完成圆柱被正垂面斜截［图 4－4（b）］截交线的投影。

【分析】　从图 4－4（a）、（b）中可以看出，截平面与圆柱轴线斜交，截交线为椭圆。又因截平面为正垂面，所以截交线的 V 面和 W 面投影有积聚性，为已知投影，只需作出 H 面投影。

【作图步骤】

（1）求出圆柱轮廓素线上的 A、B、C、D 4 点的水平投影 a、b、c、d，ab 和 cd 分别为椭圆的长轴和短轴，如图 4－4（c）所示。

（2）求椭圆上 E、$F(EF//CD)$ 两点的水平投影。先在椭圆的正面投影（斜线）上取一点 $e'(f')$，过 $e'(f')$ 作 OZ 轴的垂线与侧面投影（圆周）交于 e''、f''两点，根据点的投影规律求出 e、f。同理可求出 g、h 等点，如图 4－4（c）所示。

（3）用曲线板平滑地连接各点，形成一椭圆。描深轮廓线，如图 4－4（d）所示。

注：当正垂面与水平投影面倾斜 45°时，其截交线（椭圆）的水平投影则为一圆，其直径与圆柱直径相等。

【例 4－3】　分析切口圆柱的截交线，补画俯视图，如图 4－5（a）所示。

【分析】

（1）空间分析。圆柱被正垂、水平、侧平面 3 个截平面组合切出切口，截交线分别为部分椭圆、圆柱素线和圆弧，如图 4－5（b）所示。

（2）投影分析。椭圆的水平投影仍为椭圆，素线的水平投影反映实长，圆弧的水平投影积聚成直线。

【作图步骤】　如图 4－5（c）所示。

【例 4－4】　分析护坡顶面与翼墙迎水面的交线，补全视图如图 4－6（a）所示。

【分析】　空间分析。翼墙迎水面为平面与 1/4 圆柱面的组合面，与护坡顶面的交

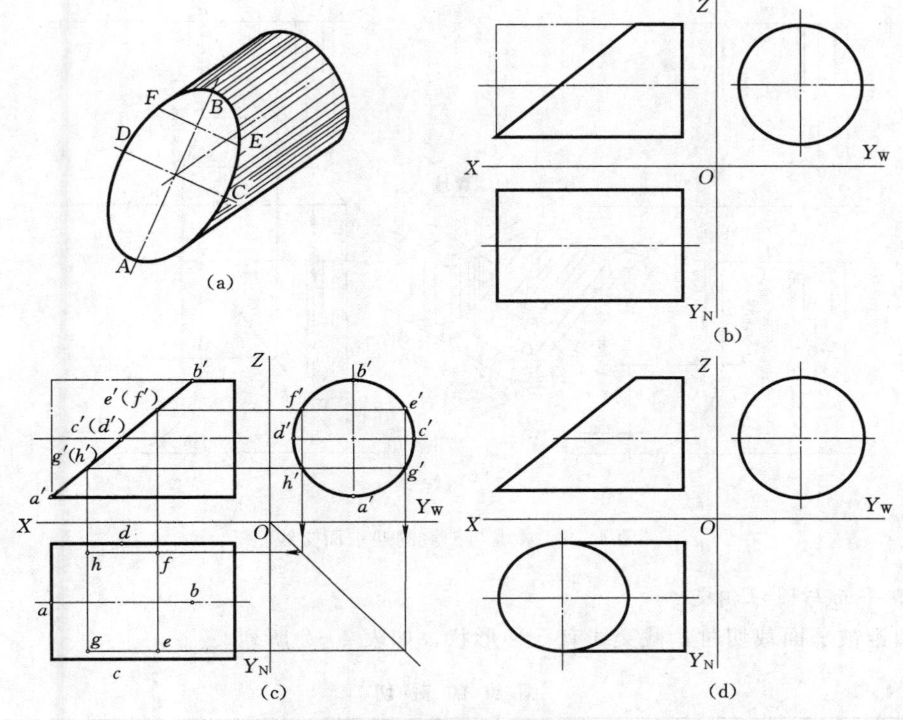

图 4-4 圆柱截交线的投影

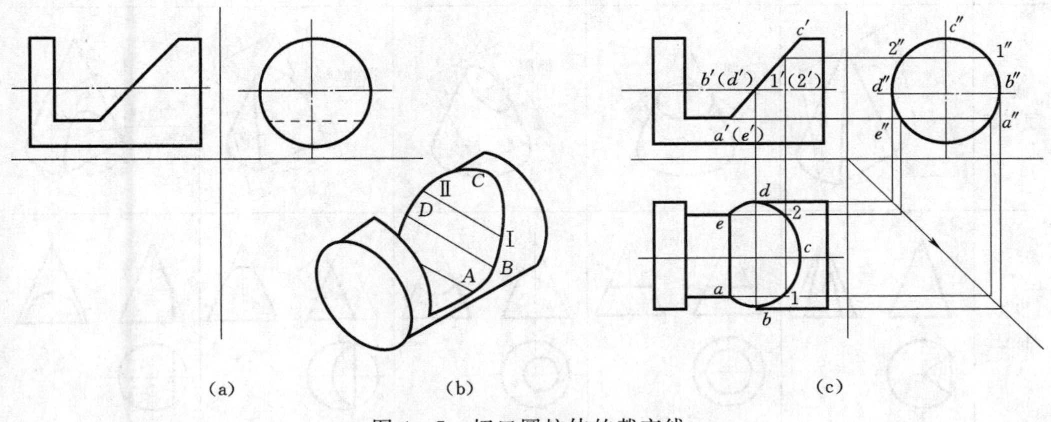

图 4-5 切口圆柱体的截交线

线，相当于组合面与侧垂面的交线，其中 CD 为直线，CBA 是 1/4 椭圆，如轴测图所示。

【作图步骤】 如图 4-6（b）所示：

（1）作 1/4 椭圆的正面投影。特殊点 a' 按投影关系根据 a 求得，c' 及一般点 b' 用辅助线法求得，即将 C、D 由 d 作为平面上的点，通过在平面内作辅助线 DE 求解。

（2）作 DE 的正面投影 $d'e'$。按投影关系求出 d' 后连 $d'c'$ 即得。

（3）根据点的投影规律求出 g、f。

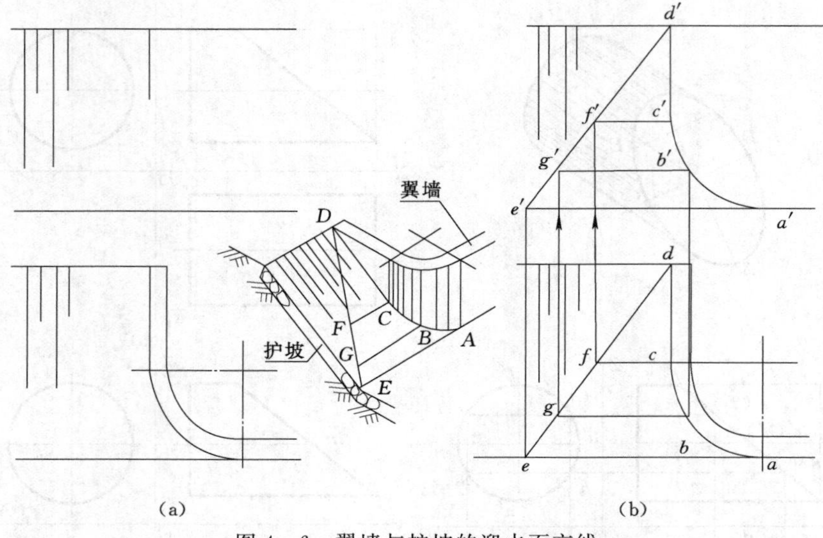

图 4-6 翼墙与护坡的迎水面交线

2. 平面与圆锥相交

圆锥被平面裁切时，截交线有 5 种形状，如表 4-2 所列。

表 4-2　　圆 锥 的 截 切

截平面位置	通过圆锥顶点	垂直于圆锥轴线	与所有素线相交 ($\theta>\alpha$)	与一条素线平行 ($\theta=\alpha$)	与二条素线平行 ($\theta<\alpha$)
截交线形状	三角形 P	圆 P	椭圆 P	抛物线 P	双曲线 P
投影特征					

【例 4-5】 已知圆锥被正垂面所斜截，试作截交线的水平投影［图 4-7（b）］。

【分析】 圆锥被截断后，截交线为一椭圆，因为截平面为正垂面，所以截交线的正面投影为一倾斜直线。其水平投影仍为一椭圆。但形状已改变，即面积缩小。为了求出截交线的水平投影，采用点的从属性和辅助圆法求出截交线上的点。

【作图步骤】

（1）求特殊点。椭圆长、短轴的端点都是特殊点。在图 4-7（a）中，椭圆的短轴 CD 是在长轴 AB 的中垂线上。在图 4-7（b）所示的情况下，长轴 AB 平行于 V

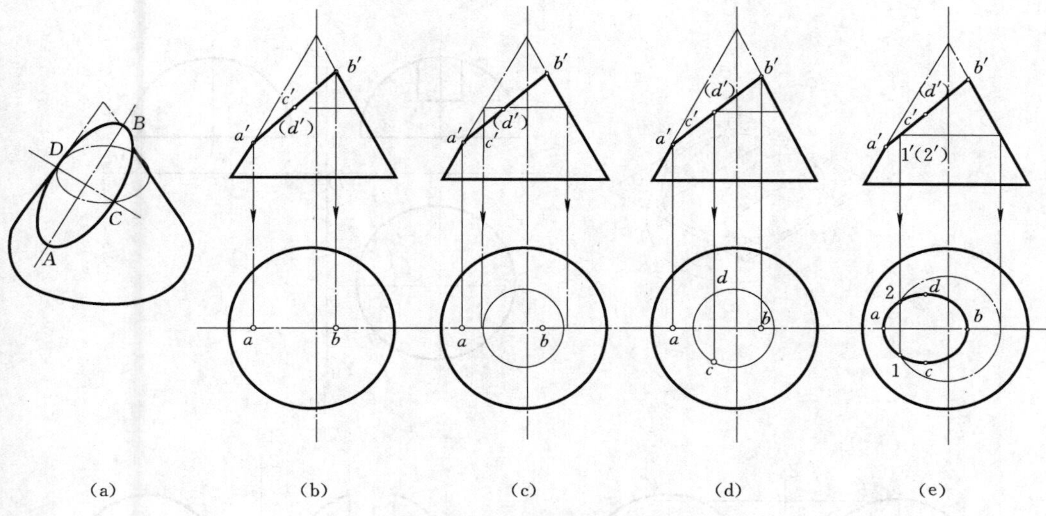

图 4-7　作截交线椭圆的水平投影

面，$a'b'$是长轴 AB 反映实长的投影，a'、b'分别是最低点和最高点，也是圆锥向 V 面投影轮廓素线上的点。A、B 的水平投影 a、b 在 H 面圆的水平中心线上。短轴的正面投影 $c'd'$一定在长轴的正面投影 $a'b'$的中心点上［图 4-7（b）］，为此，过 C 作水平辅助圆，辅助圆的正面投影为过 c'所作的水平线段，然后作此水平辅助圆的水平投影［图 4-7（c）］，c、d 一定在此圆周上［图 4-7（d）］。

（2）求中间点。在 $a'b'$上任取一些点，然后用辅助圆法作出这些点的水平投影。图 4-7（e）表现出了求 1、2 两点的做法。

（3）连点。用光滑曲线连接水平投影中的各点即得所求曲线。

3. 平面与圆球相交

平面与圆球相交，不论平面与圆球的相对位置如何，其截交线都是圆。但由于截平面与投影面的相对位置不同，所得截交线的投影也不同。

在图 4-8 中，圆球被水平面所截，其截交线为水平圆，该圆的正面投影和侧面投影均积聚成直线，其正面投影 $a'b'$、$c'd'$的长度等于水平圆的直径，其水平投影反映圆的实形。

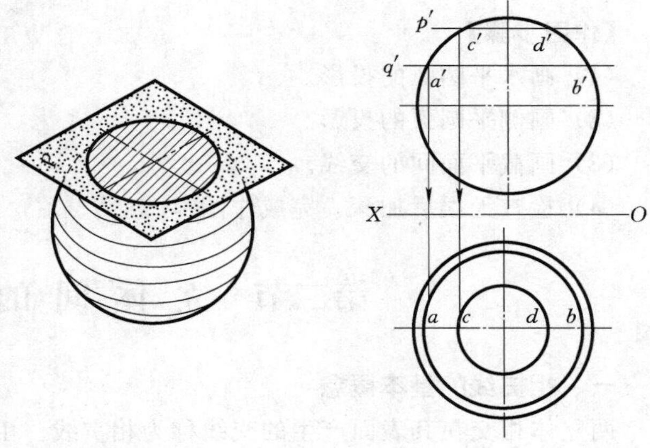

图 4-8　圆球截交线的投影

【例 4-6】　分析切槽半球的截交线，补全俯视图和左视图［图 4-9（b）］。

【分析】　半球被 3 个截平面切割成槽，截交线为两段侧平圆弧及两段位于同一水平面上的圆弧。

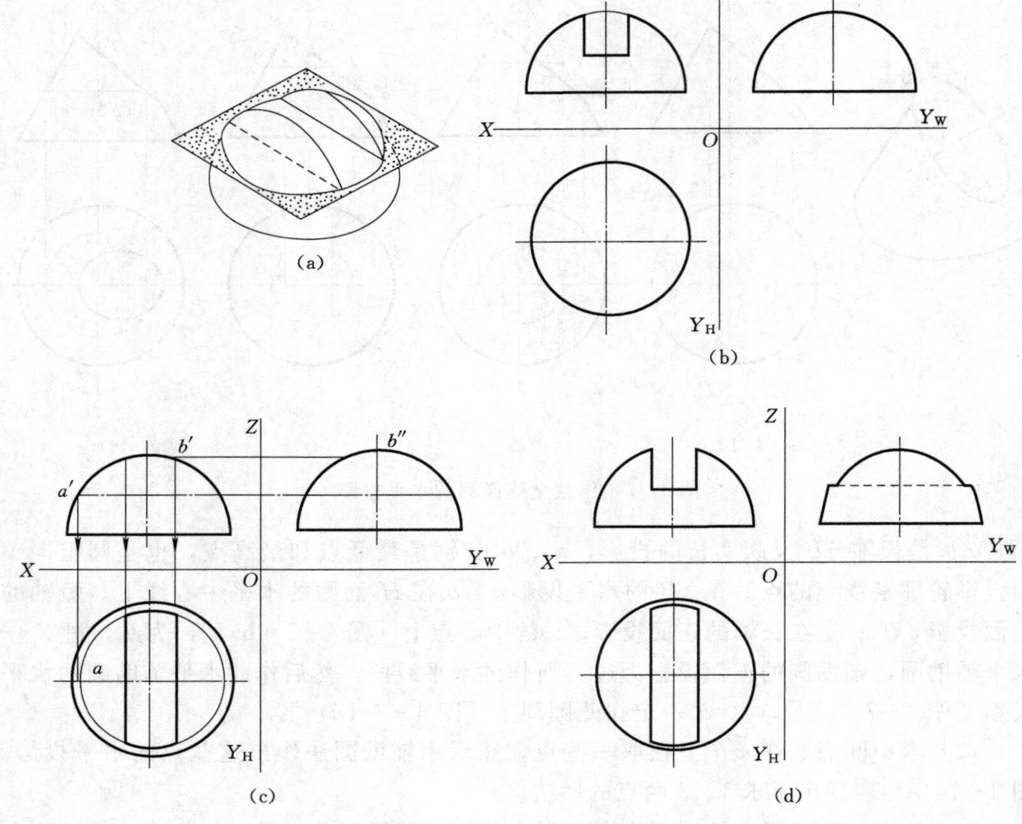

图 4-9 半圆球上槽口截交线的投影

【作图步骤】

(1) 画水平圆弧的投影。

(2) 画侧平圆弧的投影。

(3) 画截平面间的交线。

(4) 检查无误后加深，完成作图。

第二节 立 体 间 的 交 线

一、相贯线的基本概念

两立体相交在其表面产生的交线称为相贯线。由于相交两立体的形状、相对位置及大小的不同，相贯线的形状也各不相同。但它们都具有下列两个共同的性质：

(1) 共有性。相贯线是属于两相交立体表面的共有线；相贯线上每一点都是两相交立体表面上的共有点。

(2) 封闭性。由于立体有一定的范围，所以相贯线一般是封闭的。

根据上述性质，求相贯线的问题可归结为求立体表面共有点的问题，也就是立体

表面求点的问题。

立体有平面立体和曲面立体两大类。立体的表面相交有下列3种情况（图4-10）：平面体与平面体相交；平面体与曲面体相交；曲面体与曲面体相交。

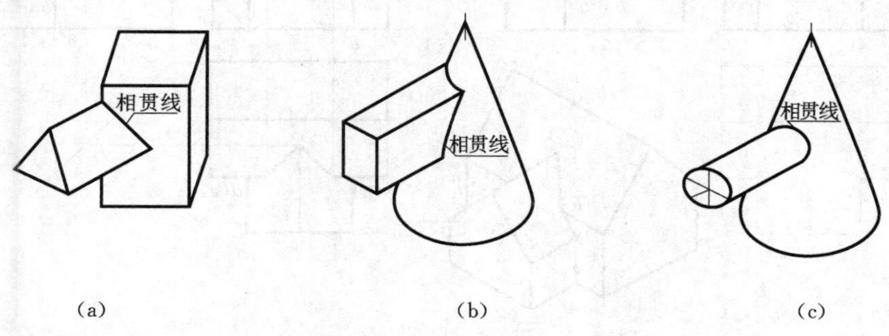

图4-10 两立体相交的形状分类

（a）平面体与平面体相交；（b）平面体与曲面体相交；（c）曲面体与曲面体相交

二、相贯线的求法

分析相贯线的已知投影→由立体间相交的类型判断出相贯线的形状和组数→求立体间相交的相贯线→求相贯线上的控制点（端点、曲线转向点与转折点、可见与不可见分界点和相贯线与曲面体特殊素线的交点等，如有连接相贯线的需要可少量补求一些中间点）→然后依次连接各点成封闭的相贯线，并同时进行可见性分析，如图4-10所示。由此可归纳为下面的步骤：

（1）投影分析，空间分析。

（2）求特殊点。

（3）求中间点。

（4）判别可见性，光滑连接。

（5）补全视图。

（一）平面体与平面体相贯线的求法举例

【例4-7】 图4-11（a）所示为两个直五棱柱相交，求作相贯线的投影。

【分析】 由图4-11（a）可以看出，大五棱柱的侧棱均垂直于侧面，小五棱柱的侧棱均垂直于正面。参与相交的有小五棱柱的5条侧棱，其与大五棱柱的两棱面相交得5个交点，即A、B、C、D、E；参与相交的还有大五棱柱上的一条侧棱，其与小五棱柱的两棱面相交得两个交点F、G。因为参与相交的棱面均为特殊位置面，所以可利用集聚性法求各交点的投影。

【作图步骤】 如图4-11（b）所示：

（1）标出交点。正面投影a'、b'、c'、d'、e'、f'、g'与侧面投影a''、b''、c''、d''、e''、f''、g''，然后根据投影规律求出水平投影a、b、c、d、e。

（2）判定可见性。连接各点。连点原则是：位于立体的同一棱面上又同时位于另一立体的同一棱面上的两点才能连接。判定可见性原则是：如果参与相交的两个棱面均可见，相贯线亦可见；如果两棱面中有一个面不可见，则相贯线也不可见。

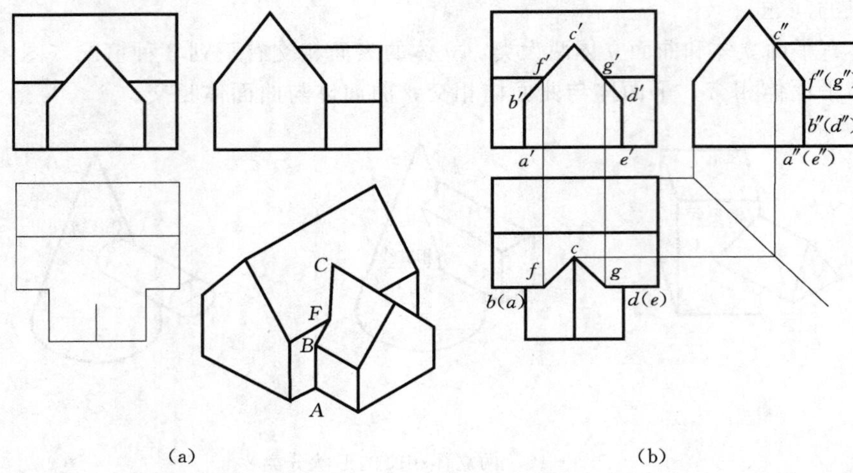

图 4-11 两个直五棱柱相交相贯线的画法

根据这个原则分析，在水平投影上应连接 ab、bf、fc、cg、gd、de 成一折线，并且均可见，加深后完成。

（二）平面体与曲面体相贯线的求法举例

【例 4-8】 图 4-12 所示为一半圆顶面的柱体与梯形柱体相交，试作其相贯线的投影。

【分析】 由图 4-12 可以看出，半圆顶面的柱体上部为半圆柱，下部为长方体。它与梯形柱体的相贯线，是由一段平面曲线（半个椭圆）和两段直线组成。相贯线的正面投影与梯形柱体斜面的正面投影重影，相贯线的侧面投影与半圆柱体表面的侧面投影重影。所以只需要求出相贯线的水平投影即可。

【作图步骤】

(1) 求特殊点。半圆柱面的 3 条轮廓素线与梯形柱体斜面的 3 个交点 A、B、C 是相贯线上的特殊点，由它们的正面投影 a'、b'、c'分别向 OX 轴作垂线与相应轮廓素线的水平投影相交得 a、b、c 各点，如图 4-12（d）所示。

(2) 求中间点。如图 4-12（b）所示，假想用一个辅助平面 P（与圆柱面的轴线平行）将相贯体切开，P 平面与圆柱面的截交线 L_1 和 L_2，与梯形柱体斜面的截交线 L_3，它们的交点为 D 和 E。据此分析可先作水平辅助面 P 的正面和侧面投影 p' 和 p''，然后求出截交线的水平投影 l_1、l_2 和 l_3，并得它们的交点 d 和 e 即为相贯线上中间点的水平投影，如图 4-12（e）所示。

按上述方法还可以求出若干个中间点的水平投影，然后平滑地连接各点成曲线，擦去作图线，描深轮廓线，如图 4-12（f）所示。

【注意】 相贯线的直线部分与曲线相切于 a、c 两点。

（三）曲面体与曲面体相贯线的求法举例

【例 4-9】 图 4-13（a）所示为两圆柱正交，试作其相贯线的投影。

【分析】 从图 4-13（b）中可以看出，一个大圆柱与一个小圆柱正交，大圆柱轴

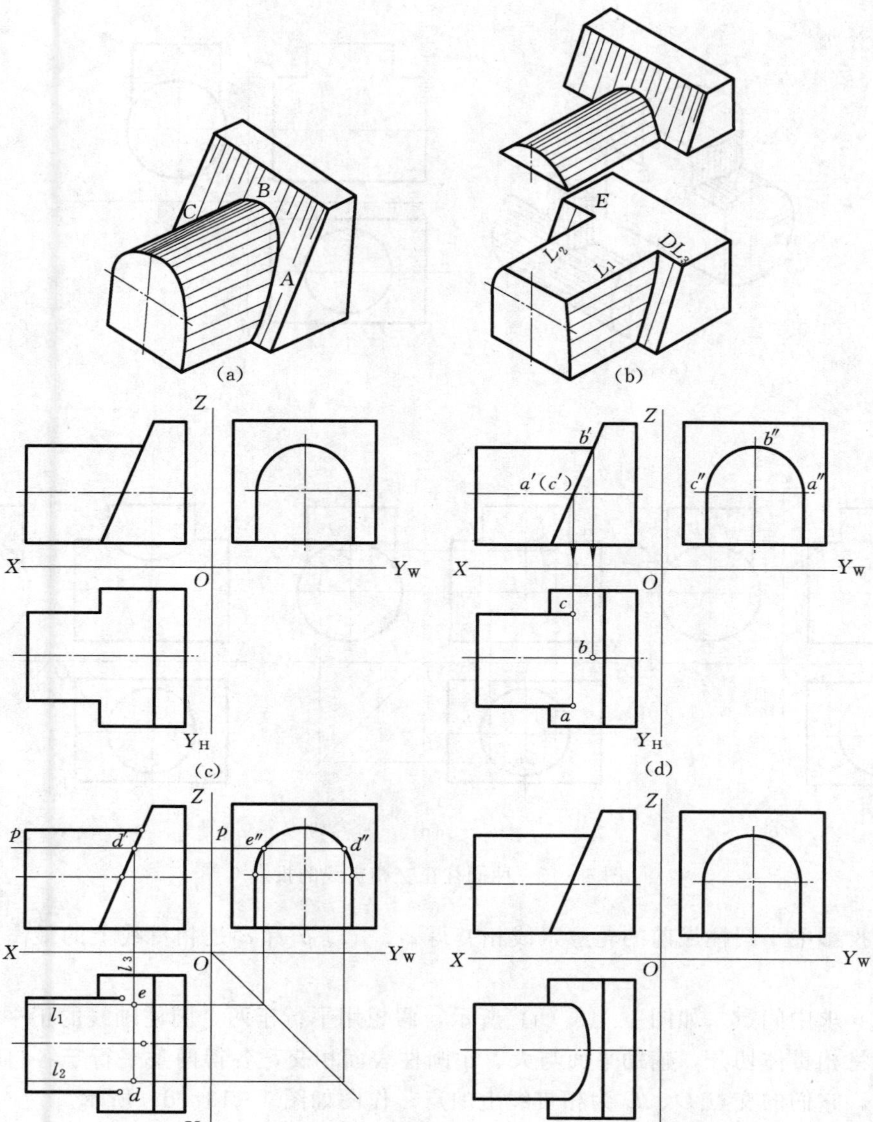

(a)　(b)　(c)　(d)　(e)　(f)

图 4 - 12　半圆柱体与梯形柱体相贯线的投影

线为水平线，小圆柱轴线为铅垂线。小圆柱表面的水平投影积聚为一圆，相贯线的水平投影重影于此圆上。大圆柱表面的侧面投影有积聚性，亦为一圆，所以相贯线的侧面投影也重影于大圆周上。因此，本题只需求相贯线的正面投影。由于相贯体是前后对称的，所以相贯线也是前后对称的，只需求出相贯线的前半部即可。

【作图步骤】

(1) 求特殊点。在正面投影中可以直接找出两圆柱轮廓素线的交点 a' 和 b'，如图 4 - 13 (c) 所示。由侧面投影中小圆柱的轮廓素线与大圆周的交点 c'' 向 OZ 轴作垂线，

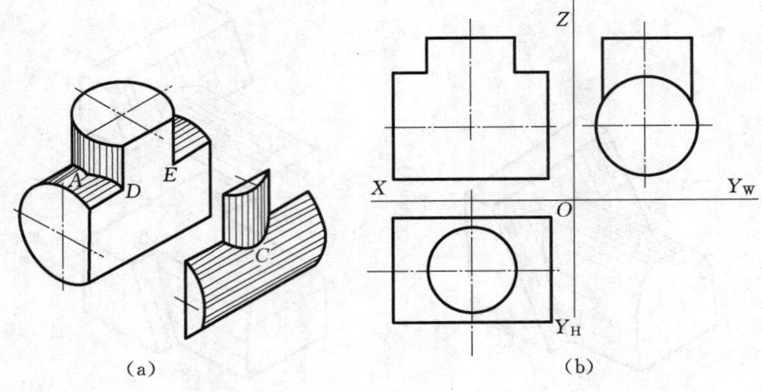

(a) (b)

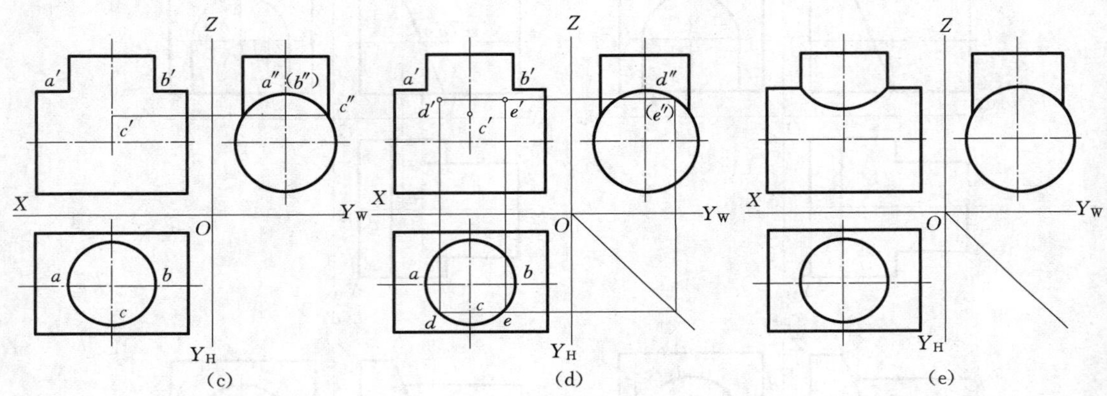

(c) (d) (e)

图 4-13 两圆柱正交相贯线的投影

与正面投影中小圆柱最前的轮廓素线相交得 c'。a'、b' 和 c' 是相贯线上的最高点和最低点。

(2) 求中间点。如图 4-13 (a) 所示，假想用平行于两个圆柱轴线的正平面为辅助平面将相贯体切开，辅助平面与大、小圆柱表面相交，各得两条平行于各自轴线的截交线，它们的交点 D、E 为相贯线上的点。作图如图 4-13 (d) 所示。

(3) 同样依此法，可以求出相贯线上若干中间点的正面投影，然后按顺序平滑地连接各点即为相贯线的正面投影。擦去作图线，加深轮廓线，如图 4-13 (e) 所示。

【例 4-10】 图 4-14 (a) 所示为圆柱与圆锥正交，试求其相贯线的投影。

【分析】 从图 4-14 (b) 中可以看出，圆柱和圆锥的轴线垂直相交，且均平行于正面，相贯线是前后对称的封闭空间曲线，其正面投影前后重影，水平投影为一封闭曲线，侧面投影重影于圆柱表面的侧面投影。圆锥表面的投影没有积聚性，然后分别按顺序连接各点的同面投影即得相贯线的投影。

【作图步骤】

(1) 求特殊点。如图 4-14 (c) 所示，在正面投影中，圆柱的轮廓素线与圆锥左侧的轮廓素线相交于 a'、b' 两点，由 a'、b' 两点向 OX 轴作垂线与圆锥左侧轮廓素线

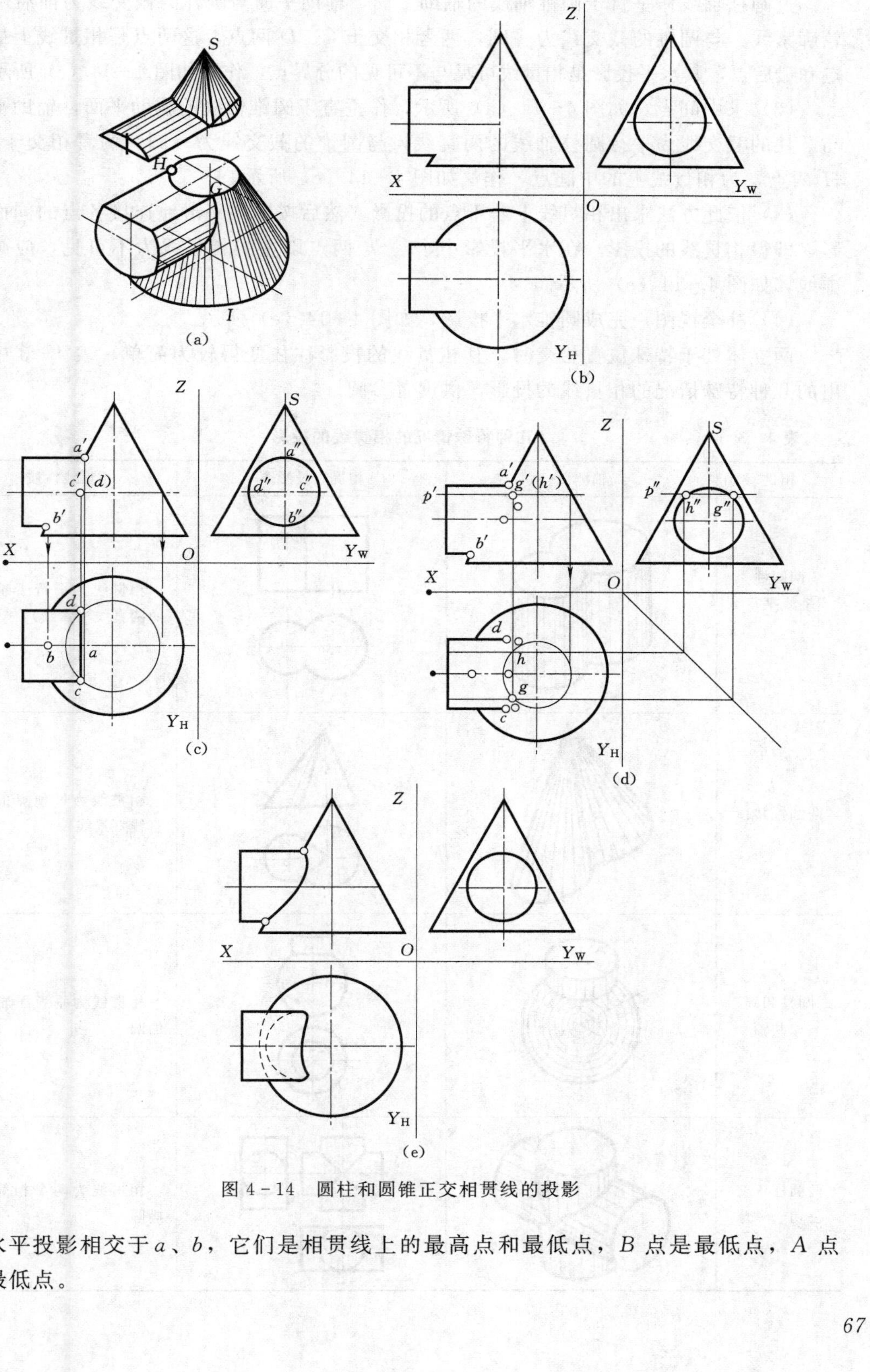

图 4－14　圆柱和圆锥正交相贯线的投影

的水平投影相交于 a、b，它们是相贯线上的最高点和最低点，B 点是最低点，A 点是最低点。

过圆柱轴线作垂直于圆锥轴线的辅助平面，辅助平面与圆柱的截交线为前后两条轮廓素线，与圆锥的截交线为一圆，两者相交于 C、D 两点，这两点是相贯线上最前点和最后点，其水平投影是相贯线可见与不可见的分界点，作法如图 4－14（c）所示。

（2）求中间点。如图 4－14（a）所示，作垂直于圆锥轴线的辅助平面，辅助平面与圆柱的截交线为平行圆柱轴线的两直线，与圆锥的截交线为一圆，两者相交于 G、H 两点，为相贯线上的中间点，作法如图 4－14（e）所示。

（3）依此方法求出相贯线上若干点的投影，然后按顺序平滑地连接各点的同面投影，即得相贯线的投影。在水平投影中，c、d 两点以左的相贯线为不可见，应画成虚线，如图 4－14（e）所示。

（4）补全视图，完成圆锥水平投影，如图 4－14（e）所示。

两立体处于特殊位置相交时，其相贯线的投影往往变得较为简单。表 4－3 中列出的几种特殊情况的相贯线的投影，供读者参阅。

表 4－3　　几种特殊情况的相贯线的投影

相贯	轴测图	相贯线投影图	相贯线性质
两圆柱轴线平行		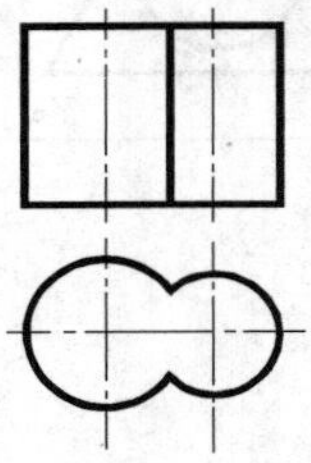	相贯线为平行于轴线的两直线（素线）
两圆锥共顶	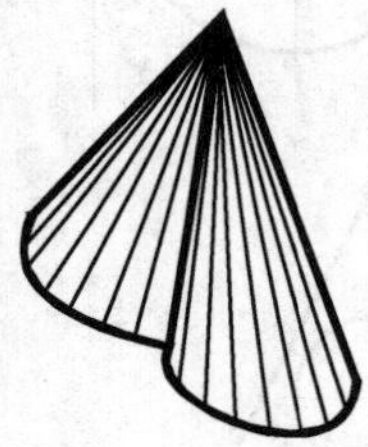	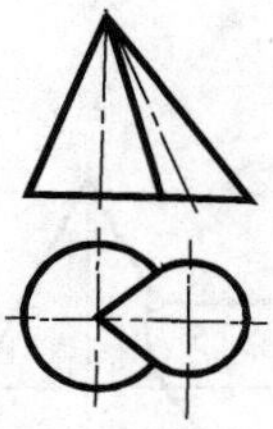	相贯线为过顶点的两直线（素线）
圆柱和圆球共轴	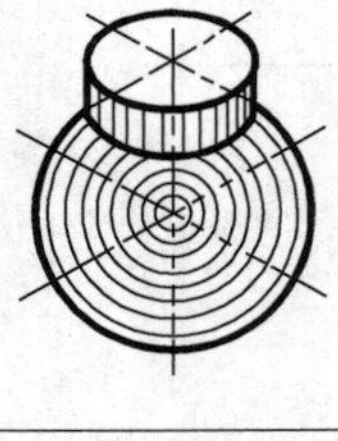	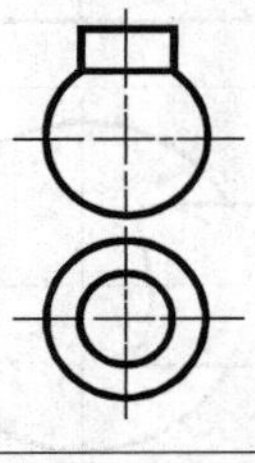	相贯线为垂直于轴线的圆
两圆柱正交公切于一球	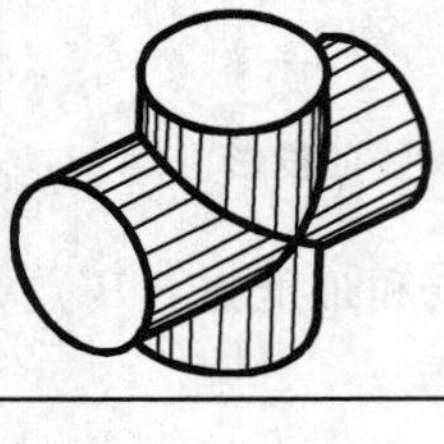	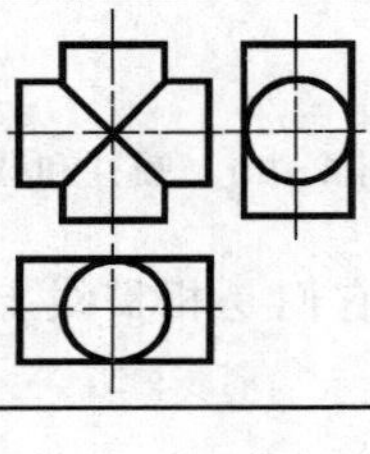	相贯线为两个相等的椭圆

续表

相贯	轴测图	相贯线投影图	相贯线性质
两圆柱斜交公切于一球		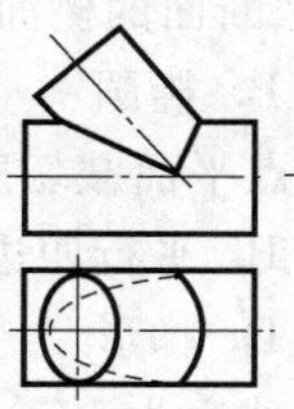	相贯线为两个半椭圆，它们的短轴相等，长轴不同
圆柱与圆锥正交公切于一球		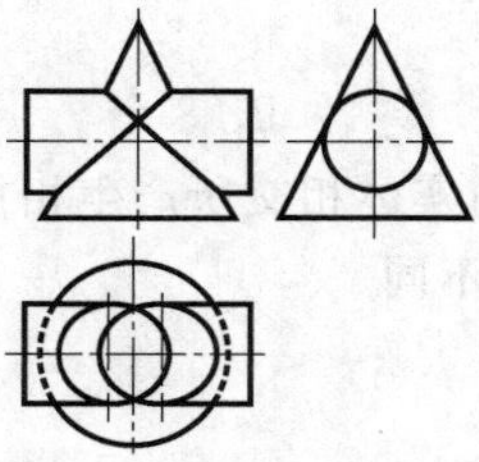	相贯线为两个相等的椭圆

【复习思考题】

1. 在立体表面求点，首先应（　　）。

A. 判定点所在面的位置　B. 作辅助直线　C. 作辅助圆　D. 直接求

2. 可用积聚性法取点的面有（　　）。

A. 圆锥面　B. 特殊位置平面

C. 圆柱面　D. 一般位置平面

3. 在圆锥面上的取点（　　）。

A. 只能用辅助圆法求　B. 利用辅助直线法求

C. 只能用辅助素线法求　D. 在轮廓素线上时可直接求

4. 通过锥顶和底面截切五棱锥，其截断面的空间形状为（　　）。

A. 多边形　B. 五边形

C. 三角形　D. 平行四边形

5. 正圆锥被一截平面截切，要求截交线是抛物线时，θ 角（θ 为截平面与水平线的夹角）与锥底角之 α 间的关系是（　　）。

A. $\alpha<\theta$　B. $\alpha=\theta$　C. $\alpha>\theta$　D. $\theta=90^{\circ}$

6. 用两个相交截平面切正圆锥，一个面过锥顶，一个面的 $\alpha<\theta$，截交线是（　　）。

A. 双曲线与椭圆　B. 双曲线与直线

C. 椭圆与直线　D. 抛物线与直线

7. 轴线⊥H 面的圆柱，被正垂面截切，其截交线的空间形状为（　　）。

A. 圆　B. 椭圆　C. 矩形　D. 一条直线

8. 用与 H 面呈 $\alpha=45^{\circ}$ 的正垂面 P，全截一轴线为铅垂线的圆柱，截断面的侧面投影是（　　）。

A. 圆　　B. 椭圆　　C. 1/2 圆　　D. 抛物线

9. 球体被侧垂面截切，其截断面的侧面投影为（　　）。

A. 多边形　　B. 椭圆　　C. 直线　　D. 圆

10. 圆台被过素线延长交汇点平面截切所产生的截交线是（　　）。

A. 圆　　B. 平行四边形

C. 三角形　　D. 梯形

11. 用 $\beta = 45°$ 的铅垂面，距球心为 1/3 半径处截切圆球，所产生截交线的特殊点有（　　）。

A. 6 个　　B. 8 个　　C. 10 个　　D. 12 个

12. 在立体上开孔与实体相交所产生相贯线区别是（　　）。

A. 相贯线形状不同　　B. 相贯线求法不同

C. 可见性不同　　D. 可见性相同

第五章　组合体的投影

【学习目的】 掌握形体分析法，并能熟练掌握形体分析法在组合体视图中的画法、尺寸标注和识读中的应用，使学生具备正确、快速绘制组合体三视图，进行尺寸标注和组合体识图的能力。

【学习要点】 形体分析法和线面分析法；组合体视图的画法；组合体的尺寸标注方法；组合体的识读。

【课程思政】 党的二十大报告提出：构建人类命运共同体是世界各国人民前途所在。合作共赢，繁荣才能持久，安全才有保障。

水利工程是从水资源的综合利用出发，修建若干个不同类型、不同功能的水工建筑物，由多种水工建筑物组成的综合体称为水利枢纽。作为水利人的一份子，只有要做好自己的本职工作，努力践行好“忠诚、干净、担当、科学、求实、创新”的新时代水利精神，才能够实现大国水利之梦。

水利工程中的各种建筑物形式虽然复杂多样，但都是由基本形体按照不同的方式组合而成的。这种由两个以上的基本形体或简单形体组合而成的物体通常称为组合体。

从空间形态上看，组合体按照其组合方式一般有叠加、切割和综合 3 种形式。

基本体或简单体在组成组合体时，由于相互间的组成方式和位置的不同，它们相邻表面的连接方式有相接（共面与不共面）、相交、相切几种情况。

1. 叠加式组合体

叠加式组合体是由两个或两个以上的基本体重叠而成。

如图 5-1 所示的组合体，是由一个三棱柱和一个四棱柱叠加形成。叠加过程中

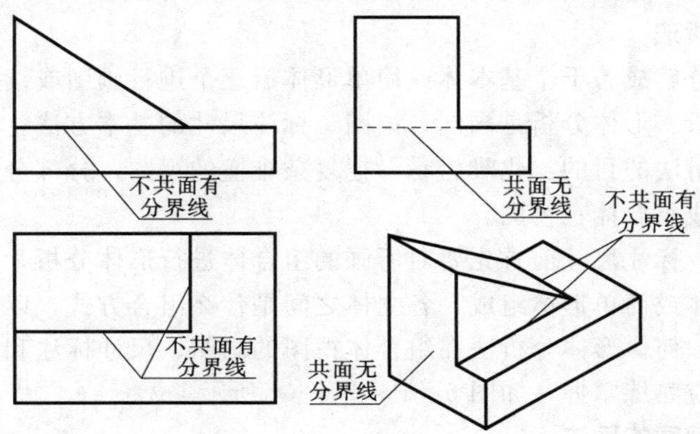

图 5-1　叠加式组合体（一）

当相邻两表面相交时，投影要画分界线，如图 5－1 的主视图中所示；当相邻两表面共面时，不应有分界线，因此共面处不画线，如图 5－1 的左视图中所示。

图 5－2 所示的组合体由一个圆柱和一个四棱柱叠加形成。叠加过程中，当圆柱曲面和四棱柱表面相切，不应有分界线，因此两表面相切处不画线，如图 5－2 的正投影图中所示。

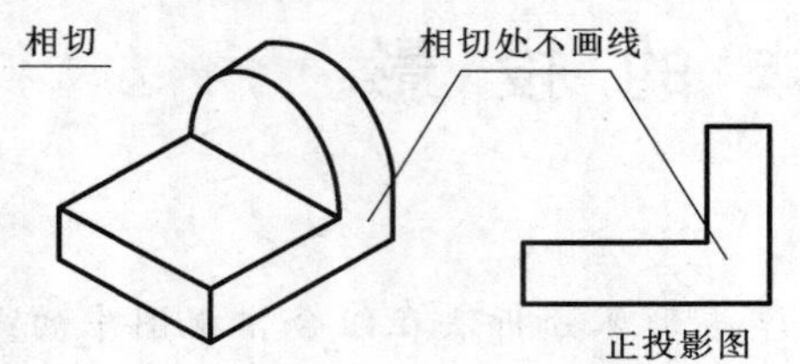

图 5－2　叠加式组合体（二）

2. 切割式组合体

它由一个基本形体被一个或几个不同位置的平面或曲面切割而形成的组合体，如图 5－3 所示，该形体是由原体四棱台，前面被切走了一个梯形柱，上面再经切割掉一个小梯形柱后而形成的切割体。

3. 综合式组合体

既有叠加，又有切割的组合体，称为综合式组合体，如图 5－4 所示。

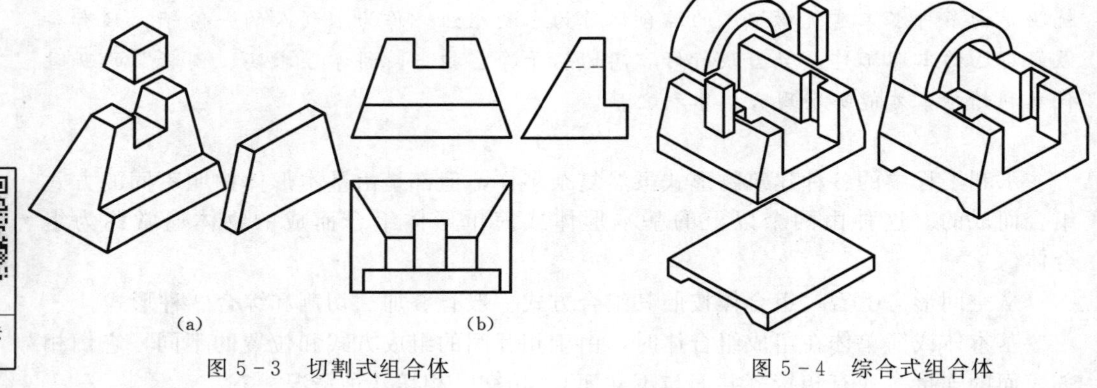

图 5－3　切割式组合体

图 5－4　综合式组合体

微课 5－1

形体分析法介绍

第一节　组合体视图的画法

一、形体分析法

假设将物体分解成若干个基本体或简单形体后逐个进行画图或读图的一种分析方法，称为形体分析。形体分析是画图、读图、标注尺寸的基本方法。

应用形体分析法的目的：化难为易，把复杂难懂的视图，分部分看懂，并按照投影规律分部分完成组合体三视图。

画图、读图、标注尺寸前首先要对所画的组合体进行形体分析，就是分析该组合体是由哪些基本体或简单形体组成，各立体之间是什么组合方式，以及它们对投影面的相对位置关系如何。形体分析法在组合体视图的画图、尺寸标注和读图的过程中要经常运用，因此应熟练掌握，如图 5－1～图 5－4 所示。

二、组合体视图的画法

画组合体视图的具体步骤如下：

(一）对组合体进行形体分析

分析组合体由哪些部分组成、每部分的投影特征以及它们之间的相对位置和组合体的形状特点。

(二）选择主视图

主视图是三视图中最重要的视图，主视图选择得好坏，直接影响组合体表达的清晰性。

选择主视图的原则是：用最简单、最明显的一组视图来表达物体的形状，而且视图的数量要最少，即用尽量少的视图把物体完整、清晰地表达出来。

视图选择包括确定物体的放置位置、选择主视图的投影方向及确定视图数量3个问题。

1. 确定物体的放置位置

通常按使用时的工作位置摆正放平组合体。

2. 选择主视图的投影方向

应使主视图尽可能多地反映物体的形状特征及各组成部分的相对位置关系；另外要尽可能减少视图中的虚线。

3. 确定视图数量

基本体一般只需要含有特征视图的两个视图就能表达清楚；而组合体的视图数量，应在主视图确定之后，再考虑各部分的形状和相互位置还有哪些没有表达清楚，从而确定还需几个视图。

(三）选定比例进行图面布置

视图选择后，应根据组合体的大小和复杂程度，按制图标准的规定选择适当的比例和图幅。选择原则为：表达清楚，易画、易读，图中的图线不宜过密与过疏。

其次，确定各视图的基准线，使得各视图布局均匀，居中摆放。各视图之间、视图与图框线之间都要留有适当的空隙，以便于标注尺寸。

(四）画底稿

形体结构分析清楚后，画底稿的顺序是：先画主要形体，后画次要形体；先画外形轮廓，后画内部细节；先画可见部分，后画不可见部分。对称中心线和轴线要用细点画线直接画出，不可见部分的虚线也可直接画出。

(五）检查、加深

底稿图画完成后，应对照立体检查各图是否有缺少或多余的图线，改正错处，然后加深，完成作图。

【例5-1】 画出如图5-5所示水闸闸室的视图。

【分析】

(1) 形体分析。图5-5所示为水闸闸室立体图，根据形体分析的思路，可把它分解为4个部分，底部为一块底板（原体为长方体，中部下方切去一个梯形柱体），左、右两个边墩（原体为梯形棱柱体，在铅垂的一侧切去一个细长方柱体），上面放置一个拱圈（形状为空心的半圆柱体）。组合关系为左右对称，后面平齐。

(2) 视图选择。水闸闸室按使用时的工作位置放置。底板在最下部，水平搁置，

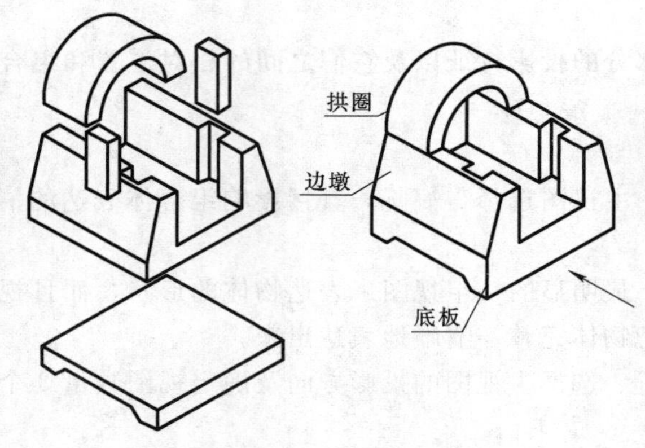

图 5-5 水闸闸室立体图

两个边墩直立在底板上，拱圈在最上部，不可倒置。主视图的投影方向如图 5-5 中箭头所示，此时得到的主视图的图形简单并能反映各部分形状特征及其相对位置。

（3）确定视图数量。经分析，图中底板和拱圈需用主、左视图表达清楚，边墩需用主、俯视图才能将闸门槽的形状和位置表达清楚，所以水闸闸室需选择主、俯、左 3 个视图进行表达。

（4）选定比例、进行图面布置。合理布置视图，画出各图基准线，然后画底稿图，先画底板三视图，接着画边墩三视图，再画拱圈三视图。

（5）最后检查、加深。

水闸闸室的视图画法如图 5-6（a）、（b）、（c）、（d）所示。

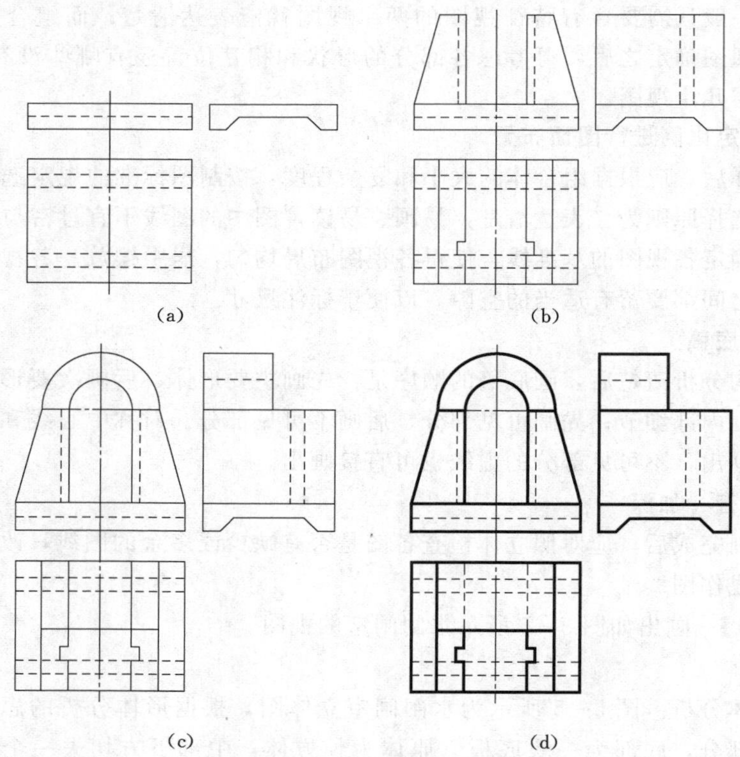

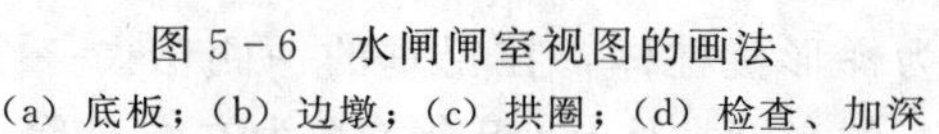
图 5-6 水闸闸室视图的画法

（a）底板；（b）边墩；（c）拱圈；（d）检查、加深

【注意】 形体分析法是一种假想的分析方法，实际上组合体仍然是一个整体。所以在基本形体的衔接处不应有图线。

第二节 组合体的尺寸注法

组合体的三视图仅是表达了它的形状，要在实际工作中进行施工、生产和制作，还需要标注形体的大小尺寸。

一、基本形体的尺寸标注

掌握常见基本体的尺寸标注是标注好组合体尺寸的基础。标注基本体的尺寸时，应按照基本体的形状特点进行标注。图 5-7 所示是几种常见基本体的尺寸注法。

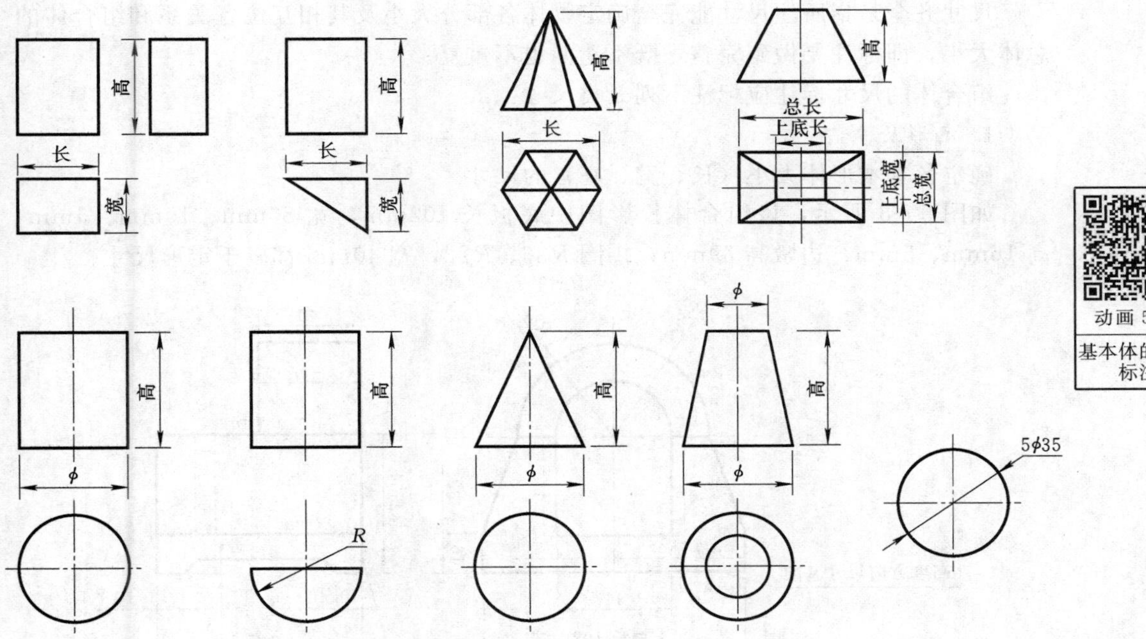

图 5-7　基本体的尺寸标注

动画 5-5

基本体的尺寸标注

（1）一般平面基本体要标注长、宽、高 3 个方向的尺寸。

（2）圆柱、圆锥、圆环等回转体，一般在非圆视图上标注出带有直径符号的直径尺寸和轴向尺寸来表示它们的形状和大小。

（3）圆球只需标注球面直径。

【注意】

（1）尺寸一般标注在反映实形的投影上，尽可能集中标注在两个视图之间。

（2）一个尺寸只需要标注一次，尽量避免重复。在图 5-7 所示的圆柱底面尺寸中 ϕ 标注在主视图上，在俯视图圆上就不需再标注。

（3）不要标注在虚线段上。

二、组合体尺寸标注的要求

尺寸标注的基本要求：标注正确、尺寸齐全、布局清晰。

(一) 标注正确

(1) 尺寸标注应符合水利工程制图国家标准的有关规定。

(2) 标注组合体各部分间的定位尺寸时，由于组合体有长、宽、高 3 个方向的尺寸，因此每个方向上至少各有一个尺寸基准。工程图中的尺寸基准是根据设计、施工、制造要求确定的，所以尺寸基准一般选在组合体的对称平面、大的或重要的底面、端面或回转体的轴线上。

如图 5-7 所示，底平面为高度方向的尺寸基准；左右对称线是长度方向的尺寸基准；前后对称线是宽度方向的尺寸基准。

(二) 尺寸齐全

尺寸齐全是指所注尺寸能完全确定物体各部分大小及其相互位置关系和组合体的总体大小，即标注要做到完整，既不遗漏也不重复。

组合体的尺寸标注应标注下列 3 类尺寸：

1. 定形尺寸

确定各基本形体大小（长、宽、高）的尺寸。

如图 5-8 所示，该组合体投影图中底板长 102mm，宽 80mm、10mm、5mm，高 16mm、5mm；边墩高 39mm；拱圈 $R36$、$R22$，宽 40mm 都属于定形尺寸。

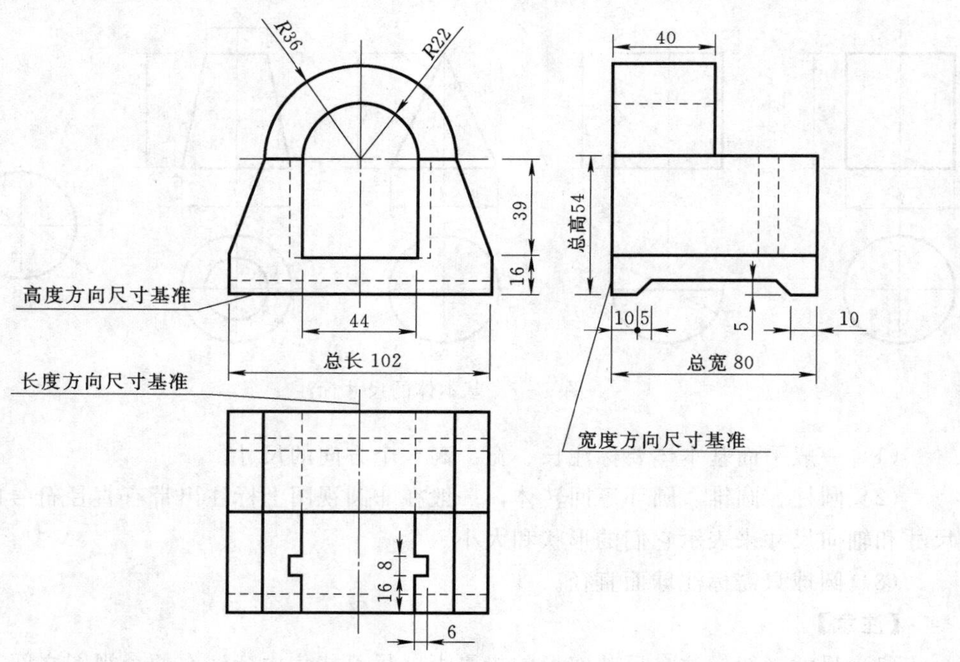

图 5-8 组合体视图尺寸标注及尺寸基准

2. 定位尺寸

确定各基本形体之间相对位置（上下、左右、前后）的尺寸。

确定定位尺寸，必须首先要选定尺寸基准线。组合体有长、宽、高3个方向的尺寸，每个方向上至少各有一个尺寸基准，那么每一个视图上应确定两个方向的尺寸基准。

如图5-8所示，主视图中44mm为两边墩之间的定位尺寸，俯视图中16mm、8mm、6mm为确定凹槽位置的定位尺寸。

3. 总体尺寸

确定物体总长、总宽、总高的尺寸。

如图5-8所示，投影图中总长为102mm、总宽为80mm、总高为54mm，即为总体尺寸。

（三）布局清晰

布局清晰有以下几点要求：

（1）尺寸数字应清楚无误，所有的图线都不得与尺寸数字相交。

（2）尺寸标注应层次清晰，图线之间尽量避免互相交叉，虚线上尽量不标尺寸。

（3）同一方向连续标注的尺寸尽量标注在同一条尺寸线上。

（4）尺寸应尽量标注在视图外部，只有当标注在视图内部比标注在视图外部更清楚时，才允许在视图内部标注尺寸。

【注意】 由于闸室上部的拱圈是回转体，闸室的总高尺寸只注到拱圈的中心，不能注到拱圈的顶部。

【提示】 切割体和相贯体的尺寸标注如图5-9和图5-10所示，需要标注的尺寸有以下几个：

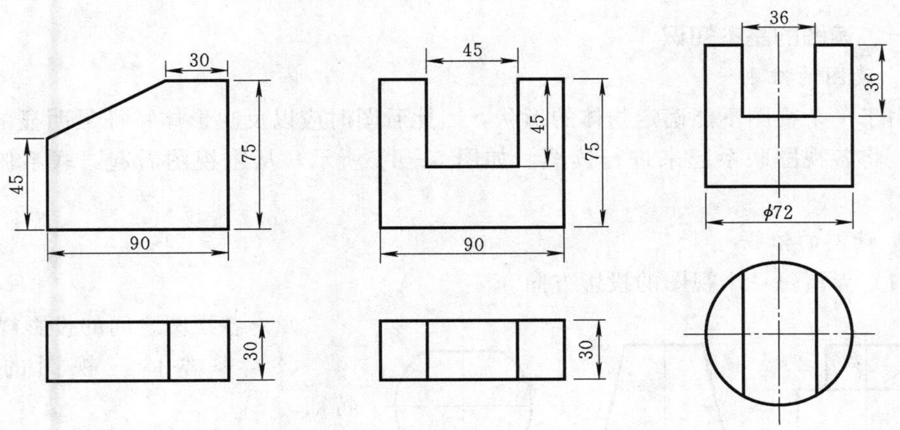

图5-9　切割体尺寸标注

（1）首先标注原体的定形尺寸。

（2）再标注截平面或两个相贯体之间的定位尺寸。截交线、相贯线均不需要标注大小尺寸，因为截平面的位置或相贯体的位置确定后，截交线或相贯线就自然形成了，其形状和大小就确定了。

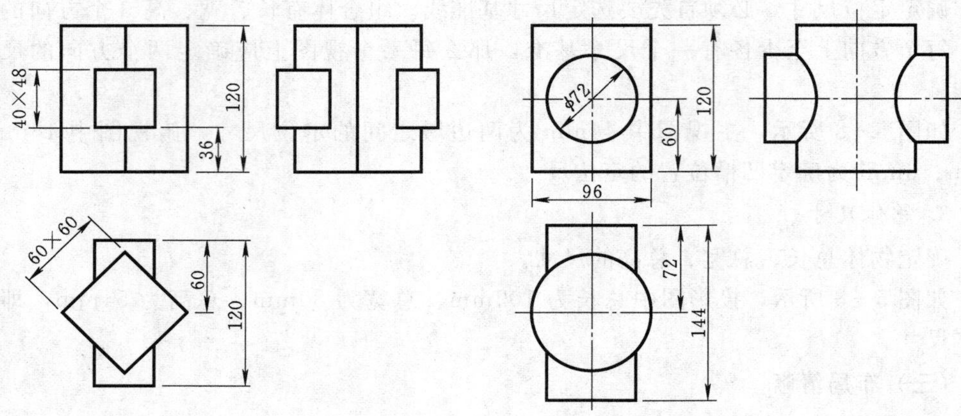

图 5-10　相贯体尺寸标注

第三节　组合体读图的基本方法

根据组合体的视图，运用投影规律识读其空间立体形状的过程，称为读图。读图和画图是认识物体的两个相反的过程，画图是读图的基础，而读图是提高空间想象能力和投影分析能力的重要手段。

读图技能训练是高职高专学生必须掌握的环节，必须通过多看多画，结合立体图反复练习，才能掌握读图的基本方法，以逐步建立和提高空间想象力，从而想出组合体的完整形状。

一、读图的基本知识

1. 读图的准则

由于一个视图不能确定物体的形状，因此看图时应以反映形体特征最明显的视图看起，将各视图联系起来进行读图。如图 5-11 所示，从主视图看起，联系俯视图识读。

2. 读图的依据

(1) 弄清每一个视图的投影方向。

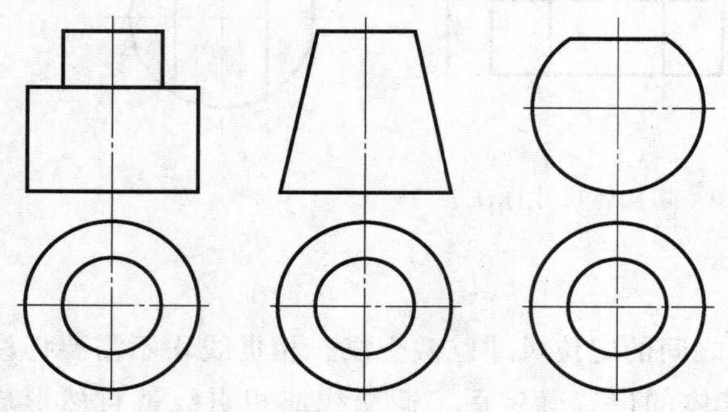

图 5-11　俯视图相同的几个形体

(2) 各视图之间的投影规律。

(3) 基本体三视图的投影特征。

(4) 各种位置直线和平面的投影特性。

(5) 各视图对应物体之间左右、前后、上下的位置关系。

3. 图线、线框的投影含义

(1) 视图中的图线可表示为：面与面交线的投影；平面或柱面的

积聚投影；曲面轮廓线的投影，如图 5－12（a）所示。

（2）视图中封闭的线框可表示为体的投影、孔洞的投影、面的投影，面可能是平面、曲面，也可能是平曲组合面，如图 5－12（b）所示。

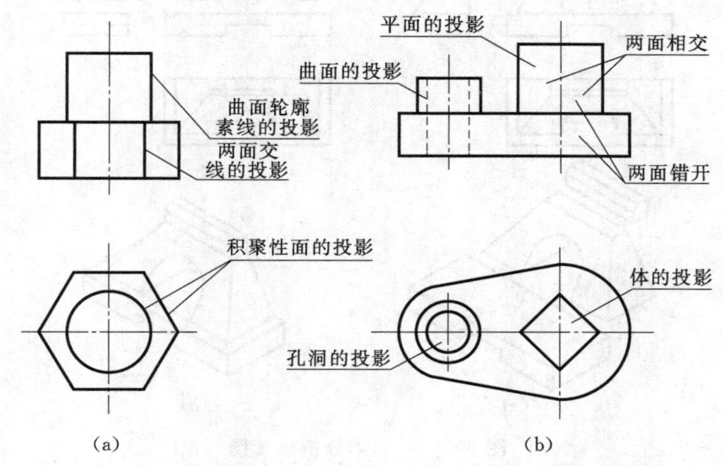

图 5－12　视图中线和线框的含义

微课 5－6

组合体视图的识读

动画 5－7

视图中线和线框的含义

两线框如有公共线，则两个面一定是相交或错开。

二、读图的基本方法

读图的基本方法有形体分析法和线面分析法，其中形体分析法是基本方法，线面分析法是解难方法。

1. 形体分析法读图

形体分析法读图是以基本形体或简单形体为读图单元，将组合体视图分解为若干个简单的封闭线框，然后根据基本体三视图的投影特征判断各封闭线框所表达的基本形体的形状，再根据各部分间的相对位置关系综合想象出组合体的整体形状。简单地说，形体分析法就是一部分一部分地看。

形体分析法读图的一般步骤如下：

（1）划分线框，分解视图。一般从形体特征明显的视图入手，按线框把该视图分解为几个部分。

（2）分析确定各部分的形状。

1）根据划分的线框和投影规律，确定每一部分所对应的三视图。

2）根据找到的每一部分的三视图，对应基本体的投影特征，逐一判断各部分的空间形体。

（3）综合想象整体。根据组成组合体的各个基本体的形状、相互位置关系，确定出组合体的整体形状。

【例 5－2】 根据图 5－13（a）所示涵洞面墙的三视图，想象其空间形状。

【分析】 该物体很显然是叠加体，由上、中、下 3 部分，如图 5－13（b）所示。

【形体分析法识图】 如图 5－13 所示。

（1）分线框。选择特征视图分解线框，故选择投影重叠较少、结构关系较明显的

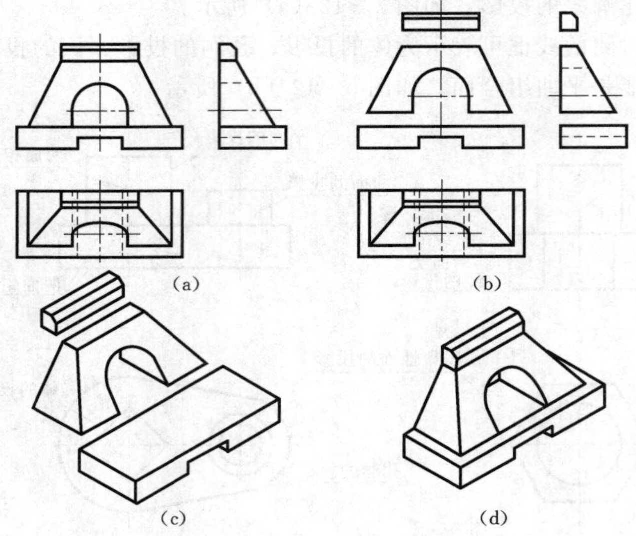

图 5－13　形体分析法读图

左视图作为特征视图，结合其他视图可将其分为上、中、下 3 个封闭线框，如图 5－13（b）所示。

（2）逐部分对投影想象形状。由左视图按投影规律找出各部分在正视图和俯视图上的对应线框。如图 5－13（b）所示，下部三线框为两矩形线框对应一倒立的凹字八边形线框，空间形状为倒放的凹形柱；中部梯形线框对应正视图也为梯形线框，对应俯视特征图可看出是半四棱台，其内虚线对应三投影，可知是在半四棱台中间挖穿一个倒 U 形槽口；上部对应其他两视图都是矩形线框，故是直五棱柱，各部分立体形状如图 5－13（c）所示。

（3）综合起来想象整体。由正视图可以看出，半四棱台和直五棱柱依次放在凹形柱上，且左右位置对称，看俯视图（或左视图）3 部分后边平齐，整体形状如图 5－13（d）所示。

2. 线面分析法读图

线面分析法读图是以线面为读图单元，将难理解的部分视图的线框分解为若干个面，根据投影规律逐一找全各面的三视图，然后按平面的投影特性判断各面的形状和空间位置，从而综合得出该部分的空间形状。当物体上的某部分形状与基本体相差较大，用形体分析法难以判断其形状，这部分的视图就可以采用线面分析法读图。简单地说，线面分析法读图就是一个面一个面地看。

线面分析法读图的一般步骤如下：

（1）分线框。先将一个线框较多的视图分解为若干个线框。

（2）对投影。

1）根据划分的线框和投影规律，确定每一个线框所对应的三视图。

2）根据找到的每一个线框的三视图，对应平面的投影特性，判断各面的形状和空间位置。

(3) 组合各面想象整体。将上述各面按彼此的相对位置关系组合起来，就可得到整个物体的形状了。

【例 5-3】 图 5-14 (a) 所示为八字翼墙的三视图，读图想象其空间形状。

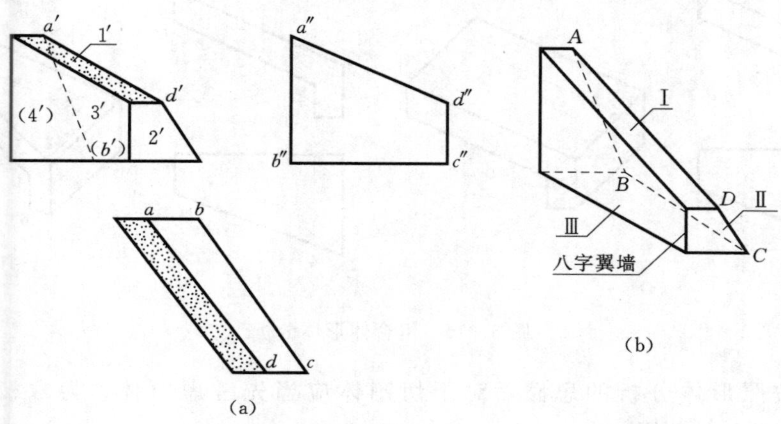

图 5-14 线面分析法读图示例

【分析】 通过图 5-14 (a) 三视图所示，显然该物体不具备任何基本体投影的投影特征，因此采用形体分析不易看懂，则需采用线面分析法读图。

【线面分析法识图】 如图 5-14 (a) 所示。

(1) 分线框。可将图 5-14 (a) 所示的主视图按线框分为 5 个面，其可见面编号为 1′、2′、3′，其他两个面主视图不可见。

(2) 找全三面投影，判断各面的形状和空间位置。

线框 1′是平行四边形，按“长对正”关系，可在俯视图中找到一个与其对应的平行四边形，再按“高平齐”关系，在左视图中找到一条与其对应的斜线，根据平面的投影特性，可判断Ⅰ面是侧垂面，形状为平行四边形。

按同样的方法分析，线框 2′与 4′为梯形，俯视图是水平线段，左视图是铅垂线段，可判断Ⅱ面与Ⅳ面均为梯形的正平面。

线框 3′是梯形，俯视图是斜线，左视图也是梯形（类似形），可判断Ⅲ面为梯形的铅垂面。

线框 $a'b'c'd'$ 为梯形，其他两面投影都是梯形（类似形），则 $ABCD$ 面为一般位置平面。

翼墙的底面为一梯形的水平面。

(3) 组合各面想象整体。本物体由 6 个面组成，前后两面是平行的梯形，前小后大，均为正平面。左面是梯形的铅垂面，右面是梯形的一般位置平面，顶面是平行四边形侧垂面，前低后高。底面是梯形的水平面。据此可想象出物体的形状，如图 5-14 (b) 所示。

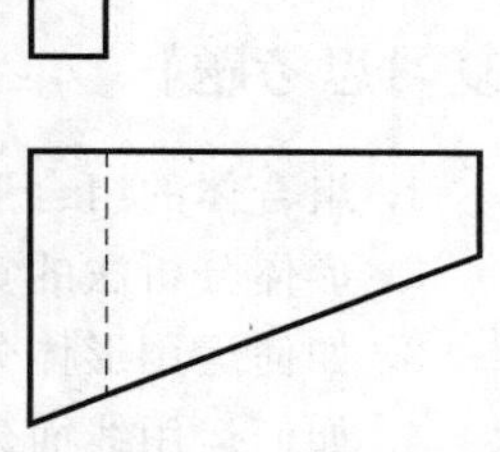

图 5-15 组合体视图

【例 5-4】 由图 5-15，已知组合体的主视图和俯视图，读懂组合体补画左视图。

【分析】 从主视图和俯视图可以看出，该组合体为切割体。基本形体为六棱柱被切割，原体六棱柱如图 5-16（a）所示。

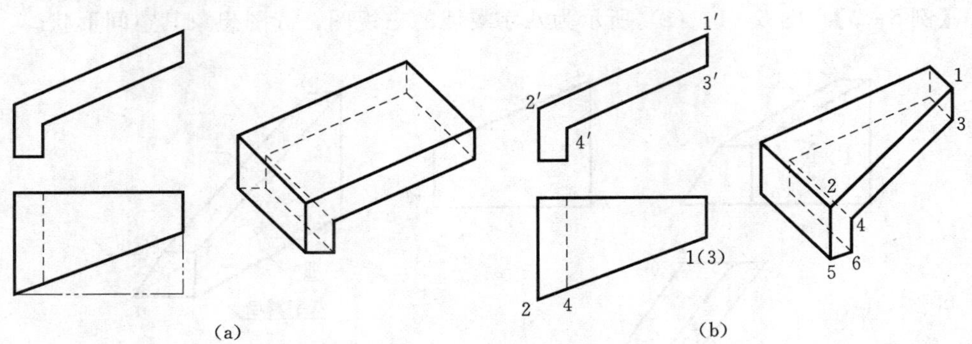

图 5-16 组合体形体分析

（1）按照形体分析的思路，对于切割体应当先考虑原体，为六棱柱，如图 5-16（a）所示轴测图。

（2）分析切割后截面的形状为六边形 123456。按线面分析法，分析切割面上的直线 12 和 34 的端点位置，如图 5-16（b）所示。

（3）画出原体六棱柱的左视图，如图 5-17（a）所示；再画出截面六边形的左视图 1″2″3″4″5″6″，如图 5-17（b）所示；最后去掉切割后的多余线段，加深图线完成作图，如图 5-17 所示。

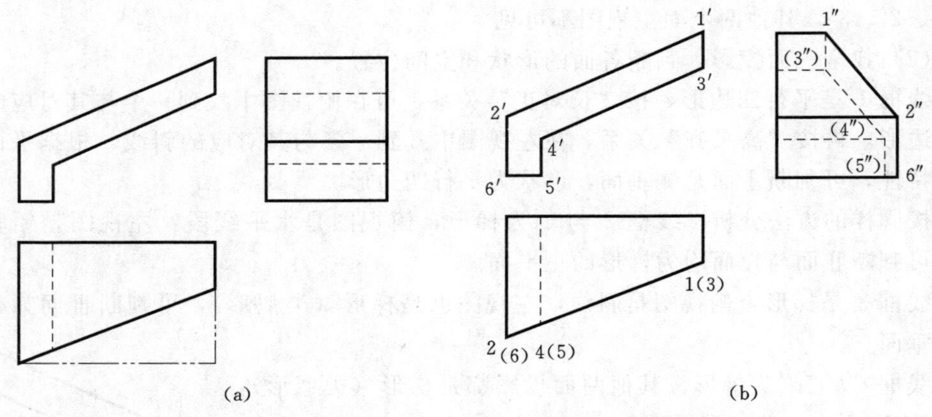

图 5-17 补画组合体左视图

【复习思考题】

1. 组合体的组合形式有哪几种？
2. 形体分析法的实质是什么？
3. 如何运用形体分析法读图？
4. 如何运用线面分析法读图？
5. 组合体视图的尺寸标注有哪些要求？

第六章 轴 测 图

【学习目的】 通过对本章知识的学习，掌握轴测图的性质，熟练掌握各类常见轴测图的基本画法和识读，学会运用轴测图来辅助理解视图。

【学习要点】 轴测图的基本概念和分类以及轴测图的基本性质，绘制正等轴测图和正面斜二轴测图的步骤和方法。

【课程思政】 党的二十大报告提出：实现全体人民共同富裕，促进人与自然和谐共生，推动构建人类命运共同体。

轴测图是一种直观性强、立体感明显的表达方式。在工程实践中，轴测图作为识读视图的辅助图样。作为水利人，要有团队意识，即使在工作中是一个默默无闻的配角，为了共同的目标，也要努力向上，刻苦钻研，积极参与团队协作。

第一节 轴测投影的基本知识

一、视图与轴测图

视图的优点是表达准确、清晰，作图简便，其不足是缺乏立体感。轴测图的优点是直观性强，立体感明显；但不适合表达复杂形状的物体，也不能反映物体的实际形状，如图 6-1 所示。

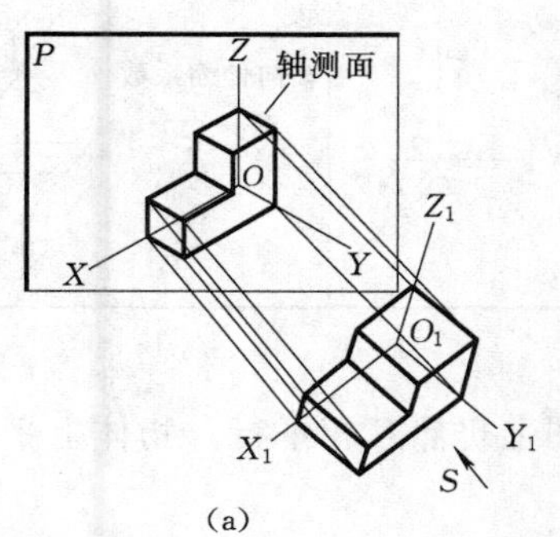

(a)

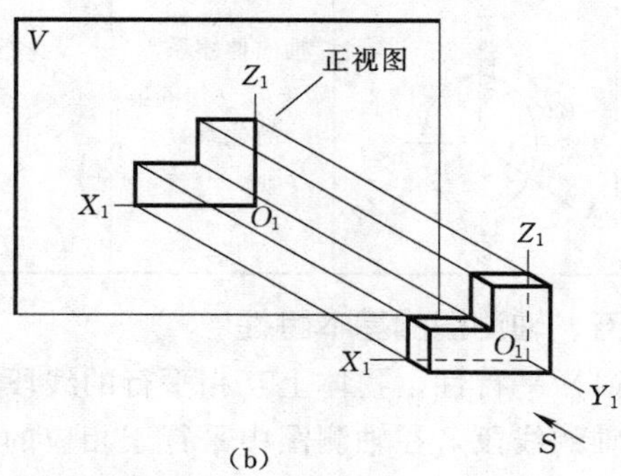

(b)

图 6-1 轴测图与正投影图的形成

在工程实践中，视图能较好地满足图示的要求，因此工程图一般用视图来表达，而轴测图则用作辅助图样。

二、轴测图的形成

图 6-1（a）所示为轴测图的形成过程，将物体连同其坐标轴 OX_1、OY_1、OZ_1 一起投影到轴测投影面 P 上（轴测投影方向 S 不平行于任一坐标面），所得的投影图称为轴测图。OX、OY、OZ 称为轴测轴，是物体上的坐标轴在轴测投影面上的投

影。轴测图反映物体的长、宽、高 3 个方向的尺寸。

三、轴测图的分类

1. 按投影方向分类

按投影方向可分为正轴测图和斜轴测图两类。

(1) 当投影方向 S 垂直于轴测投影面 P 时，称为正轴测图。

(2) 当投影方向 S 倾斜于轴测投影面 P 时，称为斜轴测图。

2. 按轴向变形系数是否相等分类

(1) $p=q=r$，称为正（或斜）等测图。

(2) $p=r\neq q$，称为斜（或正）二测图。

本章着重介绍工程上常用的正等测图和斜二测图的画法。

四、轴间角和轴向伸缩系数

(1) 轴间角。轴测轴之间的夹角，如$\angle XOZ$、$\angle ZOY$、$\angle YOX$ 称为轴间角。

(2) 轴向伸缩系数。轴测图上沿轴方向的线段长度与物体上沿对应的坐标轴方向同一线段长度之比，称为轴向伸缩系数。OX、OY、OZ 的轴向伸缩系数分别用 p、q、r 表示，即 $p=OX/O_1X_1$；$q=OY/O_1Y_1$；$r=OZ/O_1Z_1$。

正等测图的轴间角为$\angle XOZ=\angle ZOY=\angle YOX=120°$。

正等测图的轴向伸缩系数为 $p=q=r=1$，如表 6-1 所列。

斜二测图的轴间角为$\angle XOY=\angle ZOY=135°$，$\angle ZOX=90°$。

斜二测图的轴向伸缩系数为 $p=r=1$，$q=0.5$，如表 6-1 所列。

表 6-1　正等测图和斜二测图的轴间角与轴向伸缩系数

种类	轴间角	轴向伸缩系数	示例	种类	轴间角	轴向伸缩系数	示例
正等测图	Z, $r=1$, 120°, 90°, O, 30°, X, $p=1$, $q=1$, Y, 120°	轴向伸缩系数 $p=q=r=0.82$ 简化系数 $p=q=r=1$		斜二测图	Z, $r=1$, X, $p=1$, O, 45°, $q=0.5$, Y	轴向伸缩系数 $p=r=1$ $q=0.5$	

五、轴测图的基本特性

(1) 平行性。物体上互相平行的线段，在轴测图上仍然互相平行；物体上平行于投影轴的线段，在轴测图中平行于相应的轴测轴。

(2) 等比性。物体上互相平行的线段，在轴测图中具有相同的轴向伸缩系数；物体上平行于投影轴的线段，在轴测图中与相应的轴测轴有相同的轴向伸缩系数。

(3) 真实性。物体上平行于轴测投影面的平面，在轴测图中反映实形。

第二节　平面体轴测图的画法

一、平面体正等测图的画法

画轴测图常用的方法有坐标法、特征面法、叠加法和切割法。其中坐标法是最基

本的画法，而其他方法都是根据物体的形体特点对坐标法的灵活运用。

1. 坐标法

按坐标值确定平面体各特征点的轴测投影，然后连线成物体的轴测图，这种作图方法称为坐标法。坐标法是画轴测图的基本方法，其他作图方法都是以坐标法为基础。

【例 6-1】 如图 6-2（a）所示，已知正六棱台的两面投影，作正六棱台的正等轴测图。

【分析】 正六棱台是由上、下底面 12 个顶点连接而成。利用坐标法找到 12 个点在轴测图中的位置，然后依次连接即可得到正六棱台的轴测图。

微课 6-1

正等测坐标法

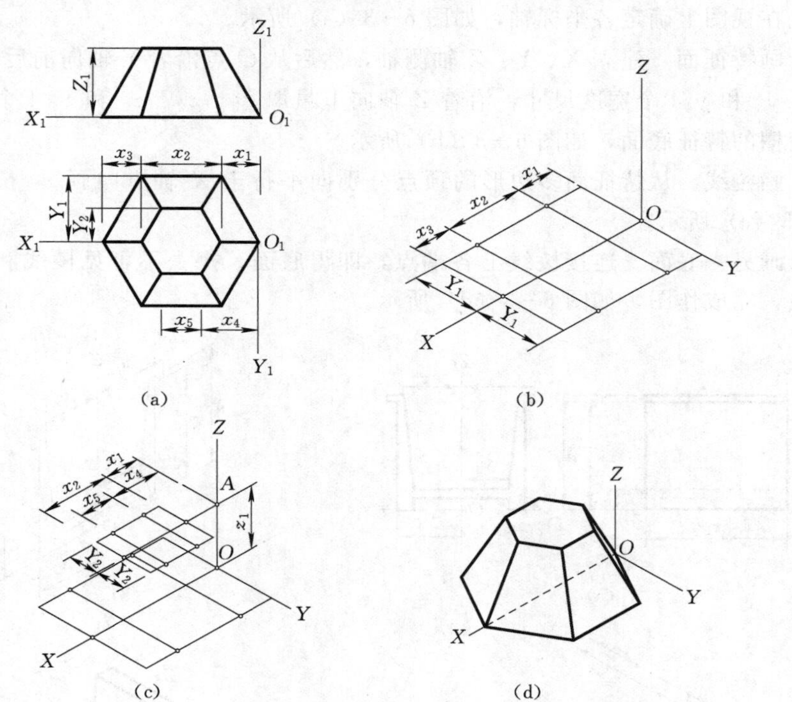

图 6-2　作正六棱台的正等测图

【作图步骤】

（1）在视图上确定各坐标轴，如图 6-2（a）所示。

（2）画下底面。先画 X、Y、Z 建立 3 条轴测轴，然后从 O 点开始沿着 X 轴的方向分别量取 x_1、x_2 和 x_3 3 个长度尺寸，在 Y 轴上分别向前、后两个方向各量取 y_1 宽度尺寸，找到了六棱台底面的 6 个顶点，如图 6-2（b）所示。

（3）画上底面。从 O 点沿着 Z 轴的方向量取 z_1 找到 A 点，从 A 点沿着平行于 X 轴的方向分别量取 x_1、x_2、x_4 和 x_5，沿着平行于 Y 轴的方向分别向前、后各量取 y_2 宽度尺寸，找到六棱台顶面上的 6 个顶点，如图 6-2（c）所示。

（4）连棱线。将上下底面对应多边形的顶点连起来，即为 6 条棱线，擦去不可见轮廓线，加粗图线，即完成六棱台轴测图的作图，如图 6-2（d）所示。

2. 特征面法

特征面法适用于绘制柱类形体的轴测图。先画出柱类形体的一个底面（特征面），然后过底面多边形顶点作同一轴测轴的平行且相等的棱线，再画出另一底面，这种方法称为特征面法。

【例 6-2】 如图 6-3（a）所示，已知一段渡槽的两面投影，作出这段渡槽的正等轴测图。

【分析】 渡槽的横断面是一个柱体，底面是一个 16 边形的多边形，是渡槽的特征面，可根据特征面法作轴测图。

【作图步骤】

（1）在视图上确定各坐标轴，如图 6-3（a）所示。

（2）画特征面。建立 X、Y、Z 轴测轴，然后从 O 点沿着 Y 轴向前后方向各量取 y_1、y_2、y_3 和 y_4 4 个宽度尺寸，沿着 Z 轴向上量取 z_1、z_2、z_3 和 z_4 4 个高度尺寸，绘制出渡槽的特征底面，如图 6-3（b）所示。

（3）画棱线。从特征面多边形的顶点分别向平行于 X 轴方向画 x_1 长度的棱线，如图 6-3（c）所示。

（4）画另一底面。连接棱线上各端点，即得底面，擦去不可见棱线和底面边线，加粗图线，完成作图，如图 6-3（d）所示。

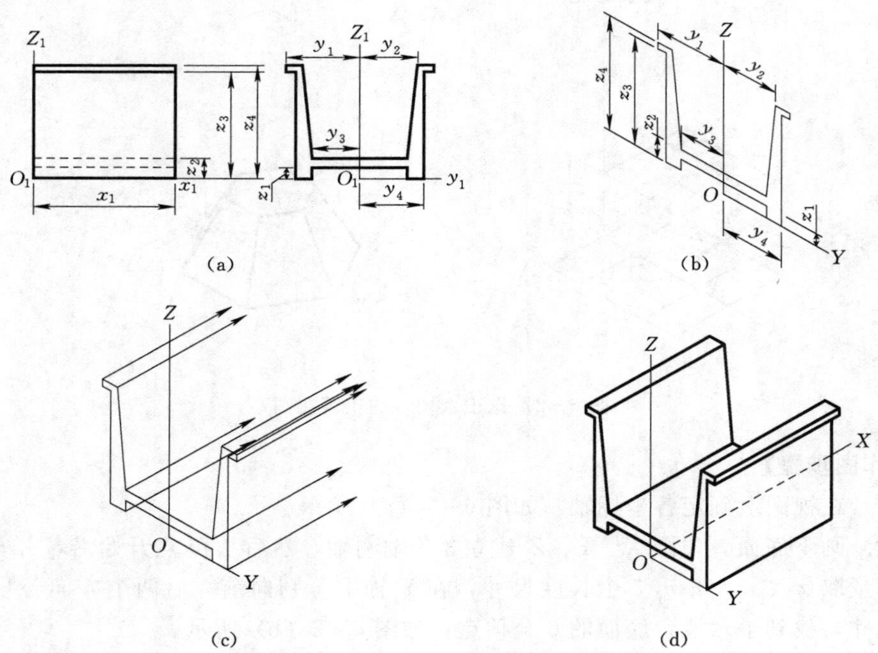

图 6-3 作渡槽的正等测图

3. 叠加法

适用于画组合体的轴测图，先将组合体分解成几个基本体，根据基本体组合的相对位置关系，按照先下后上、先后再前的方法叠加画出轴测图。这种方法称为叠

加法。

【例 6-3】 如图 6-4（a）所示，已知独立基础的两面投影，作独立基础的正等轴测图。

【分析】 独立基础是由 3 个等高的四棱柱叠加而成，符合叠加法作图特点，可以先下后中再上来绘制轴测图。注意绘制时 3 个四棱柱的定位。

【作图步骤】

（1）在视图上确定各坐标轴，如图 6-4（a）所示。

（2）绘制最下面的四棱柱。建立 X、Y、Z 轴测轴，然后从 O 点沿着 Y 轴分别向前、后方各量取 y_3 宽度尺寸，沿着 X 轴分别向左右方各量取 x_3 长度尺寸，沿着 Z 轴向上量取 z 高度尺寸，画出最下面的四棱柱，同时找到 A 点，如图 6-4（b）所示。

（3）绘制中间的四棱柱。从 A 点沿着 Y 轴分别向前、后方量取 y_2 宽度尺寸，沿着 X 轴向左右方各量取 x_2 长度尺寸，沿着 Z 轴向上量取 Z 高度尺寸，画出中间的四棱柱，同时找到 B 点，并且将最下面的四棱柱被遮住的轮廓线擦掉，如图 6-4（c）所示。

（4）绘制最上面的四棱柱。从 B 点沿着 Y 轴分别向前后方量取 y_1 宽度尺寸，沿着 X 轴向左和向右各量取 x_1 长度尺寸，沿着 Z 轴向上量取 z 高度尺寸，画出最上面的四棱柱，擦掉不可见的棱线和作图辅助线，加粗图线，完成作图，如图 6-4（d）所示。

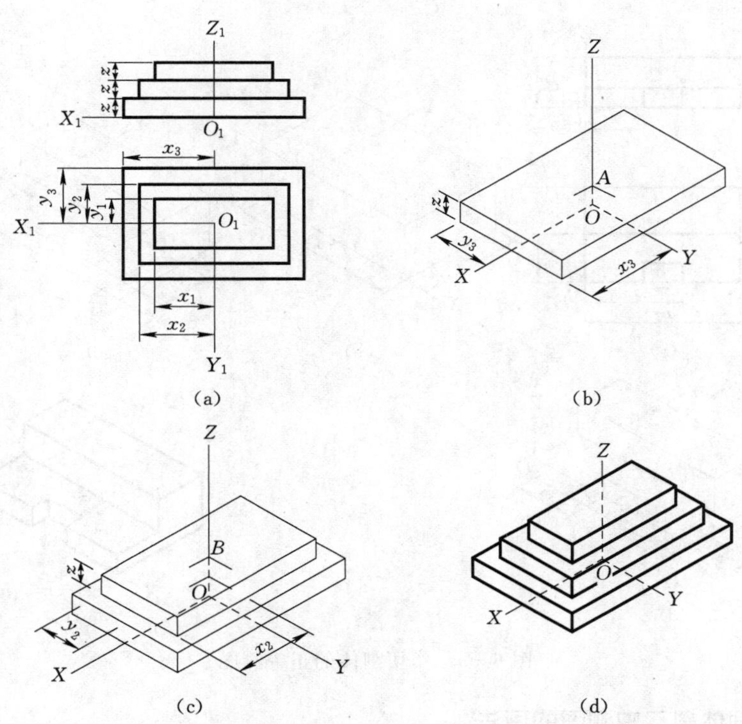

图 6-4 作柱下独立基础的正等测图

4. 切割法

对于切割而成的形体画轴测图，宜先画出被切割物体的原体，然后依次画出被切割的部分，这种方法称为切割法，用切割法作图时要注意切割位置的确定。

【例 6-4】 如图 6-5（a）所示，已知切割体的两面投影，作这个形体的正等轴测图。

【分析】 该形体是由一个四棱柱切割掉两个小四棱柱而成。应先画出原体再画被切割掉的形体。

【作图步骤】

（1）在视图上确定各坐标轴，如图 6-5（a）所示。

（2）画原体。建立 X、Y、Z 轴测轴，然后从 O 点沿着 Y 轴向后量取 y_3 宽度尺寸，沿着 X 轴向左量取 x_3 长度尺寸，沿着 Z 轴向上量取 z_2 高度尺寸，绘制出四棱柱原体，如图 6-5（b）所示。

（3）画被切割的前上方部分。从 O 点沿着 Y 轴向后量取 y_2 宽度尺寸找到切割的位置，切割体的长度与原体一样长，沿着 Z 轴向上量取 z_1 高度尺寸找到切割位置，绘出要被切割掉的第一个四棱柱，如图 6-5（c）所示。

（4）画前上方被切割的四棱柱。从 O 点沿着 Y 轴向后量取 y_1 长度找到切割位置，沿着 X 轴向左量取 x_1 长度和 x_2 长度找到切割位置，切割体高度与原体高度相同，绘出被切割的第二个四棱柱，如图 6-5（d）所示，擦掉作图辅助线，加粗图线，完成作图如图 6-5（e）所示。

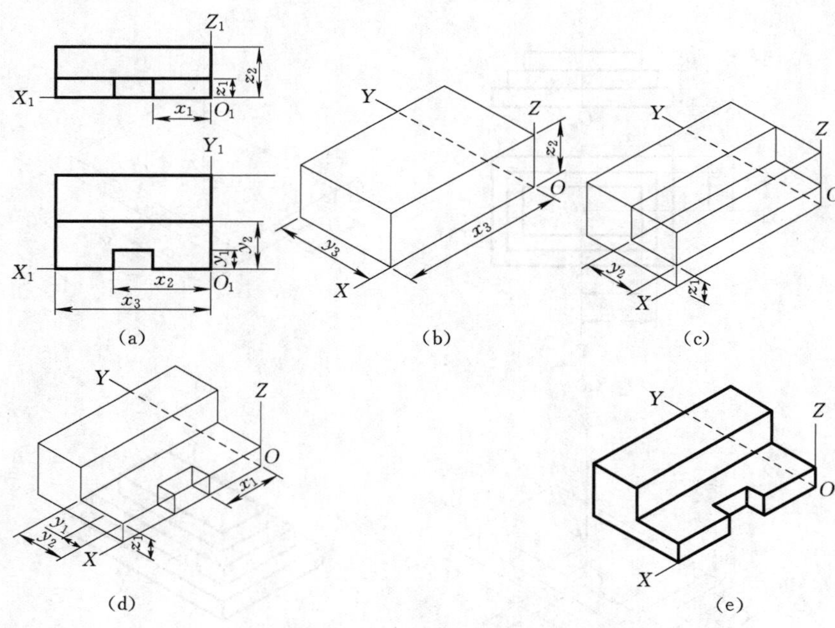

图 6-5 作切割体的正等测图

二、平面体斜二轴测图的画法

斜二测图的作图方法与正等测图相同，轴间角和轴向伸缩系数不同，由于斜二测

图的 $x_1y_1z_1$ 坐标面平行于轴测投影面，所以斜二测图所有平行于正面的平面均为实形。本节以特征面法和叠加法为例讲解斜二测图画法。

【例 6－5】 如图 6－6（a）所示，已知挡土墙的两面投影，用斜二测图法作挡土墙的轴测图。

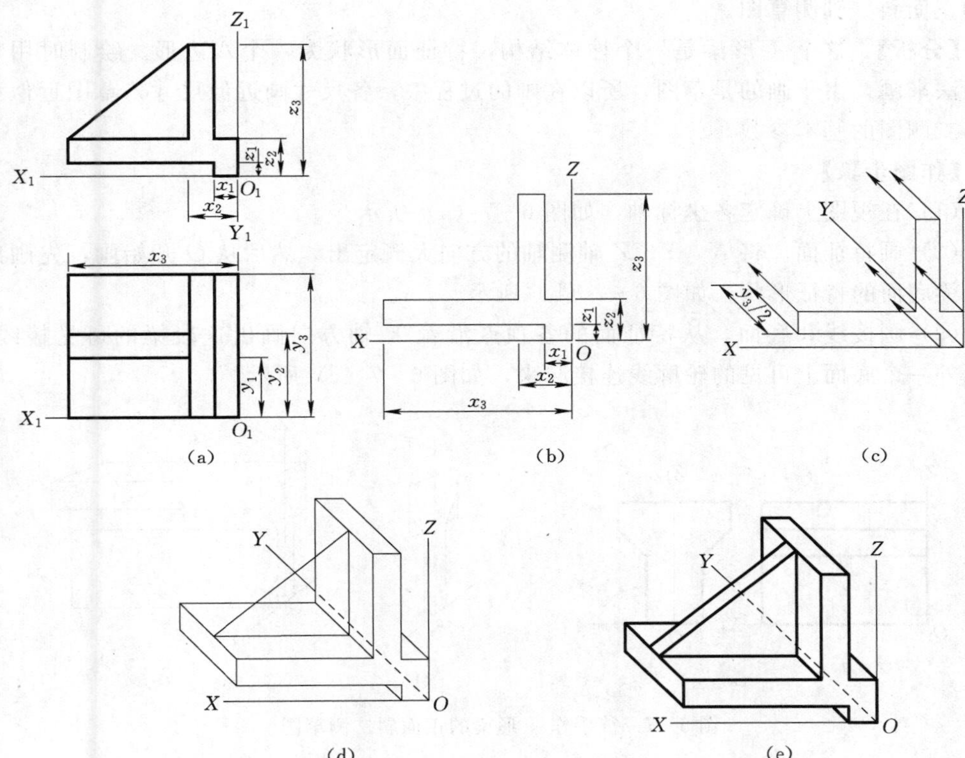

图 6－6　作挡土墙的正面斜二测图

微课 6－3

斜二测叠加法

【分析】 挡土墙可以看成由两部分叠加而成，一部分是直十棱柱，另一部分是直三棱柱。先用特征面法画出直十棱柱的斜二测轴测图，再用叠加法绘制叠加的三棱柱，绘制过程中要注意 Y 轴方向的轴向伸缩系数是 0.5。

【作图步骤】

（1）在视图上确定各坐标轴，如图 6－6（a）所示。

（2）画特征面。建立 X、Y、Z 轴测轴，然后从 O 点沿着 X 轴向左量取 x_1、x_2 和 x_3 3 个长度尺寸，沿着 Z 轴向上量取 z_1、z_2 和 z_3 3 个高度尺寸，绘制直十棱柱的特征底面，如图 6－6（b）所示。

（3）画棱线。从特征图形的各顶点作平行于 Y 轴向后画 $y_3/2$ 宽度尺寸，如图 6－6（c）所示。然后将棱线的各端点连接为另一特征底面，擦掉不可见的部分，如图 6－6（d）所示。

（4）画三棱柱。从 O 点沿着 Y 轴向后量取 $y_1/2$ 找到叠加三棱柱的位置作平行于轴测面的三角形，如图 6－6（d）所示。再画出叠加的三棱柱，擦掉被遮住的棱线和

底面边线，加粗图线，完成作图，如图 6-6（e）所示。

柱类形体底面为特征面，棱线平行且相等，此类形体的立体图可以用斜二测图方法徒手画草图。下面举例介绍徒手画轴测图。

【例 6-6】 如图 6-7（a）所示，已知 T 形梁的两面投影，试徒手作出这个 T 形梁的正面斜二轴测草图。

【分析】 这个 T 形梁是一个柱体结构，特征面形状为一个八边形。绘制时用特征面法来画，由于画的是草图，所以在画的过程中，各尺寸画近似尺寸，草图近似满足斜二测图的基本参数。

【作图步骤】

（1）在视图上确定各坐标轴，如图 6-7（a）所示。

（2）画特征面。将 X、Y、Z 轴测轴的方向大概定出，然后从 O 开始画，先画出 T 形梁底面的特征形状，如图 6-7（b）所示。

（3）画棱线和底面。从特征面的各顶点沿着 X 轴方向画出这段梁的可见棱线，将另外一个底面上可见的轮廓线连接起来，如图 6-7（c）所示。

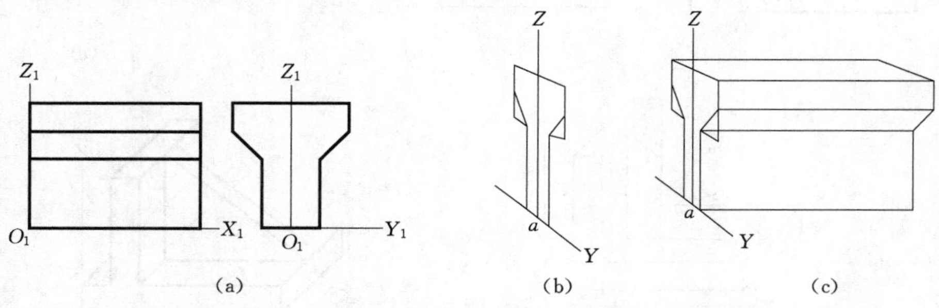

图 6-7 徒手作 T 形梁的正面斜二测草图

第三节 曲面体轴测图的画法

一、曲面体正等测图画法

1. 圆的正等测图

平行于坐标面的圆的正等轴测图都是椭圆，如图 6-8 所示，在绘制的时候一般是用 4 段圆弧来近似代替，这种绘制近似椭圆的方法称为四心圆法。

下面以水平圆为例讲解近似椭圆的画法。

（1）在视图上确定各坐标轴，如图 6-9（a）所示。

（2）先画对应的轴测轴方向，接着绘制水平圆的外切正方形的轴测图（是菱形），如图 6-9（b）所示。

（3）找到 4 条边的中点，即 A、B、C、D 4 点，如图 6-9（c）所示。

（4）找出 4 段圆弧的圆心，即 1、2、3、4 这 4 点，如图 6-9（d）所示。

（5）以 1 点为圆心、$1A$ 为半径作圆弧；以 2 点为圆心、$2B$ 为半径作圆弧；以 3 点为圆心、$3A$ 为半径作圆弧；以 4 点为圆心、$4C$ 为半径作圆弧，4 段圆弧相切连

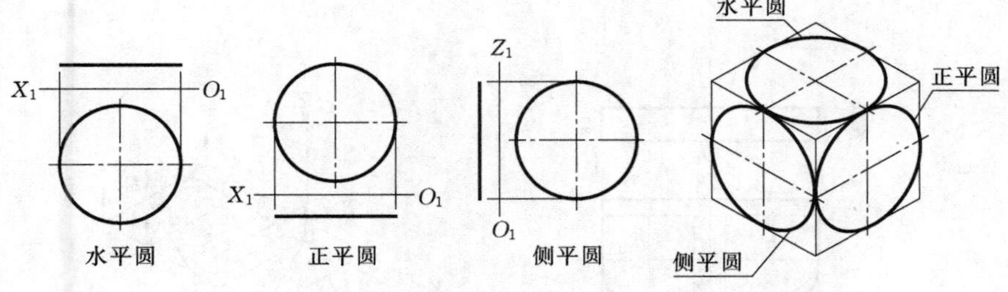

图 6-8 平行坐标面的圆的正等测图

接，擦掉多余的弧线，加粗图线，作图完成，如图 6-9（d）所示。

平行于另外两个投影面的圆的正等测图画法和水平圆的画法是一样的，只不过所对应的轴测轴不一样，得到的椭圆方向不一样而已。

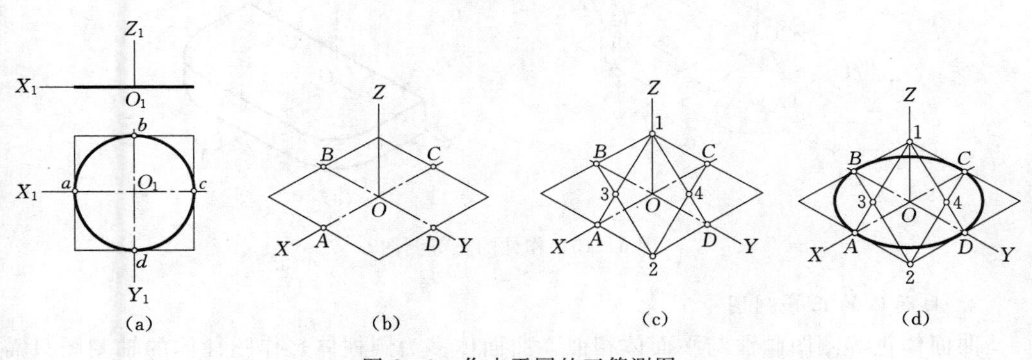

图 6-9 作水平圆的正等测图

动画 6-4

作水平圆的正等测图

2. 圆角的正等测图

在工程中常常会出现板结构或柱结构进行倒圆角的情况，一般都是 1/4 圆角，圆角的轴测图画法和前面所讲的过程是一致的，只是画近似椭圆的时候，不需要将 4 段圆弧都画出来，每个圆角部位只需选择某一段圆弧就可以，下面举例讲解。

【例 6-7】 如图 6-10（a）所示，已知组合柱的两面投影，作正等测图。

【分析】 组合柱的原体是一个比较矮的四棱柱，其左、右两个角倒了圆角，每个圆角都是 1/4 圆柱体。在绘制的时候，四棱柱的正等测图比较好画，关键绘制两个角上的 1/4 圆弧。

【作图步骤】

（1）在视图上确定各坐标轴，如图 6-10（a）所示。

（2）画下底面。建立 X、Y、Z 轴测轴，画出四棱柱底面的轴测图，再画菱形，找到切点 A、B、C、D 的位置和圆心 1、4 的位置，如图 6-10（b）所示。

（3）画上底面。从需要定位的各点（如圆心和切点等）沿 Z 轴向上画出板厚的高度，以便找到另一个底面上的圆心、切点和顶点等位置，如图 6-10（c）所示。画下底面直线和圆弧，作两个底面圆弧的公切素线，擦掉作图辅助线、不可见棱线和底面边线，加粗图线，完成作图，如图 6-10（d）所示。

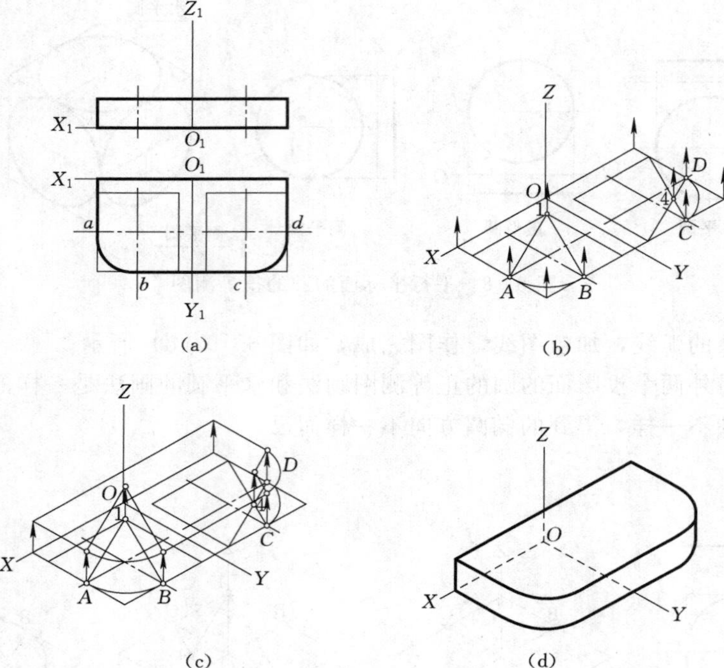

图 6-10　作柱的正等测图

3. 曲面体的正等测图

曲面体正等测图画法与平面体相似，曲面体多为圆柱体，作圆柱体的轴测图只需先绘制两个底面的圆的轴测图，再画出公切素线就可以了。

【例 6-8】 如图 6-11（a）所示，已知一个竖放的圆柱体的两面投影，作出这个圆柱体的正等测图。

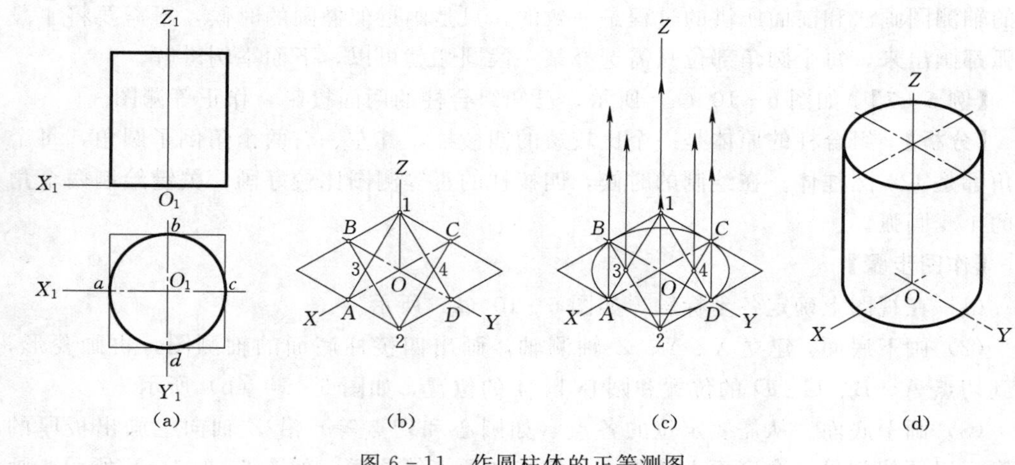

图 6-11　作圆柱体的正等测图

【分析】 这个圆柱体是竖放的，两个底面都是水平圆，其轴测图都是全等的椭圆。在绘制的时候可以先画两个底面的水平圆的轴测图，再画两个椭圆的公切素线。

【作图步骤】

(1) 在视图上确定各坐标轴，如图 6-11 (a) 所示。

(2) 画下底面圆。建立 X、Y、Z 轴测轴，绘制出这圆柱体底面水平圆外切正方形的轴测图，并找到 A、B、C、D 4 个切点的位置和 1、2、3、4 四个圆心的位置，如图 6-11 (b) 所示。

(3) 画上底面圆。从需要定位的各点（如圆心和切点等）沿 Z 轴向上找到圆柱体的高度，以便找到另一个底面上的圆心和切点等位置，如图 6-11 (c) 所示。底面上的 4 段圆弧画出，作两个底面上水平圆的公切素线，擦掉不可见圆周线，加粗图线，完成作图，如图 6-11 (d) 所示。

【例 6-9】 如图 6-12 (a) 所示，已知涵洞的三面投影，作涵洞的正等测图。

【分析】 涵洞可以看成两个柱体叠加而成。一个是十二棱柱，特征面是一个十二边形，另一个是半圆环柱，叠加在十二棱柱的上方。在绘制涵洞的轴测图时，应先绘制十二棱柱和半圆环柱的特征面形状，然后画出棱线，最后连接另一特征面。

【作图步骤】

(1) 在视图上确定各坐标轴，如图 6-12 (a) 所示。

(2) 画十二边线特征面。建立 X、Y、Z 轴测轴，然后从 O 点沿 Y 轴向正负方向量取 y_1、y_2、y_3 和 R_1 4 个宽度尺寸，沿着 Z 轴向上量取 z_1 和 z_2 两个高度尺寸，绘制出十二棱柱的特征底面，如图 6-12 (b) 所示。

(3) 画半圆环柱特征面。由 z_2 高度位置找到半圆环柱的圆心位置，然后向上、下、前、后 4 个方向各量取 R_1 长度作棱形，找到圆弧的两个圆心点 1、2 和 3 个切点 A、B、C 点的位置，以 $1B$ 为半径作圆弧，以 2 点为圆心，$2B$ 为半径作圆弧，得到半圆环柱外圆所对应的底面特征形状，如图 6-12 (c) 所示。

(4) 同理，用此方法作半圆环柱内圆底面特征形状，如图 6-12 (d) 所示。

(5) 同理，用此方法作出半圆环柱所对应的另一个底面的特征形状，然后将外表面的公切素线连接起来，并且从需要定位的各点沿 X 轴向右绘制这段涵洞长度的棱线，将不可见线条和作图辅助线擦掉，加粗轮廓，完成作图，如图 6-12 (e) 所示。

二、曲面体斜二测图画法

1. 圆的斜二测图

前面介绍了圆的正等测图的画法，是用 4 段圆弧近似代替椭圆。在正面斜二测图中，正平圆反映实形，可以直接画出，而水平圆和侧平圆反映椭圆。因斜二测图中，OY 轴的伸缩系数是 0.5，所以在画近似椭圆时，不能再用四心圆法，而是用八点法或坐标法来绘制。

这里以水平圆为例讲解八点法画近似椭圆。

(1) 在视图上确定各坐标轴，如图 6-13 (a) 所示。

(2) 作水平圆外切正方形的轴测图。确定原点位置和对应的轴测轴方向，从点 O 沿 X 轴向左、右方向各量取圆的半径长度，得点 A 和 B；沿 Y 轴向前、后方向各量取圆半径长度的一半，得点 C 和 D，然后过点 A、B、C、D 分别作 X 轴和 Y 轴的平行线，得到一个平行四边形，如图 6-13 (b) 所示。

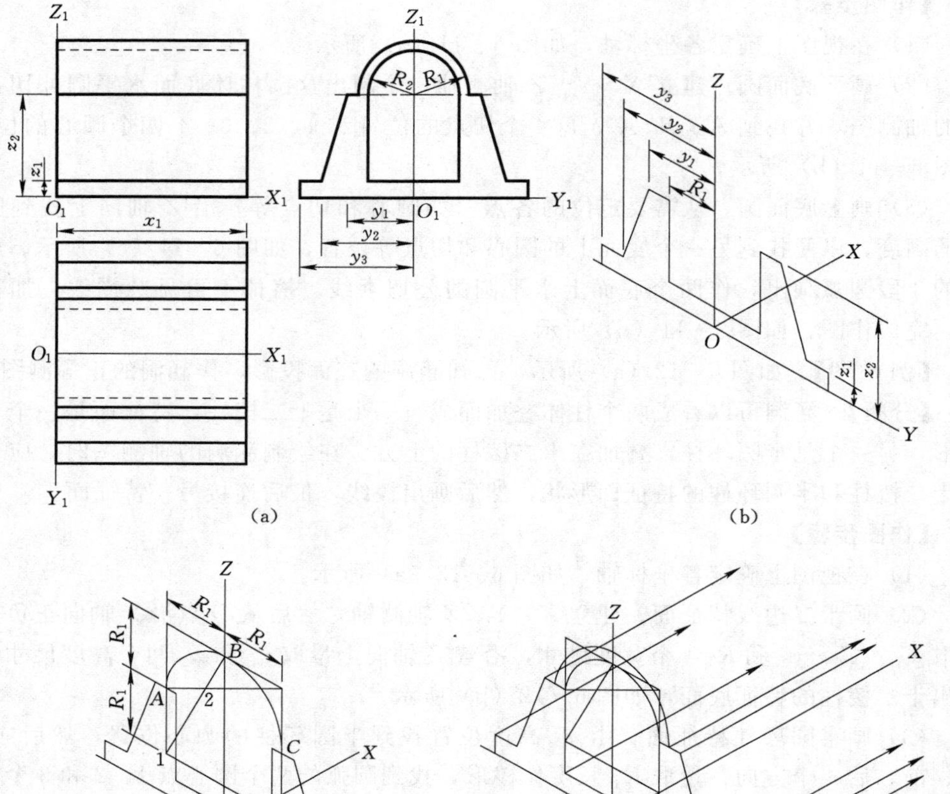

图 6-12 作涵洞的正等测图

动画 6-7

作涵洞的正等测图

（3）作 8 个点。作平行四边形的两条对角线；过平行四边形左上角点作 45°方向斜线，反向延长 OY 轴交斜线于 N 点；以 D 点为圆心，DN 为半径画弧，与平行四

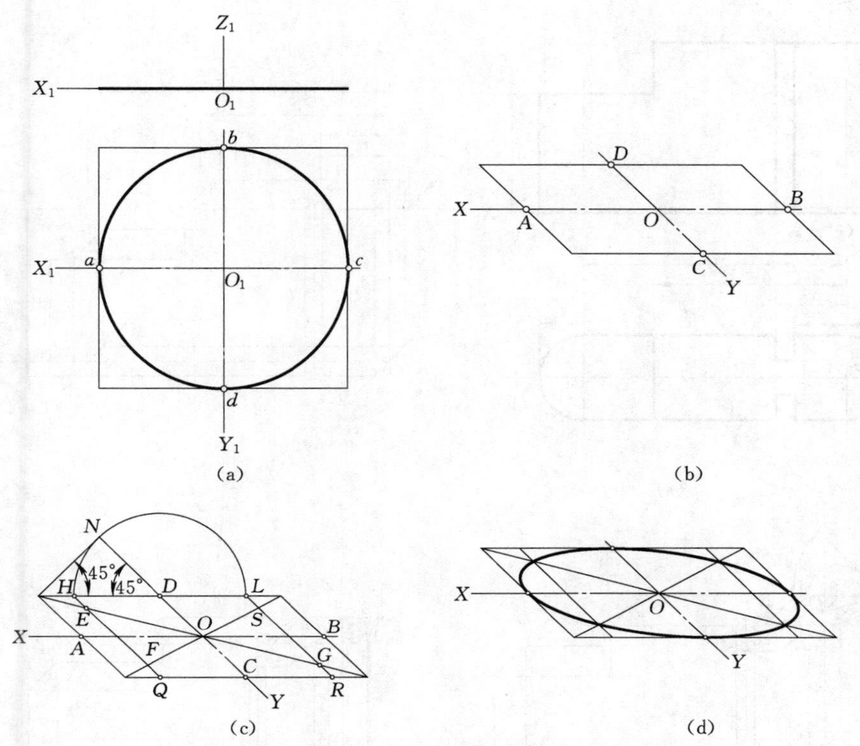

图 6 - 13　作水平圆的斜二测图

边形的边相交得点 H 和 L；过点 H 和 L 分别作 Y 轴的平行线 HQ 和 LR，与平行四边形的两对角线交得点 E、F 和 S、G 点，如图 6 - 13（c）所示。连接点 D、E、A、F、C、G、B、S 点即为椭圆，完成作图，如图 6 - 13（d）所示。

2. 曲面体斜二测图画法举例

【例 6 - 10】 如图 6 - 14（a）所示，已知闸墩的两面投影，作闸墩的斜二测图。

【分析】 闸墩是一个叠加和切割的综合体。主体是四棱柱，中间部分前、后各切割一个四棱柱，右侧切割一个四棱柱，主体左、右两侧各叠加一个半圆柱。先用特征面法绘制主体的四棱柱和切割的 3 个四棱柱，在左、右两侧用八点法各绘制一个半圆柱与其叠加。

【作图步骤】

（1）在视图上确定各坐标轴，如图 6 - 14（a）所示。

（2）画主体切割后的形体。建立 X、Y、Z 轴测轴，从 O 点沿 X 轴向右量取 x_1、x_2、x_3 和 x_4 4 个长度，沿 z 轴向上量取 z_1 和 z_2 两个高度，沿 y 轴向前、后方各量取 $x_5/2$ 和 $y_1/2$ 两个宽度，绘制出六棱柱和它上面切割掉的两个四棱柱的形状，如图 6 - 14（b）所示。

（3）半圆柱体上底面轴测图。从 O 点沿 Z 轴向上量取 z_2 高度找到左侧半圆柱一个底面上的圆心位置 O_1。然后用前面介绍的八点法找到椭圆的 8 个点，即点 1、2、3、4、5、6、7 和 8，将其中的 3、2、1、8、7 这 5 个点依次连接就可以得到半圆柱

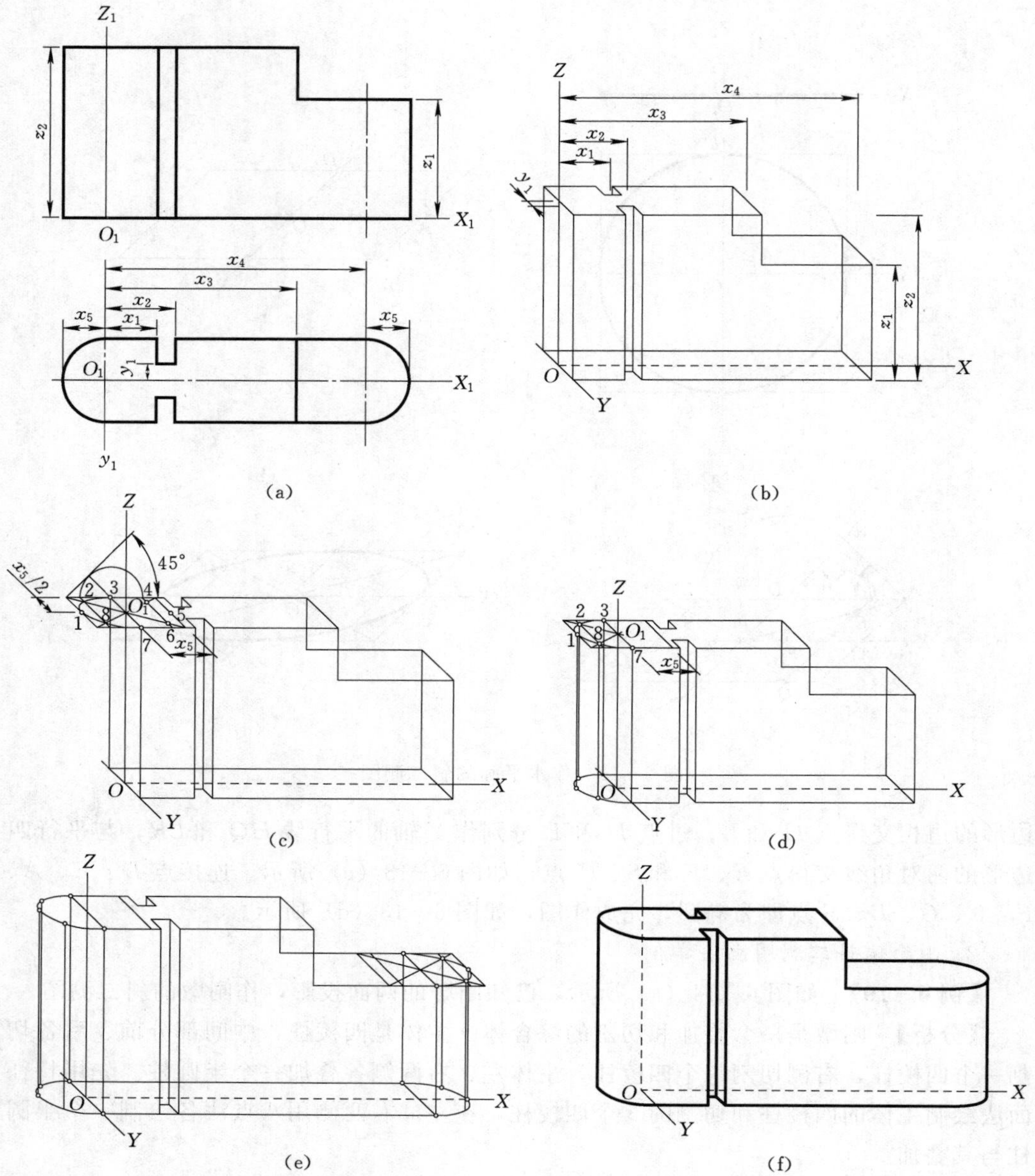

(a) (b) (c) (d) (e) (f)

图 6-14 作水闸闸墩的斜二测图

体上底面的轴测图，如图 6-14（c）所示。

（4）半圆柱体下底面轴测图。分别从 3、2、1、8、7 这 5 个点向下作 z_2 高度的竖线，找到在下底面上需要用到的 5 个点，然后将这 5 个点连接成半椭圆，就可以得到半圆柱体下底面的轴测图，如图 6-14（d）所示。

（5）同理，用此方法作出四棱柱右侧叠加的半圆柱的两个底面上的半圆的轴测图，如图 6-14（e）所示。

（6）作半圆柱的公切素线，擦掉叠加后相切的面的交线，擦掉作图辅助线，加粗

图线，完成作图，如图 6 - 14（f）所示。

【复习思考题】

1. 轴测图是用平行投影法得到的吗？它只能反映物体任意两个方向的尺寸吗？

2. 正等测图的轴间角是多少？轴向伸缩系数是多少？

3. 正面斜二测图的轴间角是多少？轴向伸缩系数是多少？

4. 轴测图的基本性质是什么？在画图时是否一定要满足这些性质？

5. 平行于 H 面、V 面和 W 面的圆的正等测图各是什么形状？斜二测图又各是什么形状？

第七章　视图、剖视图和断面图

【学习目的】 掌握基本视图画法及位置关系，掌握剖视图和断面图的画法及识图方法。

【学习要点】 视图、剖视图和断面图的规定画法，剖视图和断面图的综合识读。

【课程思政】 党的二十大报告提出：要深入推进能源革命，加强煤炭清洁高效利用，加快规划建设新型能源体系，统筹水电开发和生态保护，确保能源安全。

一道道大坝横亘江河，一条条管道攀越山岭，一座座水库揽山拥水……一批基础性、枢纽性、战略性重大水利工程拔地而起。水利工程的建设是在工程图样的指导下进行的，需要用合理的表达方案表达水工建筑物，来不得半点虚假和偷工减料，要培养学生实事求是、严谨认真、打破砂锅问到底的科学探究精神。

在实际工程中，工程形体复杂多样，仅用三视图难以将工程结构的内外形状完整、清晰地表达出来，为了完整、准确地表达工程结构的内外形状，在制图标准中规定了一系列的表达方法。本章重点讲述视图、剖视图和断面图的表达方法。

第一节　视　　图

视图是物体向投影面投影时所得的图形。在图示表达工程结构中，视图一般画出物体外部形状的可见轮廓和物体内部的不可见轮廓。常用的视图有基本视图、局部视图和斜视图。

一、基本视图

物体向基本投影面投影所得的图形称为基本视图。制图标准规定用正六面体的6个面作为基本投影面，即在原有的 H、V、W 3个投影面的基础上对应地增加3个投影面，将物体放在其中，分别向这6个基本投影面投影，可得6个基本视图，如图7-1所示。

6个基本投影面的展开方法如图7-2（a）所示，6个投影面均按箭头方向旋转展开在同一平面内。展开后各视图的名称及其配置如图7-2所示。

6个基本视图之间与三视图一样，仍然符合“长对正、高平齐、宽相等”的投影规律，即：正、俯、仰视图之间满足“长对正”；正、左、右、后视图之间满足“高平齐”；俯、左、右、仰视图之间满足“宽相等”。

应当注意，由于基本视图的展开特点，正视图和后视图反映物体上、下位置关系是一致的，但左、右位置恰恰相反。除后视图外，其他视图靠近正视图的一侧是物体的后面，远离正视图的一侧是物体的前面。

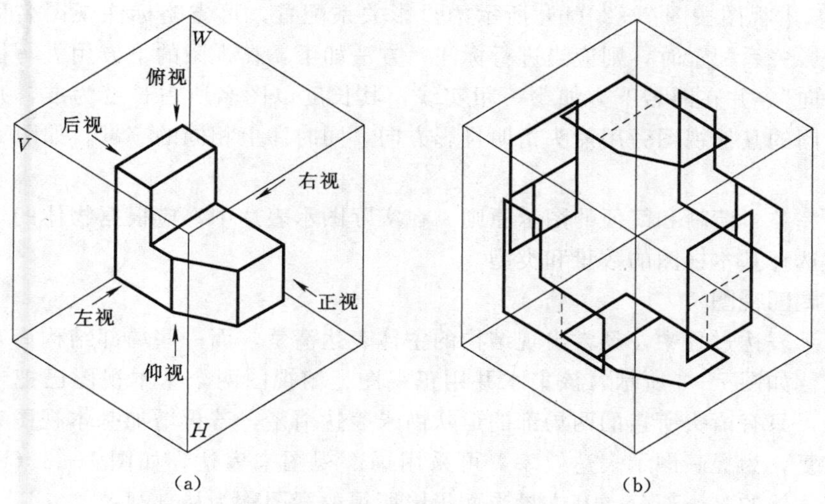

图 7-1　基本视图的形成

微课 7-1

基本视图

动画 7-2

基本视图的形成

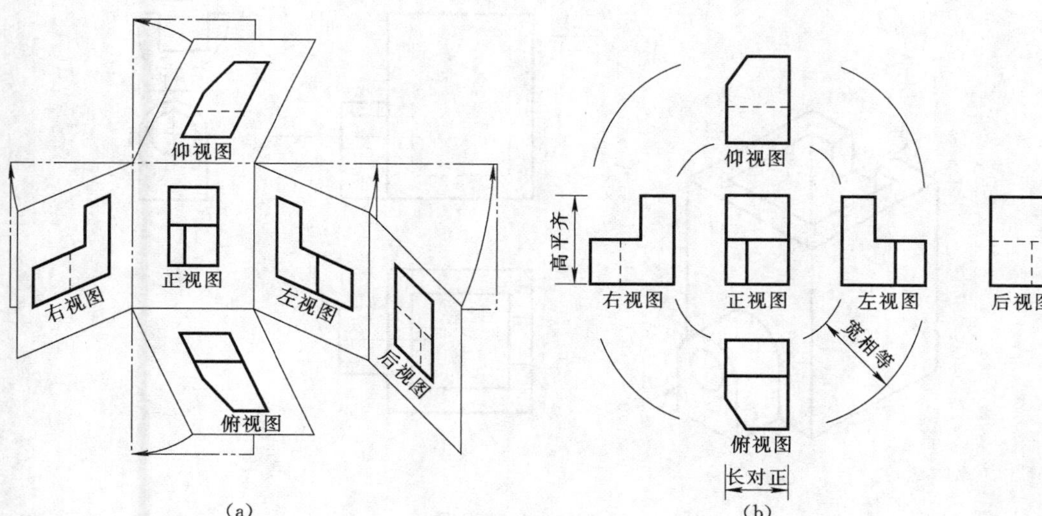

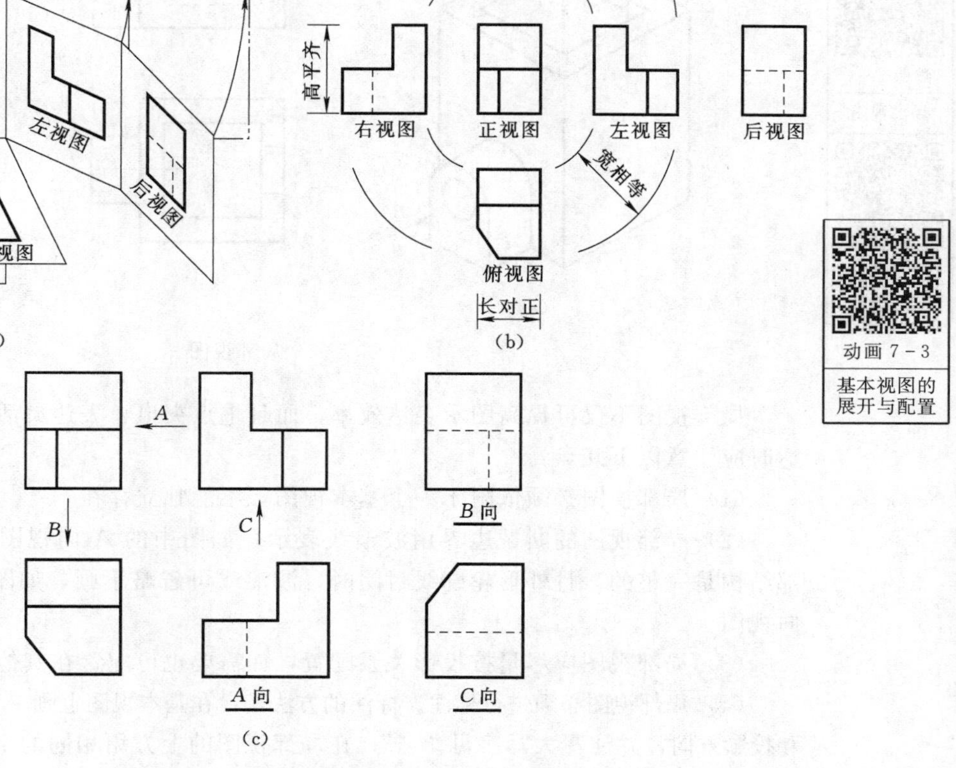

图 7-2　基本视图的展开与配置

动画 7-3

基本视图的展开与配置

6 个基本视图按图 7-2（b）所示的投影关系配置，可省略标注视图名称。如果不能按投影关系配置时，则应当进行标注。方法如下：在视图的下方用大写拉丁字母标出“×向”，并在图名下方加绘一粗实线，其长度以图名所占长度为准，并在具有形成该视图的其他视图旁用箭头指明投影方向，同时注上相同的字母，如图 7-2（c）所示。

按照完整、清晰和简便的图示原则，在实际图示表达中，应根据物体的形状特点的需要，选择基本视图的数量和类型。

二、局部视图

在图示表达过程中，经常出现结构的主体表达清楚，而一些局部结构尚未表达清楚的情况。如图 7-3 所示，该集水井用正视图、俯视图两个基本视图已把主体结构表达清楚，只有箭头所指的两局部的形状尚未表达清楚，若再增加基本视图表达，则大部分重复，为提高图示表达效率，可采用局部视图来表达，如图 7-3（b）所示。这种只将物体的某一部分向基本投影面投影所得的视图称为局部视图。

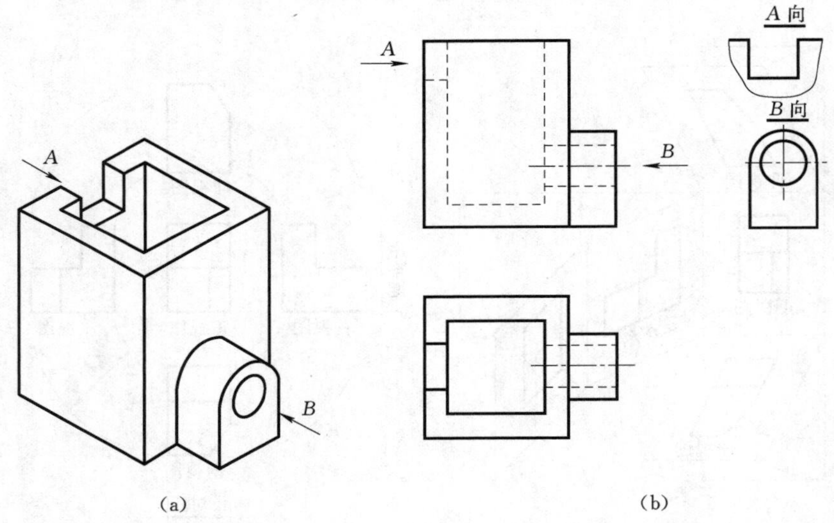

图 7-3 局部视图

局部视图不仅可提高图示表达效率，而且重点突出、表达灵活。局部视图图示表达时应注意以下几点：

（1）局部视图必须依附于一个基本视图，不能独立存在。

（2）局部视图的断裂边界用波浪线表示，如图中的 *A* 向视图。但当所表达的局部结构是完整的，且外形轮廓线封闭时，波浪线可省略不画，如图 7-3（b）中的 *B* 向视图。

（3）局部视图应尽量按投影关系配置，如需要也可配置在其他位置。

（4）局部视图必须进行标注。标注的方法是：在基本视图上画一个箭头指明投影部位和投影方向，并注写大写字母“×”，在局部视图的上方用相同的字母标出视图的名称“×向”。

（5）局部视图只画出需要表达的局部形状，其范围可自行确定，但波浪线要画在物体的实体部分。

三、斜视图

在图示表达过程中，当物体的表面与基本投影面倾斜时，在基本投影面上就不能反映表面的真实形状。为了表达倾斜表面的真实形状，可以建立一个平行于物体的倾斜面且垂直于某基本投影面的辅助投影面，这种将物体倾斜部位向辅助投影面投影，画出其视图并展开所得的视图称为斜视图（斜视图是特殊的局部视图），如图 7－4 所示。

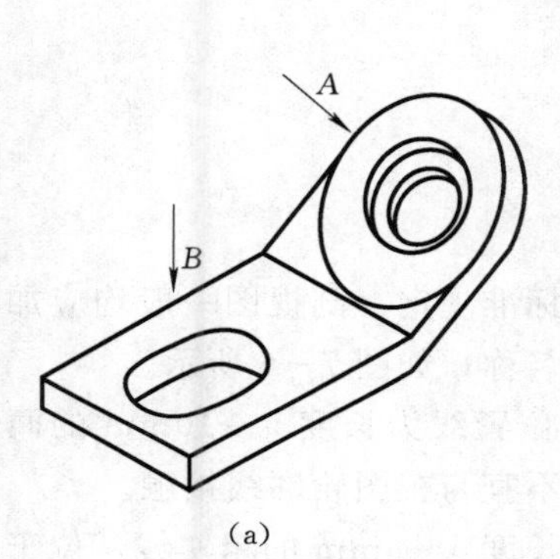

(a)

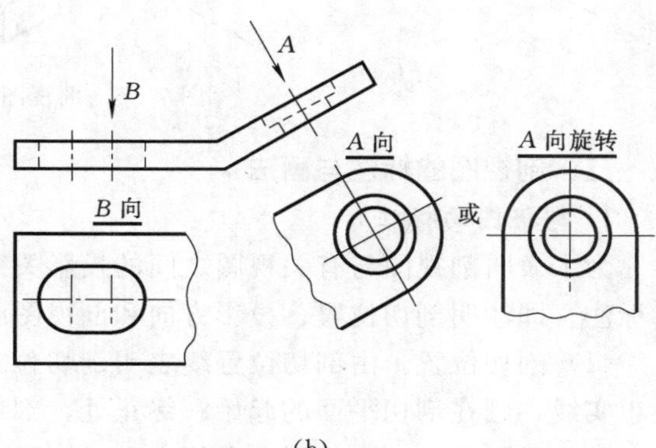

(b)

图 7－4　斜视图

画斜视图时应注意以下几点：

（1）斜视图只需画出倾斜部分的真实形状，其余部分不必画出。斜视图的断裂边界用波浪线表示，其图示方法与局部视图相同。

（2）斜视图应尽量按投影关系配置，必要时也可配置在其他适当的位置。在不引起误解时，允许将图形旋转，但标注时应在斜视图上方标注“×向旋转”字样。

（3）斜视图必须进行标注。标注的方法是：在基本视图的倾斜局部用一个箭头指明投影部位和投影方向，并注写上大写字母“×”，在斜视图的上方用相同的字母标出视图的名称“×向”。

【注意】　在斜视图中标注的字母和文字都必须水平书写。

第二节　剖　视　图

在工程实践中，许多工程结构的形体不仅外形复杂，而且内部形状也很复杂，这样视图中虚线就会比较多，不便于图示表达。为此，采用剖视图来解决物体内部结构复杂问题的表达。

一、剖视图的形成

假想用剖切平面剖开物体，将处在观察者和剖切平面之间的部分移去，将其余部分向基本投影面投影所得的图形称为剖视图，简称剖视，如图 7－5 所示。

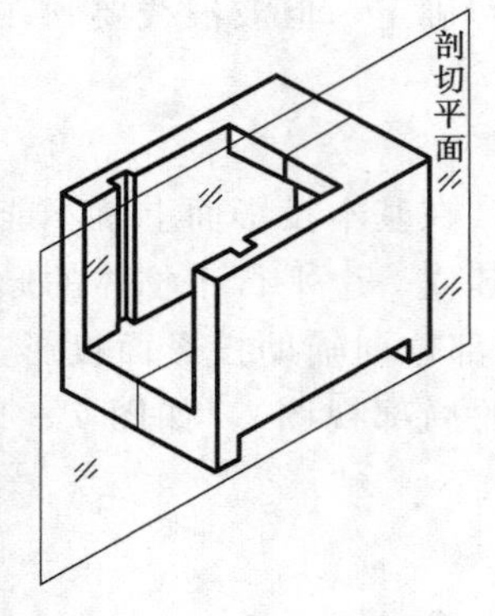

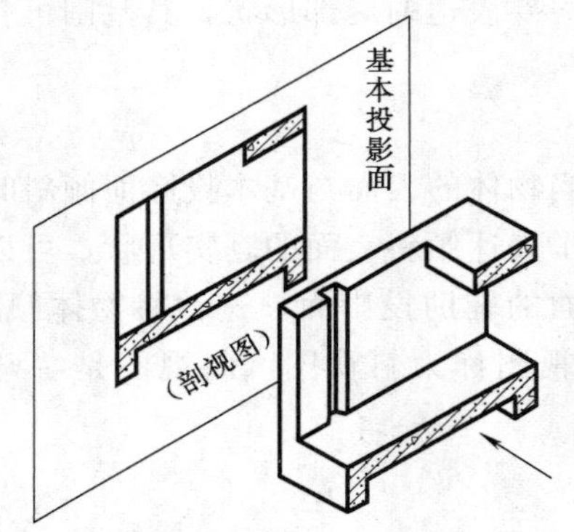

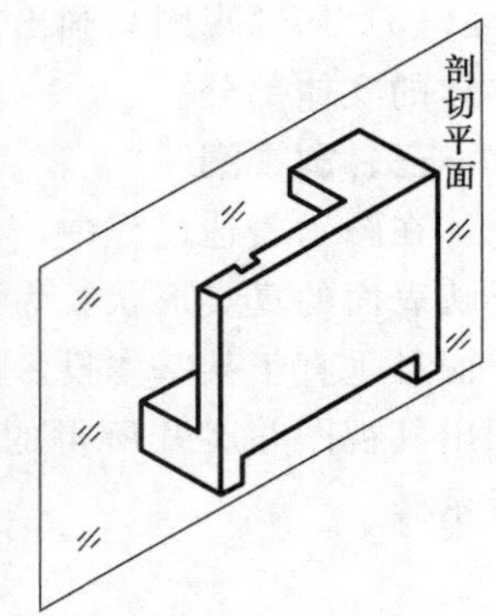

动画 7-9
剖视图的形成

图 7-5 剖视图的形成

二、剖视图的标注与画法

1. 剖视图的标注

为了表明剖视图与有关视图之间的投影关系，制图标准规定，剖视图一般均应加以标注。即注明剖切位置、投影方向和剖视图的编号与名称，如图 7-6 所示。

（1）剖切位置。由剖切位置线表明剖切位置，剖切位置线为长度 5～10mm 的两段粗实线，画在剖切平面的起始、终止处，剖切位置线不宜与视图轮廓线接触。

（2）投影方向。由投影方向线表示，剖视方向线为长度 4～6mm 的粗实线，位于剖切位置线的外端且与之垂直。

（3）剖视图的编号与名称。为了便于查找和读图，剖视图一般应编号。编号采用阿拉伯数字或拉丁字母，一律水平书写在投影方向线的端部，若有多个剖视图，应按顺序由左至右、由上至下连续编号，不能重复。

剖视图的名称与编号对应，即在相应剖视图的下方，注出相同的两个字母或数字，中间加一横线，如"A—A""1—1"。在工程图中剖视图也可采用其他命名形式，如"纵剖视图""横剖视图"等。

在剖视图的标注中，如剖视图按投影关系配置，中间又无其他图形隔开时，可省略剖视方向线；当剖切平面通过物体的对称平面或基本对称平面，且剖视图按投影关系配置时，中间无其他图形隔开时，可省略标注。

2. 剖视图的画法

下面以图 7-6 所示的闸室结构图为例说明剖视图的画法，立体图如图 7-5 所示。

（1）剖切位置的选择。为了表达物体内部结构的真实形状，剖切面的位置应平行于投影面，且一般与物体内部的对称面或轴线重合。如图 7-6 中的剖切面平行于正投影面，且与闸室前后方向的对称面重合。

（2）画剖视图轮廓线。画出剖切面与物体接触部分的轮廓线，再画出剖切面后物体的可见轮廓线，如图 7-6 中的 A—A 所示。

（3）画剖面材料符号。在剖视图中，剖切平面剖切物体所产生的截断面称为剖面。

制图标准规定在剖面上填充对应的材料符号，这样便于表达结构的剖面形状和材

料属性，也是区别于外形视图的标志。图 7-6 所示的剖面材料为钢筋混凝土。

3. 画剖视图应注意的问题

(1) 剖切的假想性。剖视图是把结构形体假想“切开”后所画的图形，除剖视图外，同一物体的其他视图仍应完整画出。

(2) 防漏线。剖视图不仅要画出与剖切平面接触的剖面形状，而且还要画出剖切平面后物体的可见轮廓线。

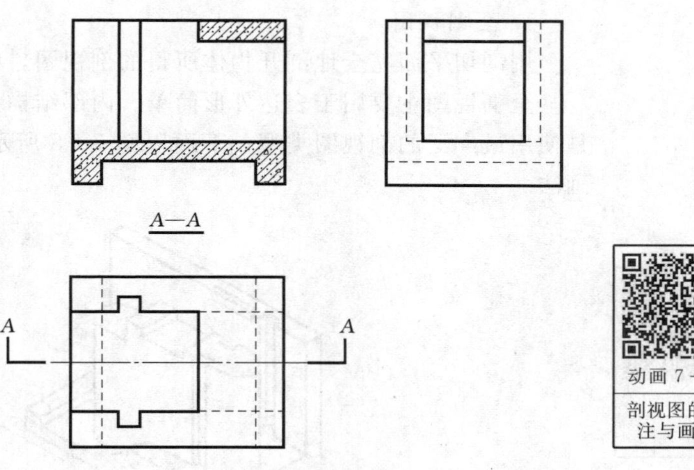

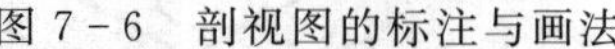

图 7-6 剖视图的标注与画法

动画 7-10 剖视图的标注与画法

(3) 合理地省略虚线。用剖视图配合其他视图表示结构形状时，在不影响对结构形状分析时，剖视图上的虚线一般可省略不画。

(4) 正确绘制剖面材料符号。在剖视图上画剖面材料符号时，在同一物体的不同剖视图上的材料符号要一致，即斜线方向一致、间距相等，如图 7-7 所示，图中材料符号斜线方向一致。

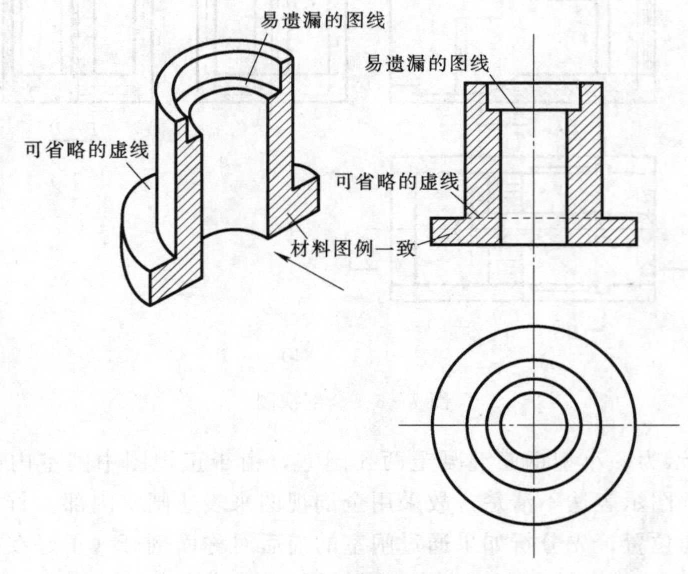

动画 7-11 画剖视图应注意的要点

图 7-7 画剖视图应注意的要点

三、剖视图的种类

剖视图按剖切范围可分为全剖视图、半剖视图和局部剖视图 3 种类型。其中，因剖切平面的个数与形式不同又分为阶梯剖视图、旋转剖视图、复合剖视图和斜剖视图等。下面介绍工程图常用的几种剖视图。

1. 全剖视图

用剖切平面完全地剖开物体所得的剖视图，称为全剖视图。

全剖视图主要用于表达外形简单、内部结构比较复杂且不对称的物体。全剖视图是使用最广泛的剖视图类型，下面以图 7-8 所示的闸室结构图为例说明全剖视图的画法。

动画 7-12

全剖视图

微课 7-13

全剖视图

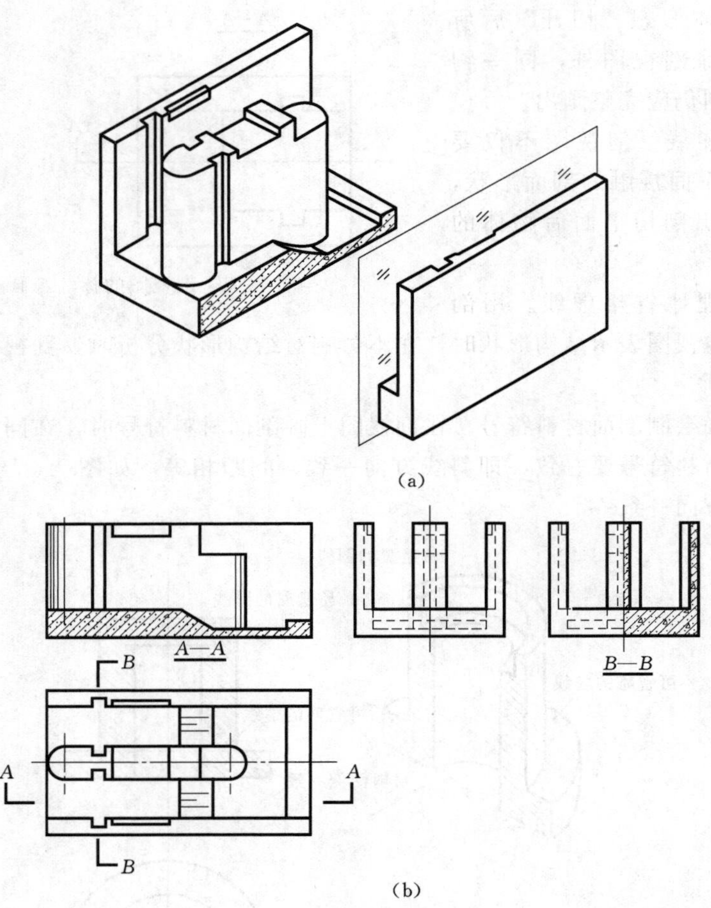

图 7-8 全剖视图

图 7-8 所示为一小型钢筋混凝土两孔闸室，由于正视图中闸室内部结构轮廓线均为虚线，内部图示表达不清楚，故采用全剖视图来表达闸室内部。首先根据闸室结构特点选择剖切位置，先分析如果通过闸室的前后对称面剖开（正好在闸墩的实体处剖开），则只能表达闸墩的截断面，而不能表达闸室结构内部的形状，因此应将剖切位置选在闸室的前孔内，假想用一平行于正投影面的剖切平面在选定位置［图 7-8（a）］将闸室剖开，然后将剖切平面后的闸室结构向正投影面投影，画出剖视图，并在剖面上画上材料符号（钢筋混凝土），得到闸室的全剖视图。通过对闸室全剖视图的图示表达效果分析，发现视图表达不清楚的内部，剖视图中得到了清晰的表达，再结合其他视图，就能很容易地识读闸室结构的形状、大小和材料结构。

2. 半剖视图

当工程结构具有对称平面时，可在其形状对称的视图上以对称线为分界，一半画成剖视图，表达内部结构；另一半画成视图，表达外部结构形状，这样合成的视图称为半剖视图。半剖视图主要用于内外形状均要表达的对称或基本对称的结构。

下面以图 7－9 所示的杯形基础结构图为例说明半剖视图的画法。

图中，由于杯形基础前后、左右均对称，所以正视图和左视图都可以采用半剖视图来表达。因基础前后、左右均对称，视图与剖视图之间按投影关系配置，中间又无其他图形隔开，所以剖切标注可省略。

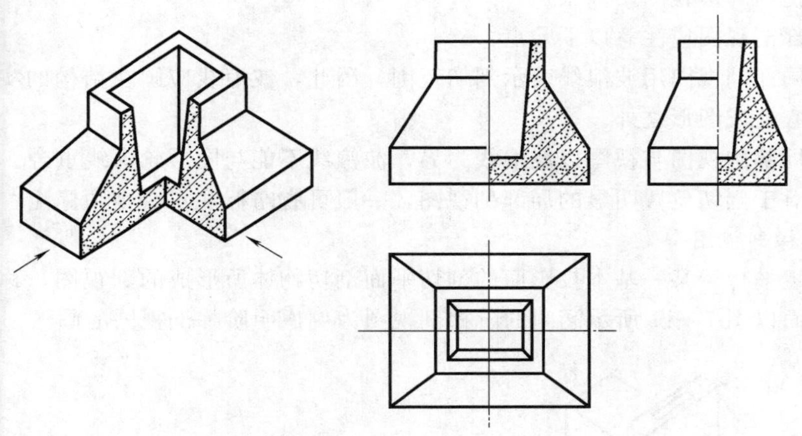

图 7－9 杯形基础的半剖视图

画半剖视图时应注意以下几点：

(1) 在半剖视图中，半个剖视图和半个视图的分界线必须用点画线画出，不能与可见轮廓线重合。

(2) 由于所表达的物体是对称的，所以在半个视图中应省略表示内部形状的虚线，如图 7－9 所示的正剖视图和左剖视图。

(3) 剖视部分习惯上画在物体对称线的右边（正剖视图和左剖视图）或下边（俯剖视图）。

(4) 半剖视图的标注方法与全剖视图相同。半剖视图标注内部尺寸时，由于内部虚线省略，其标注形式只画出一边的尺寸界线和箭头，尺寸线要超过对称线稍许，但尺寸数据应注写内部（孔、洞或槽口）的全尺寸。如图 7－9 中标注形式所示。

3. 局部剖视图

用剖切平面局部地剖开结构形体所得的剖视图，称为局部剖视图。

局部剖视图适用于物体主体结构已表达清楚，而内部的细部或结构形体内部的局部没有表达清楚的物体，如图 7－10 所示。

图 7－10 所示为混凝土水管，为了表达其接头处的内外形状，且保留外形轮廓，正视图采用了局部剖视图，在被剖切开的部分画出管子的内部结构和剖面材料符号，

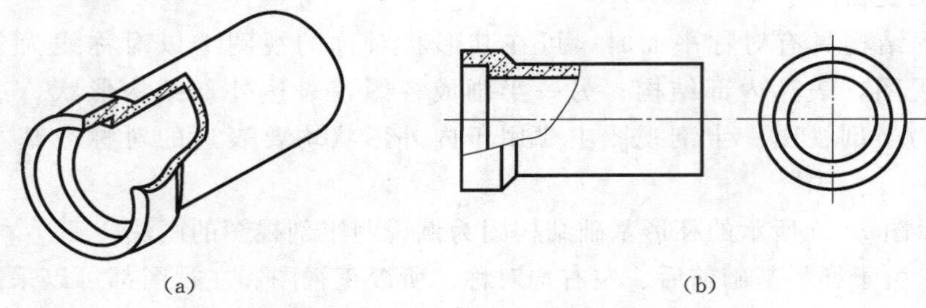

图 7-10 局部剖视图

其余部分仍画外形视图。

画局部剖视图应注意以下几点：

(1) 局部剖视图用波浪线表示剖切范围，因此，波浪线应画在结构的实体上，不能画在空心处或图形之外。

(2) 局部剖视图与视图以波浪线为界，波浪线不能与图形轮廓线重合。

(3) 对于剖切位置明显的局部剖视图，一般可省略标注；否则须标注。

4. 阶梯剖视图

用一组平行于某一基本投影面的剖切平面剖切物体所形成的剖视图，称为阶梯剖视图，下面以图 7-11 所示涵闸的阶梯剖视图为例说明阶梯剖视图的画法。

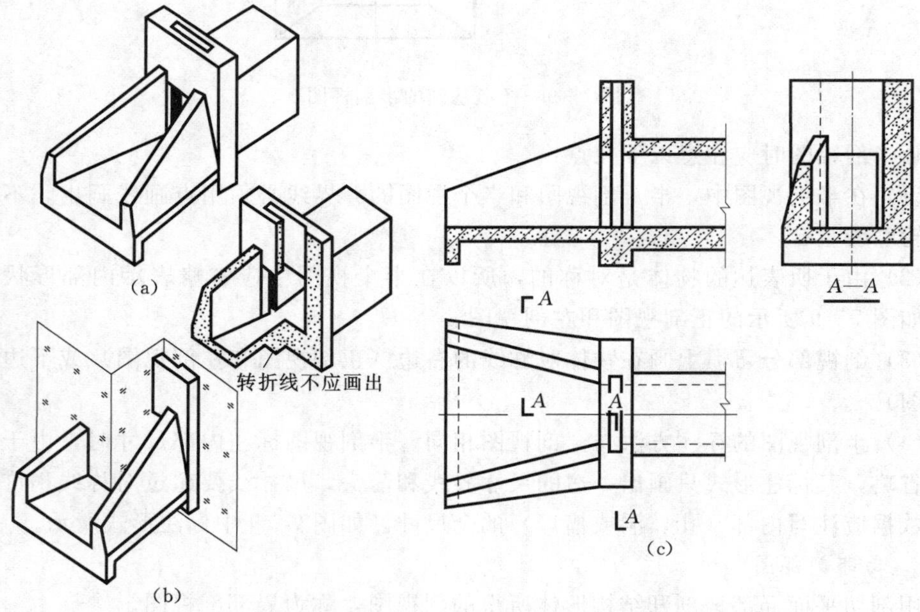

图 7-11 涵闸的阶梯剖视图

图 7-11 所示的结构由于采用了阶梯剖视，可以表达出不同部位的内部结构，因此，阶梯剖视图在工程结构图示表达中广泛应用。

画阶梯剖视图时应注意以下几点：

(1) 剖切平面的转折处不应与视图中的轮廓线重合。

(2) 由于阶梯剖视图是把结构形体假想“切开”后所画的图形，所以在剖视图上不应画出两剖切平面转折处的分界线，如图 7-11 所示。

(3) 阶梯全剖视图必须进行标注。标注方法是：在剖切平面的起、讫和转折处标出剖切符号，进行编号，在起、讫处标出投影方向，并在阶梯剖视图下方标出“×—×”，进行剖视图的命名。

5. 旋转剖视图

用交线垂直于基本投影面的两相交剖切平面剖切结构形体所形成的剖视图，称为旋转剖视图，如图 7-12 所示。

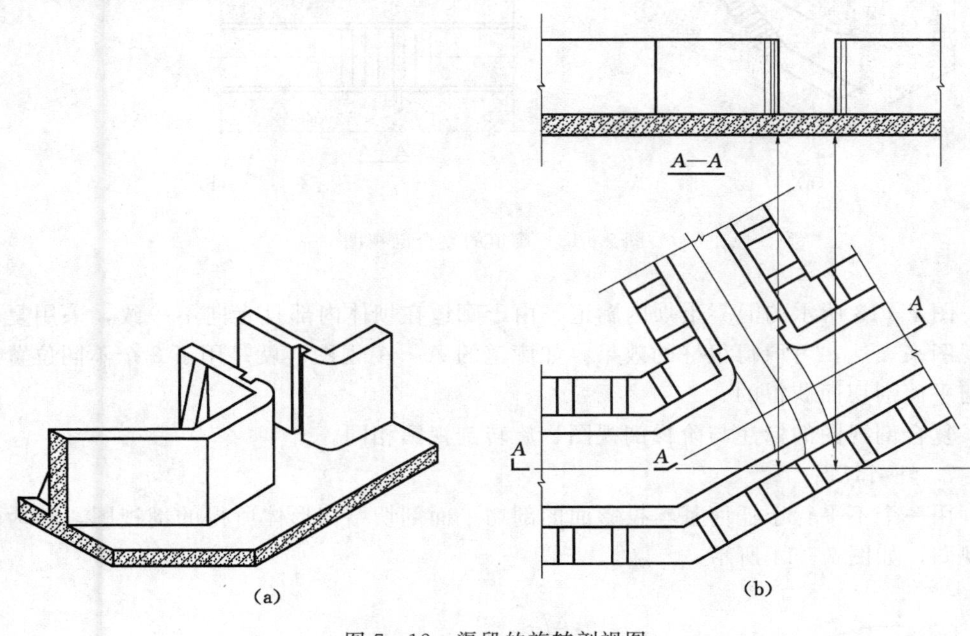

图 7-12　渠段的旋转剖视图

动画 7-19

渠段的旋转剖视图

图 7-12 所示的渠段，由于干渠转折，如果用一个剖切平面剖切，支渠进口的投影不可能反映真实形状。因此，假想用两个相交于对称轴线的平面剖开干渠，然后将被倾斜于基本投影面的剖切平面剖开的干渠剖面和支渠进口旋转到与正投影面平行时再进行投影，即得渠段的旋转剖视图。

画旋转剖视图应注意以下两点：

(1) 剖切平面的交线应与物体上的公共回转轴线重合，并应先切后转（转到与基本投影面平行），再投影。

(2) 旋转剖视图必须标注。

6. 复合剖视图

当结构形体内部较复杂时，单独用阶梯剖视图和旋转剖视图仍不能表达清楚，可采用由几个剖切平面组合剖开结构形体内部进行图示表达，这种由组合剖切形成的剖视图，称为复合剖视图，如图 7-13 所示。

动画 7-20
廊道的复合剖视图

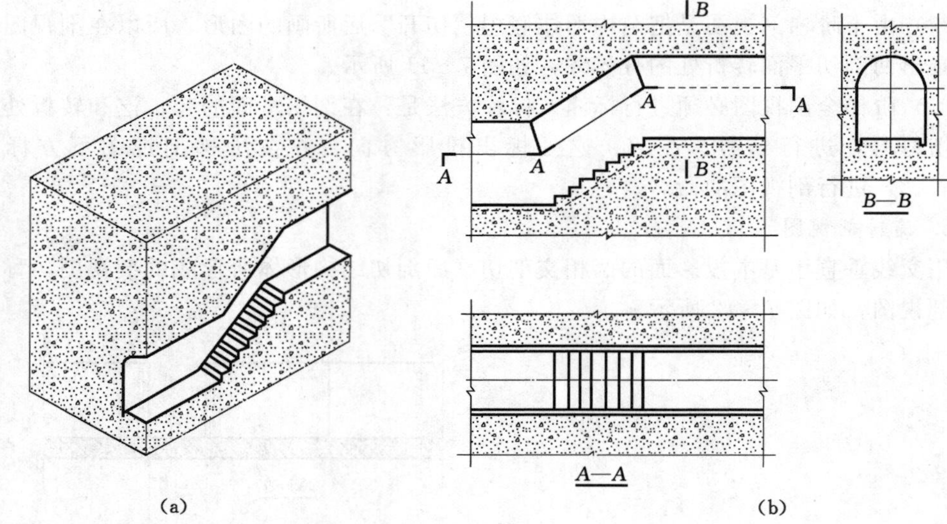

图 7-13 廊道的复合剖视图

图 7-13 所示的混凝土坝内廊道，由于廊道在坝体内部且走向不一致，采用复合剖视图来表达，可取得很好的效果，如廊道的 A—A 视图，就是用了 3 个不同位置的剖切平面剖切而获得的。

复合剖视图的标注与阶梯剖视图、旋转剖视图相同。

7. 斜剖视图

用一个不平行于任何基本投影面的剖切平面剖切结构形体所得的剖视图，称为斜剖视图，如图 7-14 所示。

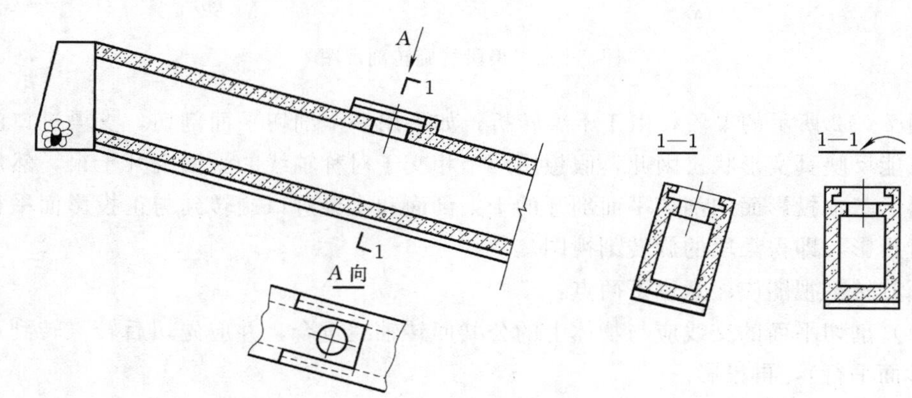

图 7-14 卧管的斜剖视图

由于卧管的实形断面与基本投影面倾斜，为了表达实形，假想用一个平行于结构实形断面的正垂面剖切，将结构剖面向平行于剖切平面的辅助投影面投影，这样所得

的斜剖视图将卧管的实形断面真实地表达出来。

画斜剖视图应注意以下几点：

(1) 斜剖视图一般配置在投影方向线所指一侧，并与基本视图保持对应的投影关系，如图 7-14 所示；必要时允许将图形配置在其他适当位置。为了防止误解，也可以将图形转正画出，但要在图名后加注“旋转”字样。

(2) 当斜剖视图的主要轮廓线与水平线成 45°或接近 45°时，该部分的剖面材料符号中的倾斜线应画成 30°或 60°，倾斜方向与该结构的其他剖视图一致。

(3) 斜剖视图应标注。

第三节 断 面 图

一、断面图的概念

在工程结构的图示表达中，对形体简单的结构，一般采用断面图的形式来表达。常用来表达水工建筑物上的一些形体简单的结构，如大坝的纵横断面、翼墙、排架、挡土墙、工作桥、涵管、梁和柱等，如图 7-15 所示。

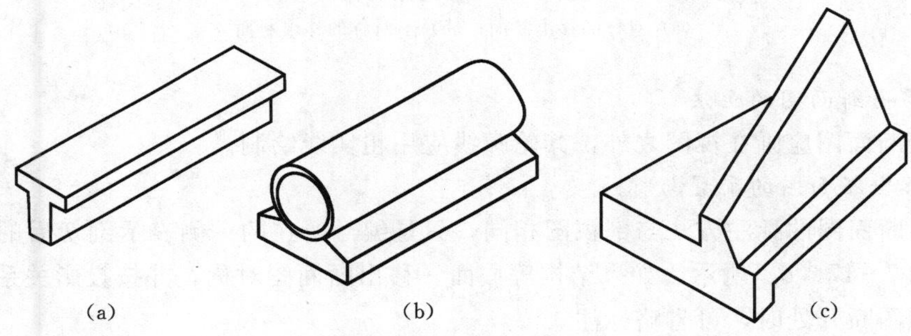

图 7-15 常见断面图表达结构

(a) 梁；(b) 涵管；(c) 翼墙

假想用剖切平面在适当的位置将结构剖切，仅画出断面形状和断面处的材料图例符号，这种图形称为断面图。它与剖视图的区别是：虽然断面图的形成原理与剖视图相同，但断面图只表达剖切断面，如图 7-16 所示。

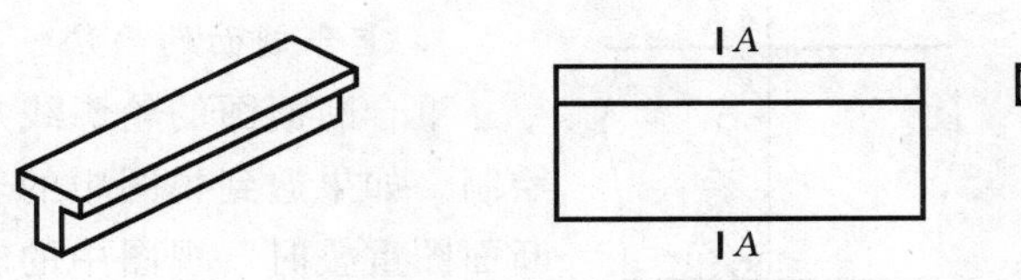

图 7-16 T 形梁断面图

动画 7-22

T 形梁断面图

断面图主要用来表达结构某处的断面形状和材料属性，为了便于断面图的图示表达，剖切平面一般应垂直于结构的主要轮廓线且与投影面平行。

二、断面图的种类

根据断面图的配置位置不同，可分为移出断面图和重合断面图两种。

(一) 移出断面图

画在图形之外的断面图，称为移出断面图，如图 7－17 所示。

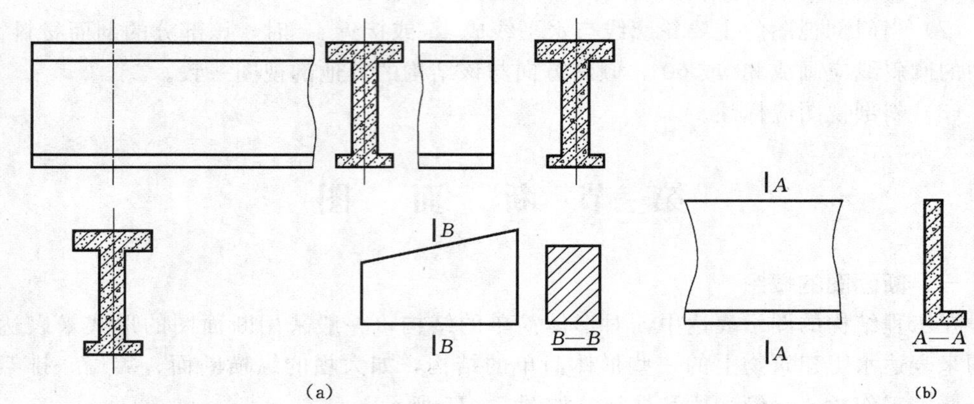

图 7－17 移出断面图

(a) 对称的移出断面；(b) 不对称的移出断面

1. 移出断面图的画法

移出断面图应画在视图之外，其轮廓线应用粗实线绘制。

2. 移出断面图的配置与标注

移出断面图的标注方法与剖视图相同，只是编号所在的一侧表示剖切后的投影方向，如图 7－17 (b) 所示。如果结构等截面，移出断面图对称，并按投影关系配置或配置在视图断开处时，可省略标注。

当移出断面图配置在剖切位置线的延长线上且断面图形对称时，可省略标注，如图 7－17 (a) 所示。

当结构为变截面或移出断面图不对称时，则应标注出剖切位置、投影方向并编号，如图 7－17 (b) 所示。移出断面图也可配置在图纸的其他适当位置，则应标注。

(二) 重合断面图

画在图形内部的断面图，称为重合断面图，如图 7－18 所示。

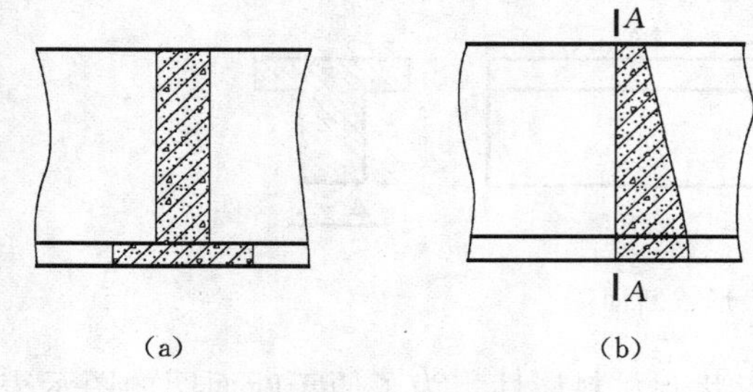

图 7－18 重合断面图

(a) 对称的重合断面；(b) 不对称的重合断面

1. 重合剖面的画法

重合断面图的轮廓线规定用细实线绘制。如果遇到视图中的轮廓线与重合断面图重叠时，视图中的轮廓线仍需完整地画出，不可断开。

2. 重合剖面的配置与标注

对称的重合断面图可省略标注，如图 7－18 (a) 所示。不对称的重合断面

图则应标注出剖切位置，并用编号表示投影方向，如图 7 - 18（b）所示。

第四节　综　合　读　图

由于多数工程结构图都采取组合图示表达形式，因而识读工程图时需要综合分析组合表达中各图形之间的关系、表达的部位和图示方式。识读视图、剖视图和断面图的基本方法仍然采取形体分析法和线面分析法，但须根据视图、剖视图和断面图的特点进行综合考虑，因为视图、剖视图和断面图所表达的部位不同，特别是剖视图和断面图采用剖切平面假想将物体剖开后进行图示表达，一般视图的数目较多且零乱，表达方法又多样。

所以识读工程图时，首先应看视图、剖视图和断面图的名称，特别是要明确剖视图、断面图的剖切位置、投影方向和编号，弄清视图间的图示配置关系；其次分析采用何种视图、剖视图和断面图，以及找出各视图的重点表达部位；最后进行综合分析总结。

通常的读图方法是从整体到局部，从外形到内部，从主要结构到次要结构，在弄清楚各结构组成部分的形状后，再综合想象出整体。

【例 7 - 1】 以图 7 - 19 所示的 U 形渡槽槽身结构图为例，说明视图、剖视图和断面图的读图方法。

【读图分析步骤】

（1）概括了解图形配置。图 7 - 19 所示为 U 形渡槽槽身结构。由于渡槽槽身结构对称，为表达该渡槽槽身结构采用了 *A*—*A*、*B*—*B* 两个半剖视图，另外还采用了 *C* 向和 *D* 向两个局部视图表达渡槽槽边与横梁、桥板承托的结构，同时在局部视图上采用 *E*—*E*、*F*—*F* 两个移出断面图表达横梁与桥板承托。

（2）找出剖切位置，分析各部分形状。如图 7 - 19 所示，由于槽身结构前后、左右均对称，所以采用半剖视图进行槽身结构的内外图示表达。*A*—*A* 剖视图的剖切位置可以在 *B*—*B* 剖视图中找到，它是沿槽身前、后对称平面剖切而得的；*B*—*B* 剖视图的剖切位置可以在 *A*—*A* 剖视图中找到，它是沿槽身左、右对称平面剖切而得的。从 *A*—*A*、*B*—*B* 半剖视图中可以概括地看出该渡槽的槽身为 U 形，整体采用钢筋混凝土材料。

A—*A* 半剖视图中对称线左半部表达了槽身的外形轮廓，右边表达了槽身壳体的厚度和槽身支座端止水槽的形状，上部还表达了槽顶横梁的断面形状、间距、数量和桥板承托的位置，同时标注出两局部视图的投影方向与编号，图中尺寸反映各部位的大小和相对位置。

B—*B* 半剖视图中对称线左半部反映了槽身支座端部结构的外形轮廓，右边表达了槽身过水断面的形状，移出断面图反映了横梁的断面形状，图中尺寸反映各部位的大小和相对位置。

C 向和 *D* 向两个局部视图和 *E*—*E*、*F*—*F* 两个移出断面图表达了横梁与桥板承托的结构形状与尺寸等。

动画 7-26
U形渡槽槽身结构

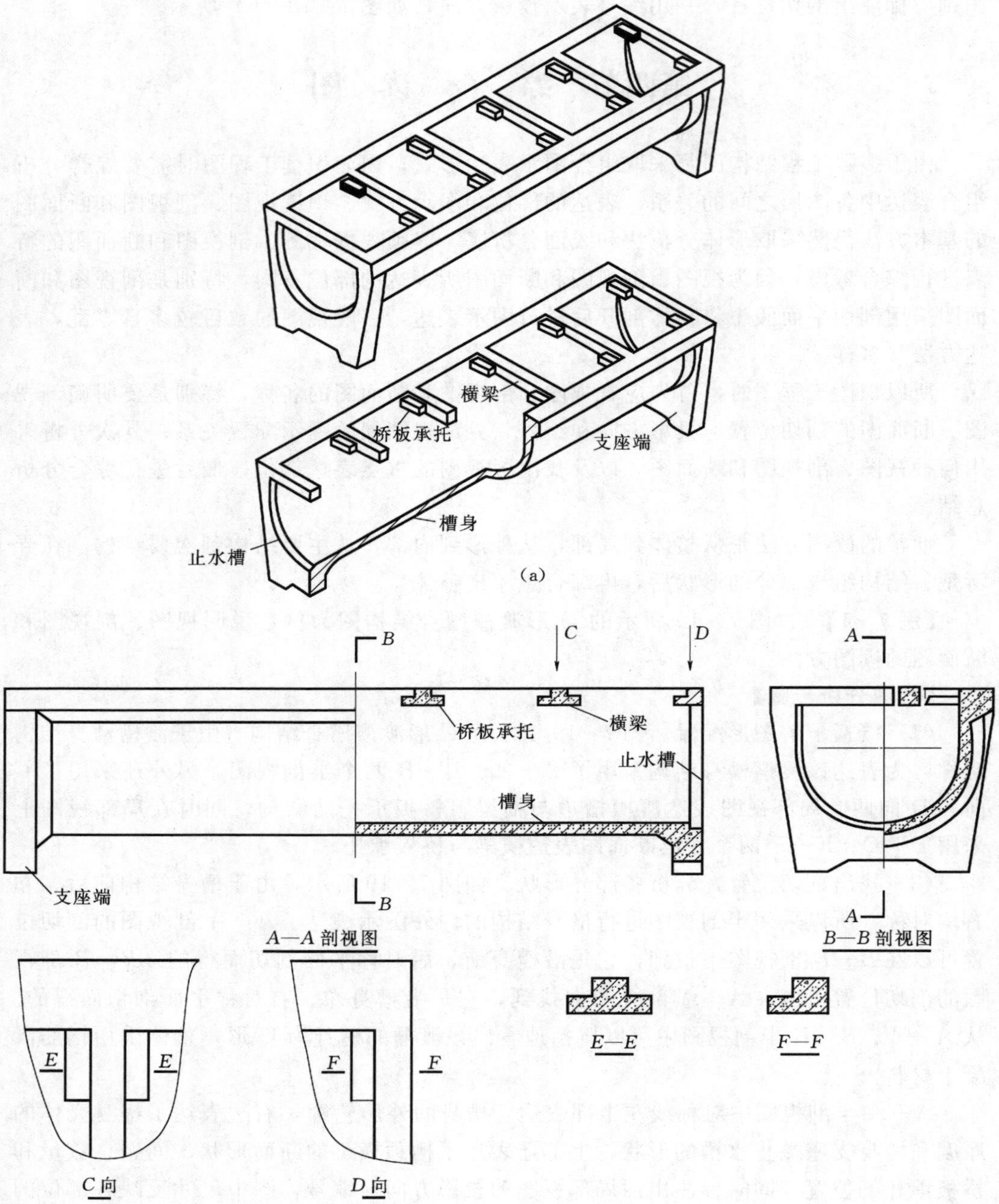

横梁
桥板承托
支座端
槽身
止水槽

(a)

B C D A
桥板承托 横梁
止水槽
槽身
支座端
A—A 剖视图
B—B 剖视图
E E F F
E—E F—F
C向 D向

(b)

图 7-19 U 形渡槽槽身结构

(3) 综合分析结构整体。将以上分析的成果，对照图中 $A—A$、$B—B$ 半剖视图等，将各组成部分按图中所示位置，外内联系起来进行空间形体构思，就可以想象出渡槽槽身的整体形状。

【复习思考题】

1. 6个基本视图任意配置时，（　　）。

   A. 只标注后视图的名称　　B. 标出全部移位视图的名称

   C. 都不标注名称　　D. 不标注正视图的名称

2. 能表示出物体左右和前后方位的投影图是（　　）。

   A. 正视图　　B. 后视图　　C. 左视图　　D. 仰视图

3. 物体的左右方位，在6个基本视图中方位与空间方位相反的是（　　）。

   A. 正视图　　B. 后视图　　C. 左视图　　D. 仰视图

4. 画局部视图时，应在基本视图上标注出（　　）。

   A. 投影方向　　B. 编号　　C. 不标注　　D. 投影方向和编号

5. 斜视图是向（　　）投影的。

   A. 不行于任何基本投影面的辅助平面投影

   B. 基本投影面

   C. 水平投影面

   D. 正立投影面

6. 局部视图与斜视图的实质区别是（　　）。

   A. 投影部位不同　　B. 投影面不同

   C. 投影方法不同　　D. 画法不同

7. 假想利用剖切平面将物体剖开后所得的视图称（　　）。

   A. 视图　　B. 正视图　　C. 剖视图　　D. 局部视图

8. 选择全剖视图的条件是（　　）。

   A. 外形简单内部复杂的物体　　B. 非对称物体

   C. 外形复杂内部简单的物体　　D. 对称物体

9. 在剖视图中一个完整的标注包括（　　）。

   A. 剖切平面

   B. 投影方向

   C. 剖切符号、投影方向、编号、剖视名称

   D. 剖切平面、名称

10. 若左视图上作剖视图，进行剖切标注的视图是（　　）。

    A. 正视图　　B. 俯视图或左视图

    C. 后视图　　D. 任意视图

11. 在剖视图的图示表达中，仍不可见的物体轮廓线（　　）。

    A. 可省略表达　　B. 必须表达

    C. 用虚线表达　　D. 已表达清楚可省略

12. 同一物体各图形中的剖面材料符号（　　）。

    A. 可每一图形一致　　B. 无要求

    C. 必须方向一致　　D. 必须一致、间隔相同

13. 半剖视图中视图部分与剖视部分的分界线采用（ ）。
A. 点画线 B. 波浪线 C. 任意图线 D. 虚线

14. 局部视图中视图部分与剖视部分的分界线采用（ ）。
A. 点画线 B. 波浪线 C. 任意图线 D. 虚线

15. 阶梯剖视所用的剖切平面是（ ）。
A. 一个剖切平面 B. 两个相交的剖切平面
C. 任意选用剖切平面 D. 一组平行的剖切平面

16. 移出剖面要全标注的是（ ）。
A. 剖面不对称且按投影关系配置
B. 剖面对称放在任意位置
C. 配置在剖切位置延长线上的剖面
D. 不按投影关系配置也不配置在剖切位置延长线上的不对称剖面

17. 重合断面应画在（ ）。
A. 视图的轮廓线以外 B. 剖切位置线的延长线上
C. 视图轮廓线以内 D. 按投影关系配置

18. 工程结构图示表达时，采取（ ）。
A. 单一基本视图 B. 单一剖视图
C. 单一断面图 D. 组合图示表达

第八章 标 高 投 影

【学习目的】 掌握标高投影的表示形式；理解标高投影的概念，熟练运用并掌握各类标高投影图的基本画法和识读。

【学习要点】 标高投影的表示形式，点、线、面、曲面以及建筑物的标高投影图表示方法和作图方法。

【课程思政】 党的二十大报告提出：大自然是人类赖以生存发展的基本条件。尊重自然、顺应自然、保护自然，是全面建设社会主义现代化国家的内在要求。

必须牢固树立和践行绿水青山就是金山银山的理念，站在人与自然和谐共生的高度谋划发展。水工建筑物要依据地形图修建在各种不同的地面上，要综合考虑建筑物与水和土的关系，处理好建筑物与自然的关系。在学习中增强野外作业知识，提升个人安全意识，同时提高国家安全意识，厚植爱国主义情怀，加强品德修养。

在水利工程建筑物的设计和施工中，常需要绘制地形图，并在图上表示工程建筑物的布置和建筑物与地面连接有关问题。但地面形状很复杂，且水平尺寸与高度尺寸相比差距很大，用多面正投影法或轴测投影法都表示不清楚，标高投影则是适于表示地形面和复杂曲面的一种投影。

当物体的水平投影确定后，其正面投影的主要作用是提供物体上的点、线或面的高度。如果能知道这些高度，那么只用一个水平投影也能确定空间物体的形状和位置。如图 8－1 所示，画出四棱台的平面图，在其水平投影上注出其上、下底面的高程数值 2.000 和 0.000，为了增强图形的立体感，斜面上画出示坡线，为度量其水平投影的大小，再给出绘图比例或画出图示比例尺。这种用水平投影加注高程数值来表示空间物体的单面正投影，称为标高投影。

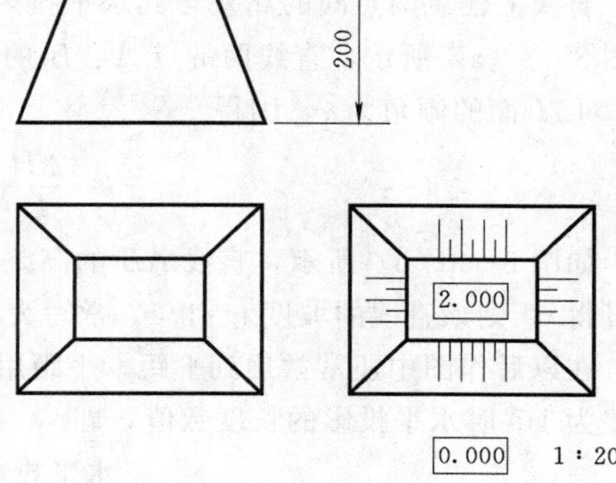

图 8－1 四棱台的平面图

动画 8－1

四棱台的平面图

标高投影图包括水平投影、高程数值、绘图比例三要素。

标高投影中的高程数值称为高程或标高，它是以某水平面作为计算基准的，标准规定基准面高程为零，基准面以上高程为正，基准面以下高程为负。在水工图中一般采用与测量一致的基准面（即青岛市黄海平均海平面），以此为基准标出的高程称为绝对高程。以其他面为基准标出的高程称为相对高程。标高的常用单位是 m，一般不需注明。

第一节 点、直线、平面的标高投影

一、点的标高投影

如图 8-2（a）所示，首先选择水平面 H 为基准面，规定其高程为零，点 A 在 H 面上方 3m，点 B 在 H 面下方 2m，点 C 在 H 面上。若在 A、B、C 3 点水平投影的右下角注上其高程数值即 a_3、b_{-2}、c_0，再加上图示比例尺，就得到了 A、B、C 3 点的标高投影，如图 8-2（b）所示。

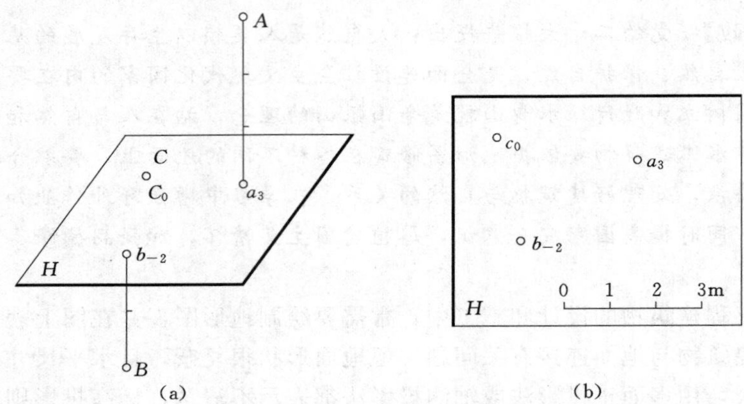

图 8-2 点的标高投影

二、直线的标高投影

1. 直线的坡度和平距

直线上任意两点间的高差与其水平投影长度之比，称为直线的坡度，用 i 表示。如图 8-3（a）所示，直线两端点 A、B 的高差为 ΔH，其水平投影长度为 L，直线 AB 对 H 面的倾角为 α，则得

$$i=\frac{\Delta H}{L}=\tan\alpha$$

如图 8-3（b）所示，直线 AB 的高差为 1m，其水平投影长 4m（用比例尺在图中量得），则该直线的坡度 $i=1/4$，常写为 1∶4 的形式。

在以后作图中还常常用到平距，平距用 l 表示。直线的平距是指直线上两点的高度差为 1m 时水平投影的长度数值，即

$$\text{平距 } l=\frac{\text{水平投影长度 } L}{\text{高差 } \Delta H}=\cot\alpha$$

由此可见，平距与坡度互为倒数，它们均可反映直线对 H 面的倾斜程度。

2. 直线的表示方法

直线的空间位置可由直线上的两点或直线上的一点及直线的方向来确定，相应的

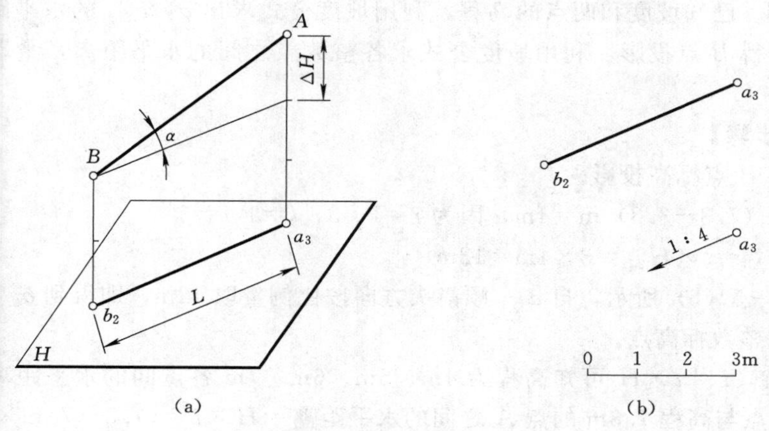

图 8-3 直线的标高投影

直线在标高投影中也有两种表示法。

（1）用直线上两点的高程和直线的水平投影表示，如图 8-4（a）所示。

（2）用直线上一点的高程和直线的方向来表示，直线的方向规定用坡度和箭头表示，箭头指向下坡方向，如图 8-4（a）所示。

动画 8-4
直线标高投影的表示方法

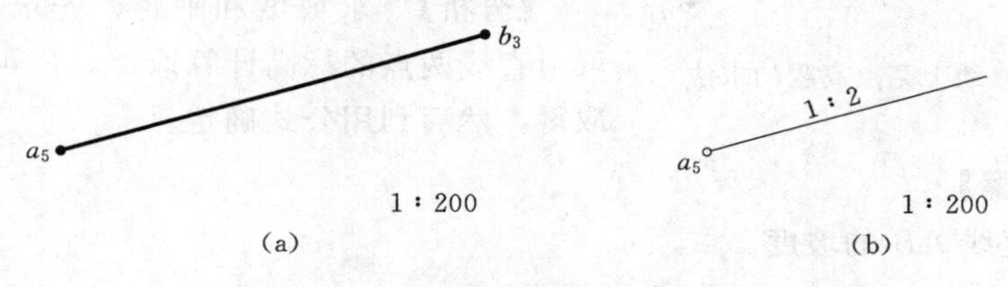

图 8-4 直线标高投影的表示方法

3. 直线上高程点的求法

在标高投影中，因直线的坡度是定值，所以已知直线上任意一点的高程就可以确定该点标高投影的位置，已知直线上某点高程的位置，就能计算出该点的高程。

【例 8-1】 求图 8-5 所示直线上高程为 3.3m 的点 B 的标高投影，并定出该直线上各整数标高点。

动画 8-5
直线上求点法

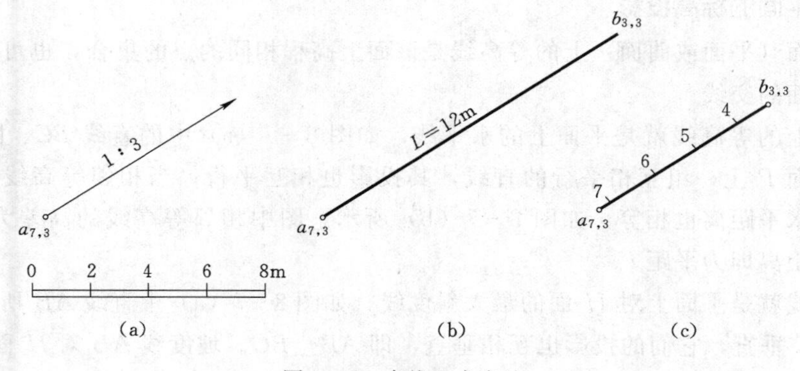

图 8-5 直线上求点法

【分析】 已知坡度和两点的高程，利用坡度公式求出 $a_{7.3}b_{3.3}$ 的水平距离，量取投影长度可得 B 点投影。利用坡度公式求各整数点之间的水平距离，量取长度即可求得。

【作图步骤】

（1）求 B 点标高投影。

$H_{AB}=$（7.3－3.3）m＝4m，因为 $i=1:3$，$l=1/i=3$

所以 $L_{AB}=l\times H_{AB}=3\times 4\text{m}=12\text{m}$

如图 8－5（b）所示，自 $a_{7.3}$ 顺箭头方向按比例量取 12m，即得到 $b_{3.3}$。

（2）求整数标高点。

因 $l=3$，$L=l\times H$ 可知高程为 4m、5m、6m、7m 各点间的水平距离均为 3m。高程 7m 的点与高程 7.3m 的点 A 之间的水平距离＝$H\times l=(7.3-7)\text{m}\times 3=0.9\text{m}$。自 $a_{7.3}$ 沿 ab 方向依次量取 0.9m 及 3 个 3m，就得到高程为 7m、6m、5m、4m 的整数标高点。

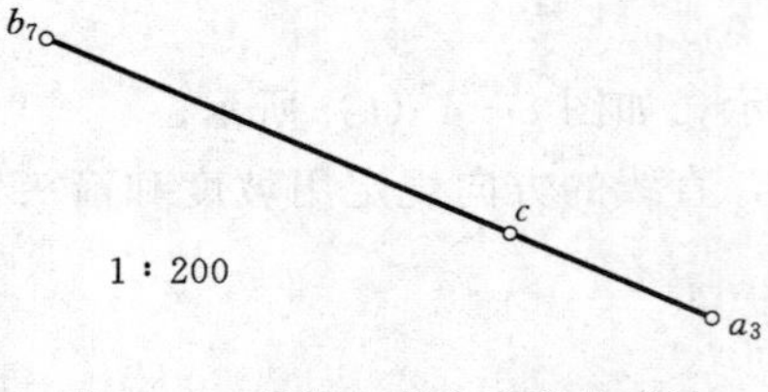

图 8－6　直线上某点高程的求法

【例 8－2】 已知直线 AB 的标高投影为 a_3b_7，如图 8－6 所示，求直线 AB 的坡度与平距，并求直线上 C 点的标高。

【分析】 求坡度和平距，先求 H 和 L，H 可由直线两点的标高计算取得，L 可按比例度量取得，然后利用公式确定。

【作图步骤】

（1）求直线 AB 的坡度。

因为 $H_{AB}=(7-3)\text{m}=4\text{m}$

$L_{AB}=8\text{m}$（用比例尺在图上量得）

所以 $i=H_{AB}/L_{AB}=4\text{m}/8\text{m}=1/2$

（2）求平距。直线 AB 的平距 $l=1/i=2$

（3）求 C 点的标高。因量得 $L_{AC}=2\text{m}$，则 $H_{AC}=i\times L_{AC}=1/2\times 2\text{m}=1\text{m}$，即点 C 的高程为 4m。

三、平面的标高投影

某个面（平面或曲面）上的等高线是该面上高程相同的点的集合，也可看成是水平面与该面的交线。

平面上的等高线就是平面上的水平线，如图 8－7（a）中的直线 BC、Ⅰ、Ⅱ、…。它们是平面 P 上一组互相平行的直线，其投影也相互平行；当相邻等高线的高差相等时，其水平距离也相等，如图 8－7（b）所示。图中相邻等高线的高差为 1m，它们的水平距离即为平距 l。

坡度线就是平面上对 H 面的最大斜度线，如图 8－7（a）中直线 AB 所示，它与等高线 BC 垂直，它们的投影也互相垂直，即 $AB\perp BC$。坡度线 AB 对 H 面的倾角 α 就是平面 P 对 H 面的倾角，因此坡度线的坡度就代表该平面的坡度。

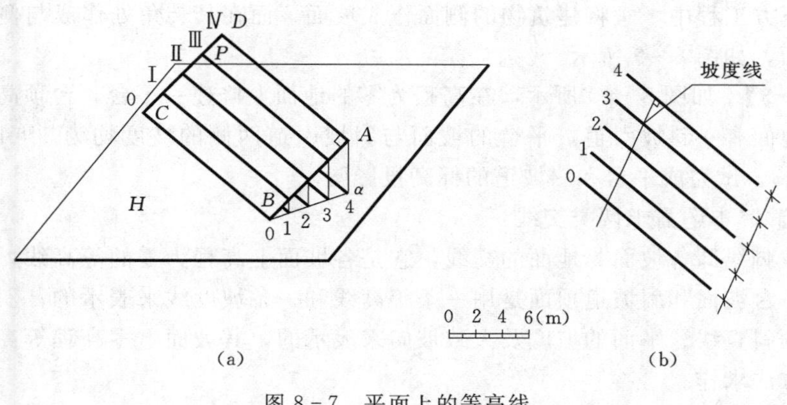

图 8-7　平面上的等高线

第二节　曲面的标高投影

一、正圆锥面

正圆锥面的标高投影也是用一组等高线和坡度线来表示的。正圆锥面的素线是锥面上的坡度线，所有素线的坡度都相等。正圆锥面上的等高线即圆锥面上高程相同点的集合，用一系列等高差水平面与圆锥面相交即得，是一组水平圆。将这些水平圆向水平面投影，并注上相应的高程，就得到锥面的标高投影。图 8-8（a）和图 8-8（b）所示是正圆锥面等高线的标高投影，其等高线的标高投影有以下特性：

（1）等高线是同心圆。

（2）高差相等时，等高线间的水平距离相等。

（3）当圆锥面正立时，等高线越靠近圆心其高程数值越大，如图 8-8（a）所示；当圆锥面倒立时，等高线越靠近圆心其高程数值越小，如图 8-8（b）所示。

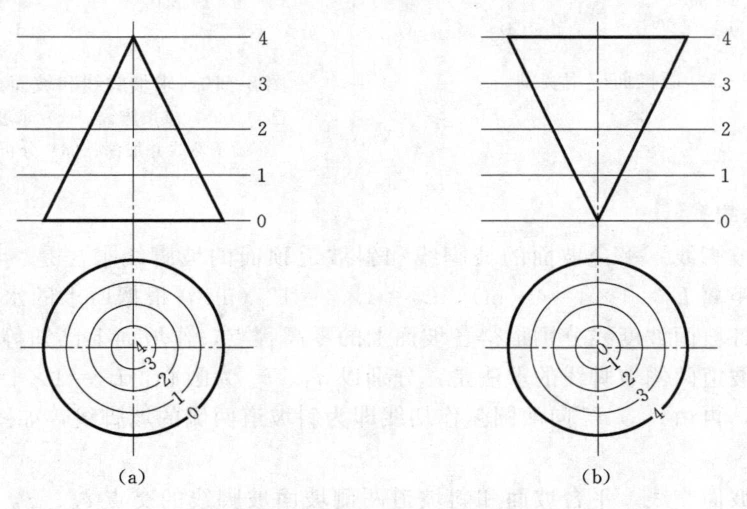

图 8-8　正圆锥面的标高投影图

在土石方工程中，常将建筑物的侧面作成坡面，而在其转角处作成与侧面坡度相同的圆锥面，如图 8-9 所示。

【例 8-3】 如图 8-10 所示，在高程为零的地面上修建一平台，台顶高程为 4m，从台顶到地面有一斜坡引道，平台的坡面与斜坡引道两侧的坡度均为 1∶1，斜坡道坡度为 1∶3，试完成平台和斜坡道的标高投影图。

【分析】 本题需求两类交线：

(1) 坡脚线即各坡面与地面的交线，它是各坡面上高程为零的等高线，共 5 条直线。其中平台坡面和斜坡道顶面是用一条等高线和一条坡度线来表示的；斜坡道两侧是用一条倾斜直线、平面的坡度及大致坡向来表示的，其坡面上零高程等高线可用前述相应的方法求作。

(2) 坡面交线即斜坡道两侧坡面与平台边坡的交线，共两条直线，如图 8-10 (d) 所示。

动画 8-10

圆锥面应用实例

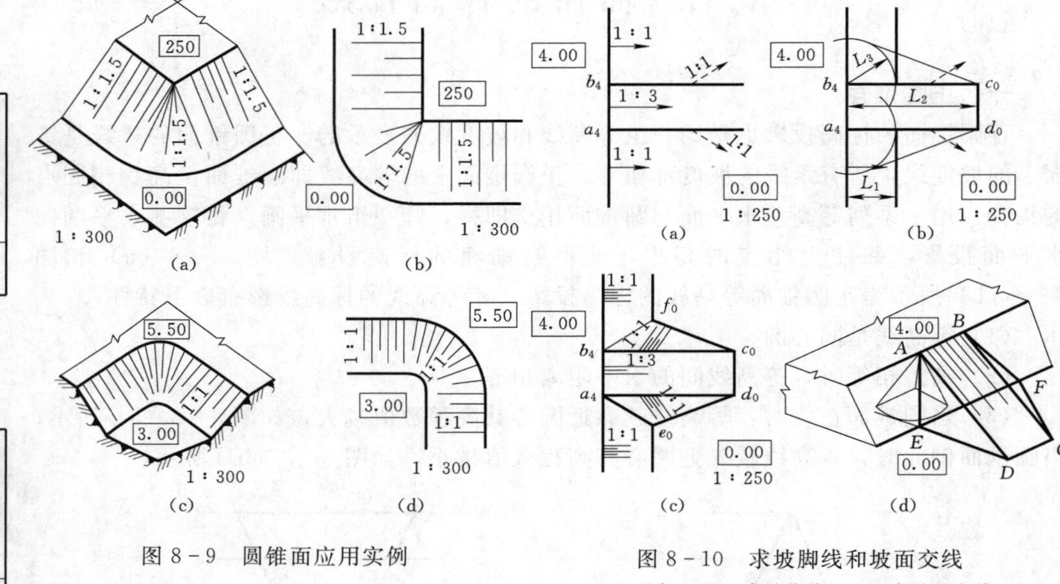

动画 8-11

求坡脚线和坡面交线

图 8-9 圆锥面应用实例

图 8-10 求坡脚线和坡面交线

(a) 已知；(b) 求坡脚线；(c) 求坡面交线、画示坡线并加深；(d) 分析

【作图步骤】

(1) 求坡脚线。平台坡面的坡脚线和斜坡道顶面的坡脚线求法是：由高差 4m，求出其水平距离 $L_1=1\times4=4$ (m)，$L_2=3\times4=12$ (m)，根据所求的水平距离按图示比例尺沿各坡面坡度线分别量得各坡面上的零高程点，作坡面上已知等高线的平行线即得。斜坡道两侧坡脚线的求法是：分别以 a_4、b_4 为圆心，$L_3=1\times4=4$ (m) 为半径画圆弧，再由 c_0、d_0 向两圆弧作切线即为斜坡道两侧的坡脚线，如图 8-10 (b) 所示。

(2) 求坡面交线。平台坡面和斜坡道两侧坡面坡脚线的交点 e_0、f_0 就是平台坡面和斜坡道两侧坡面的共有点，a_4、b_4 也是平台坡面和斜坡道两侧坡面的共有点，

连接 e_0a_4、f_0b_4 即为坡面交线。画出各坡面的示坡线，完成画图，如图 8-10（c）所示。

二、地形面

1. 地形面表示法

如图 8-11（a）所示，假想用一水平面 H 截割小山丘，可以得到一条形状不规则的曲线，因为这条曲线上每个点的高程都相等，所以称为等高线。水面与池塘岸边的交线也是地形面上的一条等高线。如果用一组高差相等的水平面截割地形面，就可以得到一组高程不同的等高线。画出这些等高线的水平投影，并注明每条等高线的高程和画图比例，就得到地形面的标高投影，这种图称为地形图，如图 8-11（b）所示。地形面上等高线高程数字的字头按规定指向上坡方向。

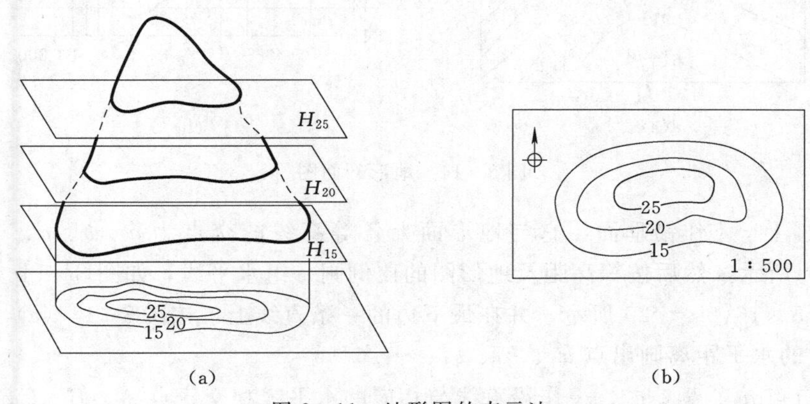

图 8-11 地形图的表示法

图 8-12（a）所示的地形面，粗看起来和图 8-11（b）相似，但等高线的高程却是外边高、中间低，所以它表示的不是小山丘，而是一凹地，如图 8-12（b）所示。

用这种方法表示地形面，能够清楚地反映出地面的形状、地势的起伏变化及坡向等。如图 8-13 中右方环状等高线中间高，四周低，表示一山头；右上角等高线较密集，平距小，表示地势陡峭；图的下方等高线平距较大，表示地势平坦，坡向是上边高下边低。

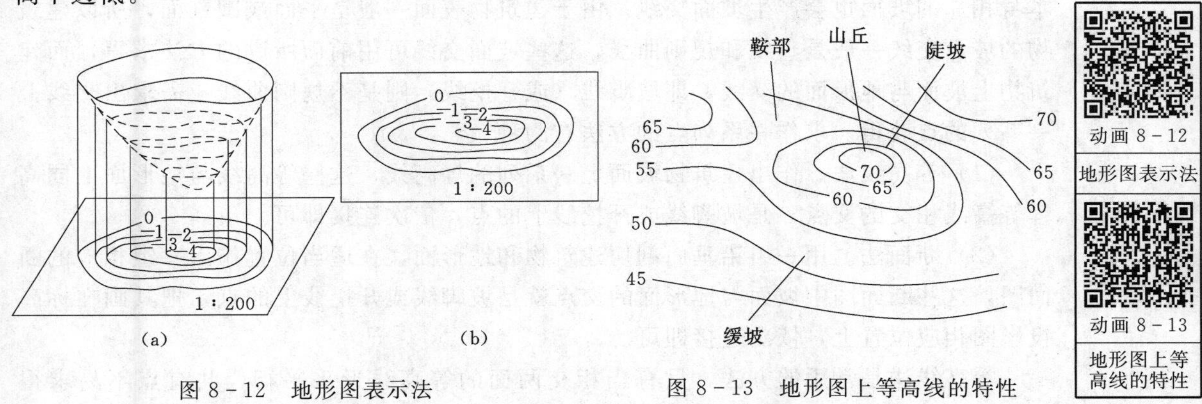

图 8-12 地形图表示法

图 8-13 地形图上等高线的特性

2. 地形断面图

用铅垂面剖切地形面，所得到的剖面形状称为地形剖面图。其作图方法如图8－14所示。

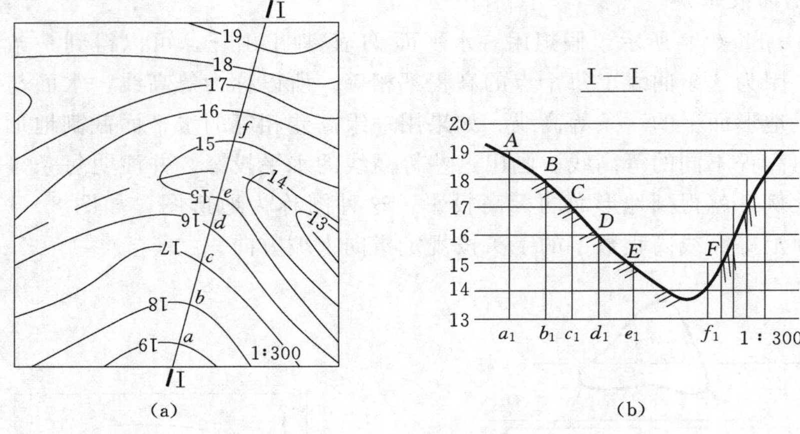

（a）　　　　（b）

图8－14　地形剖面图

（1）过Ⅰ—Ⅰ作铅垂面，它与地形面上各等高线的交点为a、b、c、…，如图8－14（a）所示，然后按等高距及地形图的比例画一组水平线，如图8－14（b）中的13、14、15、16、…、20所示，并在最下边的一条直线上，按图8－14（a）中a、b、c、…各点的水平距离画出点a_1、b_1、c_1、…。

（2）自点a_1、b_1、c_1、…作铅直线与相应的水平线相交于点A、B、C、…。

（3）光滑连接点A、B、C、…，并根据地质情况画上相应的剖面材料符号。注意：E、F两点按地形趋势连成曲线。

第三节　工程建筑物的交线

修建在地形面上的建筑物必然与地面产生交线，即坡脚线（或开挖线），建筑物本身相邻的坡面也会产生坡面交线。由于建筑物表面一般是平面或圆锥面，所以建筑物的坡面交线一般是直线和规则曲线，这些坡面交线可用前面所讲的方法求得，而建筑物上坡面与地形面的交线，即坡脚线（或开挖线）则是不规则曲线，需求出交线上一系列的点获得。求作一系列点的方法有两种。

（1）等高线法。作出建筑物坡面上一系列的等高线，这些等高线与地形面上同高程等高线相交的交点，是坡脚线或开挖线上的点，依次连接即可。

（2）断面法。用一组铅垂面剖切建筑物和地形面，在适当位置作出一组相应的断面图，这些断面图中坡面与地形面的交点就是坡脚线或开挖线上的点，把其画在标高投影图相应位置上，依次连接即可。

等高线法是常用的方法，只有当相交两面的等高线近乎平行，共有点不易求得时，才用断面法。下面举例说明地形面与建筑物交线的求作方法。

【例 8-4】 图 8-15（a）所示为坝址处的地形图和土坝的坝轴线位置，图 8-15（b）所示为土坝的最大横剖面，试完成该土坝的标高投影图，并作出 $A—A$ 剖面图。

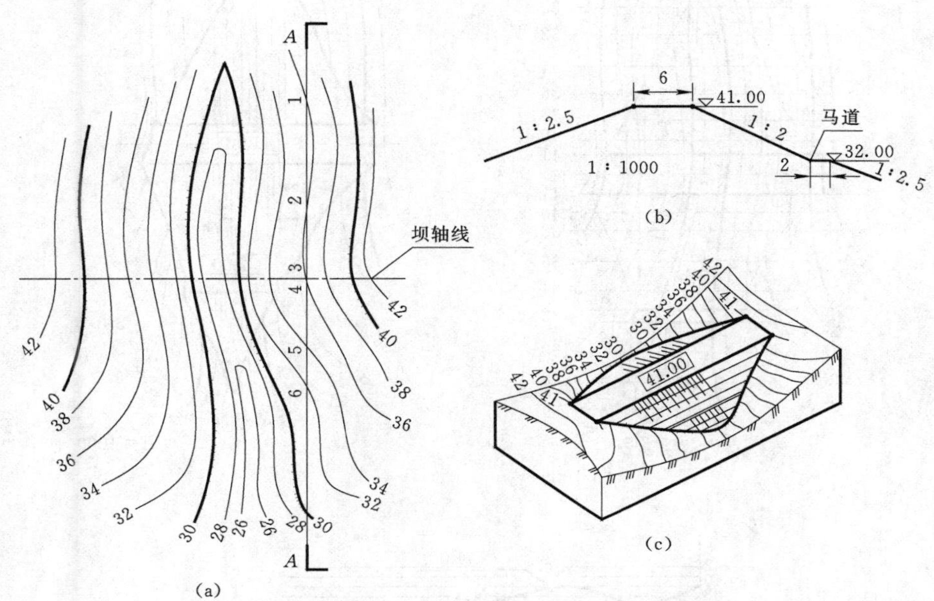

图 8-15 土坝标高投影的坡脚线和轴测图

【分析】 坝顶、马道以及上游坡面与地面都要产生交线，即坡脚线，这些交线均为不规则的曲线，如图 8-15（c）所示。要作出这些交线，应首先在地形图上作出土坝坝顶和马道的投影，然后求出土坝各面上等高线与同高程地面等高线的交点，依次连接这些交点即得坡脚线的标高投影。同时剖切地形面和土坝，作出相应的地形剖面图和土坝横剖面图即为 $A—A$ 剖面图。

【作图步骤】

（1）画出坝顶和马道投影。因为坝顶的高程为 41.00m，所以应先在地形图上插入一条高程为 41.00m 的等高线（图中用虚线表示），根据坝轴线的位置与土坝最大剖面中的坝顶宽度，画出坝投影，其边界线应画到与地面高程为 41.00m 的等高线相交处，下游马道的投影是从坝顶靠下游坡面的轮廓线沿坡度线向下量 $L=\Delta H\times l=(41-32)\times 2=18$（m），作坝轴线的平行线即为马道的内边线，再量取马道的宽度，画出外边线，即得马道的投影。同理，马道的边界线应画到与地面高为 32m 的等高线相交处，如图 8-16（a）所示。

（2）求土坝的坡脚线。土坝的坝顶和马道是水平面，它们与地面的交线是地面上高程为 41.00m、32.00m 的一段等高线；上下游坝坡与地面的交线是不规则曲线，应先求出坝坡上的各等高线，找到与同高程地面等高线的交点，连点即得坡脚线，如图 8-16（a）所示。

（3）画出坡面示坡线并标注各坡面坡度及水平面高程，即完成土坝的标高投影图，如图 8-16（b）所示。

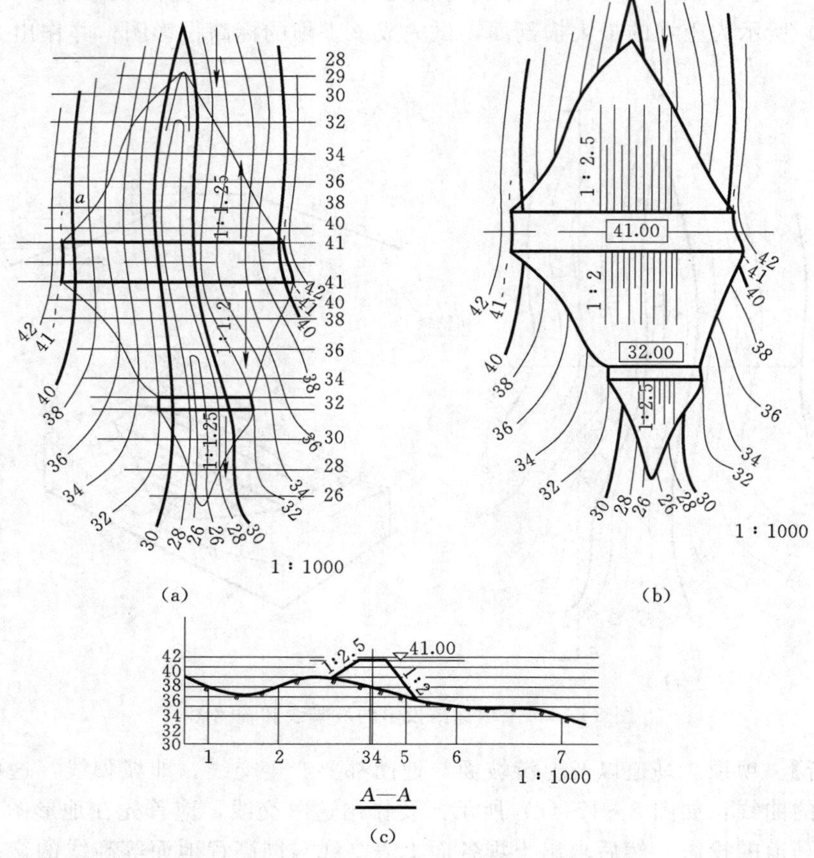

图 8-16 土坝标高投影和剖切面

(4) 作 A—A 剖面图。在适当位置作一直角坐标系，横轴表示各点水平距离，纵轴表示各点高程，将 A—A 剖切面与地形图和土坝各轮廓线的交点 1、2、3、…依次移到横轴上，并从各点作铅垂线，确定点Ⅰ、Ⅱ、Ⅲ、…的空间位置，连接各点（除Ⅲ点外）即得地形剖面图，然后以Ⅲ点为基准再画出土坝剖面图，即为 A—A 剖面图，如图 8-16（c）所示。

【例 8-5】 如图 8-17（a）所示，在地形面上修建一条道路，已知路面位置和道路填、挖方的标准剖面图，试完成道路的标高投影图。

【分析】 因该路面高程为 40.00m，所以地面高程高于 40.00m 的一端要挖方，低于 40.00m 的一端要填方，高程为 40.00m 的地形等高线是填、挖方分界线。道路两侧的直线段坡面为平面，其中间部分的弯道段边坡面为圆锥面，两者相切而连，无坡面交线。各坡面与地面的交线均为不规则的曲线。本例中西边有一段道路坡面上的等高线与地面上的部分等高线接近平行，不易求出共有点，这段交线用剖面法来求作比较合适。其他处交线仍用等高线法求作（也可用剖面法）。

【作图步骤】

(1) 求坡脚线。以高程为 40.00m 的地形等高线为界，填方两侧坡面包括一部分

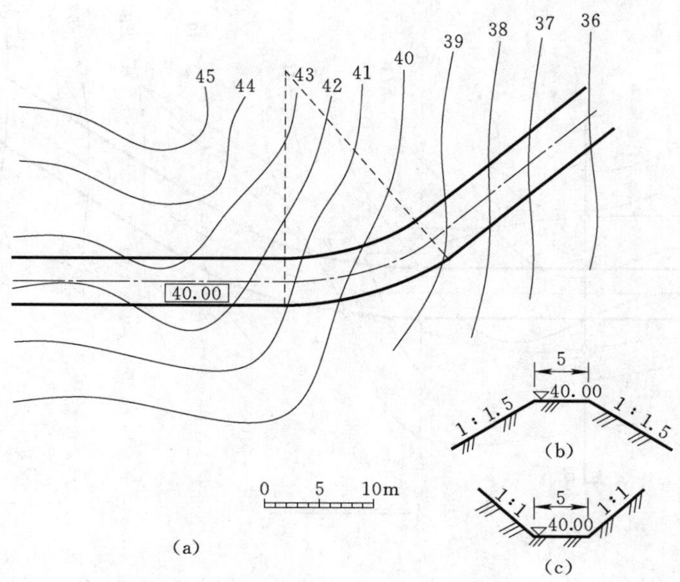

图 8-17　求作道路标高投影的已知条件

圆锥面和平面，根据填方坡度为 1∶1.5，即 l=1.5，求出各坡面上高程为 39.00m、38.00m、37.00m、…的等高线，连接它们与同高程地面等高线的交点，即得填方边界线，如图 8-18（a）所示。

（2）求开挖线。挖方两侧坡面包括一部分圆锥面和平面，根据挖方坡度 1∶1，即 l=1，圆锥面部分的开挖线可用等高线法直接求得；平面部分的开挖线用地形剖面法来求，作图方法是：在道路西边每隔一段距离作一剖切面，如 A—A、B—B。如图 8-18（b）所示，在图纸的适当位置用与地形图相同的比例作一组与地面等高线对应的高程线 37.00m、38.00m、39.00m、…、44.00m，并定出道路中心线，然后以此为基线画出地形剖面图；并按道路标准剖面图画出路面与边坡的剖面图，两者的交点即为挖方线上的点，将交点到中心线的距离返回到剖切面上，即得共有点投影，求出一系列共有点，连点即得开挖线。

（3）画出各坡面上的示坡线，加深后完成作图，如图 8-18（c）所示。

【复习思考题】

1. 标高投影是（　　）。

　A. 多面投影　　B. 单面正投影　　C. 平行投影　　D. 中心投影

2. 标高投影图的要素不包括（　　）。

　A. 水平投影　　B. 绘图比例　　C. 高程数值　　D. 高差数值

3. 水工图中的标高常用的基准面是（　　）。

　A. 青岛黄海海平面　　B. 东海海面

　C. 建筑物开挖面　　D. 自然地面

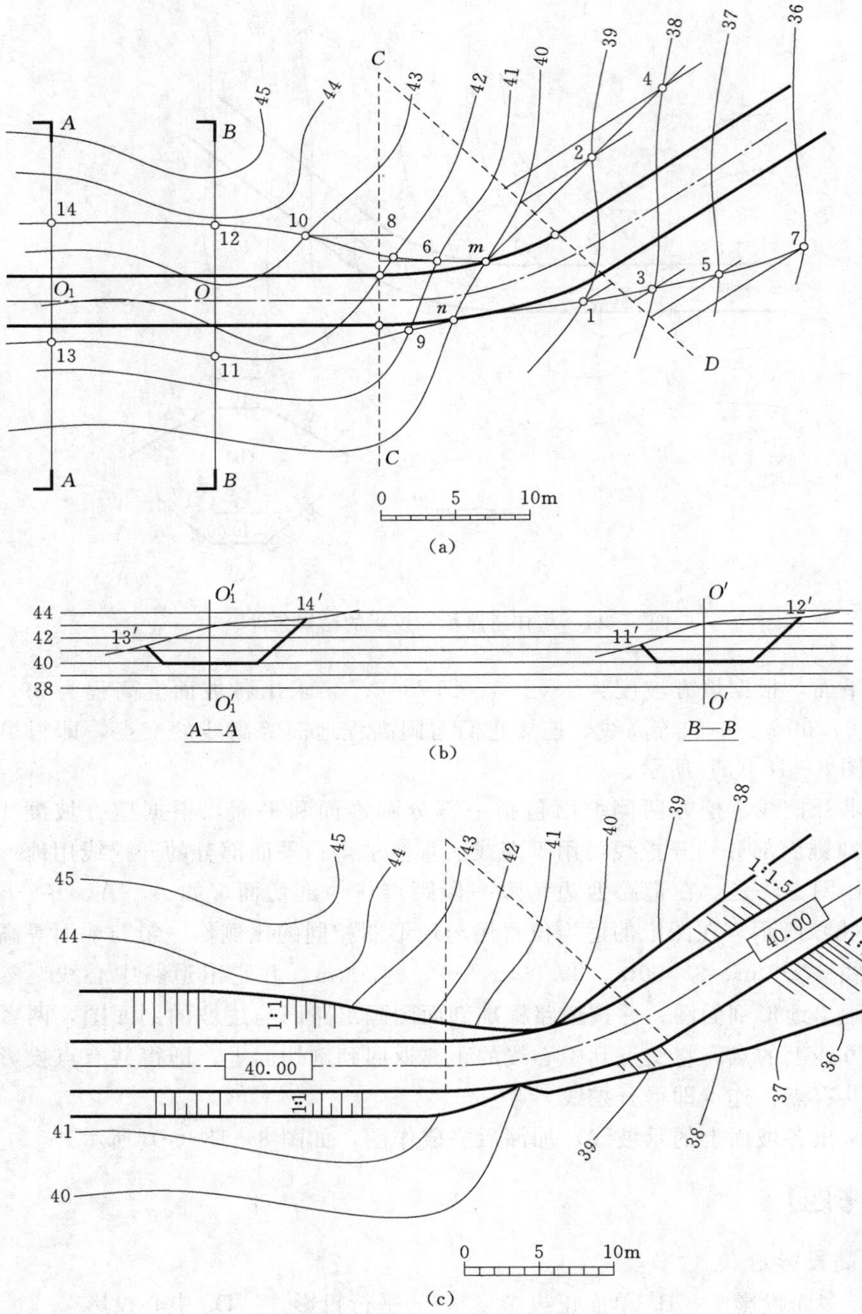

(a)

(b)

(c)

图 8-18 求作道路的标高投影图

4. 建筑物上相邻两坡面交线上的点是（　　）。

A. 不同高程等高线的交点　　B. 等高线与坡度线的交点

C. 同高程等高线的交点　　D. 坡度上的点

5. 已知直线上两点的高差是 3，两点间的水平投影长度是 9，该直线的平距为（ ）。

A. 1/3　　B. 3　　C. 9　　D. 1/9

6. 平面上的示坡线（ ）。

A. 与等高线平行　　B. 是一般位置线

C. 是正平线　　D. 与等高线垂直

7. 平面的坡度是指平面上（ ）。

A. 任意直线的坡度　　B. 边界线的坡度

C. 坡度线的坡度　　D. 最小坡度

8. 在标高投影中，两坡面坡度的箭头方向一致且互相平行，但坡度值不同，两坡面的交线（ ）。

A. 没有交线　　B. 是一条一般位置线

C. 是一条等高线　　D. 与坡度线平行

9. 在标高投影中，在空间平行的是（ ）。

A. 两平面坡度线投影互相平行

B. 两平面坡度值相同，坡度线投影平行

C. 两平面坡度值相同，坡度线投影平行，箭头方向相同

D. 两平面坡度值相同，坡度线投影平行，箭头方向相反

10. 圆锥面上等高线与素线的关系是（ ）。

A. 平行　　B. 相交　　C. 交叉　　D. 垂直相交

第三篇 专业图识图

第九章　水利工程图

【学习目的】 通过对本章知识的学习，培养学生识读水利工程专业图的能力。了解水利工程图的分类；掌握水利工程图的表达方法和尺寸注法；掌握水利工程图常见曲面的表达及应用；掌握水利工程图的绘制方法和步骤；掌握水利工程图的识读方法和步骤。

【学习要点】 水利工程图的表达方法和尺寸注法；水利工程图常见曲面的表达；水利工程图绘制的方法和步骤；识读水利工程图的方法和步骤。

【课程思政】 党的二十大报告提出：建设现代化产业体系，坚持把发展经济的着力点放在实体经济上，推进新型工业化，加快建设制造强国、质量强国。

水利工程图是表达水工建筑物的设计图样，它是反映设计思路、指导工程施工的重要技术资料。从大禹治水，到李冰修建都江堰，再到大运河的开凿，治水患、兴水利，治水传统与中华文明相伴相生。黄河小浪底、三峡工程、南水北调工程……一座座水利设施岿然屹立，构筑起跨越南北、互济东西的新水网。这些工程的建成和使用，是新中国创造的水利奇迹；这些国之重器，彰显着中国的大国实力。

为了发挥防洪、灌溉、发电和通航等综合效益，需要在河流上修建一系列建筑物来有效控制水流和泥沙。这些与水有密切关系的建筑物称为水工建筑物。一项水利工程，常从综合利用水资源出发，同时修建若干个不同类型、不同功能的水工建筑物，由多种水工建筑物组成的综合体称为水利枢纽。

水工建筑物按功能，通常分为以下几类：

（1）挡水建筑物。用以拦截河流，抬高上游水位，形成水库和落差。

（2）发电建筑物。利用上、下游水位差及流量进行发电的建筑物。

（3）泄水建筑物。用以宣泄洪水，以保证挡水建筑物和其他建筑物的安全。

（4）输水建筑物。为满足灌溉、发电、城市给水或工业给水等需要，将水从水源或某处送至另一处的建筑物。

（5）通航建筑物。用以克服水位差产生的通航障碍的建筑物。

在水利水电工程中，表达水工建筑物设计、施工和管理的工程图样称为水利工程图，简称水工图。水工图的内容包括水工图分类、视图、尺寸标注、图例符号和技术说明等，它是反映设计思想、指导工程施工的重要技术资料。本章将结合水工建筑物的特点介绍有关水工图的绘制和识读。

第一节　水工图的分类与特点

一、水工图的分类

水利工程的兴建一般需要经过勘测、规划、设计、施工和竣工验收等几个阶段，每个阶段都要绘制相应的图样。勘测、调查工作是为可行性研究、设计和施工收集资料提供依据，此阶段要画出地形图和工程地质图（由工程测量和工程地质课程介绍）等。可行性研究和初步设计的主要任务是确定工程的位置、规模、枢纽的布置及各建筑物的形式和主要尺寸，提出工程概算，报上级审批，此阶段要画出工程位置图（包括流域规划图、灌区规划图等）、枢纽布置图。技术设计和施工设计阶段是通过详细计算，准确地确定建筑物的结构尺寸和细部构造，确定施工方法、施工进度、编制工程预算等。此阶段要绘制建筑物结构图、构件配筋图、施工详图等，工程建设结束还要绘出竣工图。下面介绍几种主要的水工图样。

1. 规划图

规划图是表达水利资源综合开发全面规划意图的一种示意图。按照水利工程的范围大小，规划图有流域规划图、水利资源综合利用规划图、灌区规划图和行政区域规划图等。

规划图通常绘制在地形图上，采用符号图例示意的方式反映出工程的整体布局、拟建工程的类别、位置和受益面积等内容。图 9-1 所示为某河流域规划图，此图是乌江的一条支流，在该河流上拟建 6 个水电站。规划图表示范围大，图形比例小，一般采用比例为 1：5000～1：10000 甚至更小。

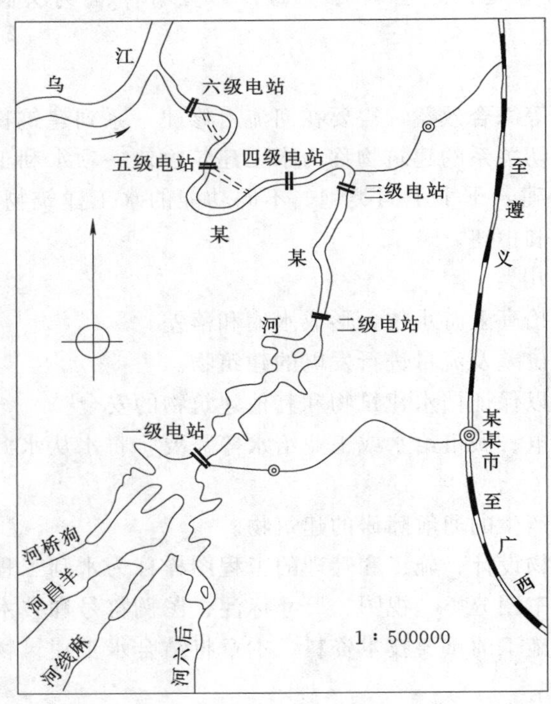

图 9-1　某河流域规划图

2. 枢纽布置图

将整个水利枢纽的主要建筑物的平面图形画在地形图上，这样的图形称为水利枢纽布置图。枢纽布置图可以单独画在一张图纸上，也可以和立面图等配合画在一张图纸上，如图 9-2 所示。枢纽布置图一般包括以下内容：

（1）水利枢纽所在地区的地形、河流及流向、地理方位（指北针）等。

（2）各建筑物的平面形状、相应位置关系。

（3）建筑物与地面的交线、填挖方坡边线。

（4）建筑物的主要高程和主要轮

廓尺寸。

为了使主次分明，结构上的次要轮廓线和细部构造一般省去不画，或用示意图表达它们的位置、种类，图中尺寸一般只标注建筑物的外形轮廓尺寸和定位尺寸、主要部位的标高、填挖方坡度等。所以枢纽布置图主要用来表明各建筑物的平面布置情况，作为各建筑物的施工放样、土石方施工及绘制施工总平面图的依据等。

3. 建筑物结构图

建筑物结构图是以枢纽中某一建筑物为对象的工程图样，包括结构平面布置图、剖面图、分部和细部构造图、混凝土结构图和钢筋图等。主要用来表达水利枢纽中单个建筑物的形状、大小、结构和材料等内容，如图 9－35 所示的水闸结构图。

4. 施工图

施工图是按照设计要求，用于指导施工所画的图样。主要表达施工过程中的施工组织、施工程序和施工方法等。

5. 竣工图

工程完工验收后要绘出完整反映工程全貌的图样，称为竣工图。竣工图详细记载着建筑物在施工过程中经过修改后的有关情况，以便汇集资料、交流经验、存档查阅及供工程管理之用。

二、水工图的特点

水工图的绘制，除遵循制图基本原理外，还根据水工建筑物的特点制定了一系列的表达方法，综合起来水工图有以下特点：

（1）比例小。水工建筑物形体庞大，画图时常用缩小的比例。特殊情况下，当水平方向和铅垂方向尺寸相差较大时，允许在同一个视图中的铅垂和水平两个方向采用不同的比例。

（2）详图多。因画图所采用的比例小，细部结构不易表达清楚。为了弥补以上缺陷，水工图中常采用较多的详图来表达建筑物的细部结构。

（3）断面图多。为了表达建筑物各部分的断面形状及建筑材料，便于施工放样，水工图中断面图应用较多。

（4）图例符号多。水工图的整体布局与局部结构尺寸相差较大，所以在水工图中经常采用图例、符号等特殊表达方法及文字说明。

（5）考虑水的影响。水工建筑物总是与水密切相关，因此水工图的绘制应考虑到水的问题，如挡水建筑物应表明水流方向和上、下游特征水位。

（6）考虑土的影响。由于水工建筑物直接修筑在地面上，所以必须表达建筑物与地面的连接关系。

第二节　水工图的表达方法

学习水工图必须掌握水工图的表达方法。前面介绍的工程形体表达方法都适用于表达水工建筑物，这里只进一步阐述和补充水工图表达的一些特点。水工图的表达方法分为两类，即基本表达方法和特殊表达方法。

一、基本表达方法

（一）视图的名称和作用

1. 平面图

在水工图中，平面图（即俯视图）是基本视图。平面图分表达单个建筑物的平面图及表达水利枢纽的总平面图（枢纽布置图）。表达单个建筑物的平面图主要表明建筑物的平面布置，水平投影的形状、大小及各部分的相互位置关系、主要部位的标高等。

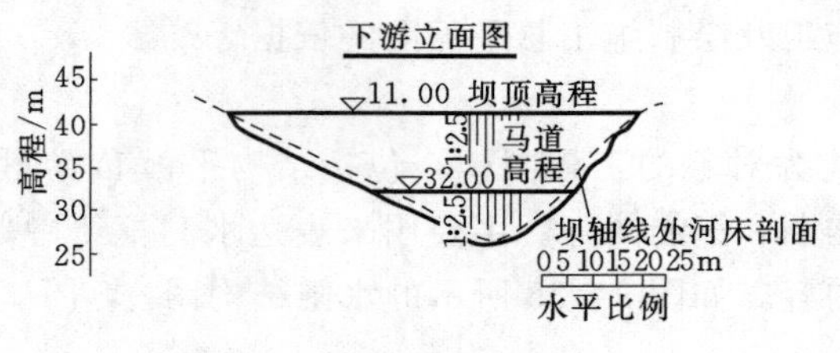

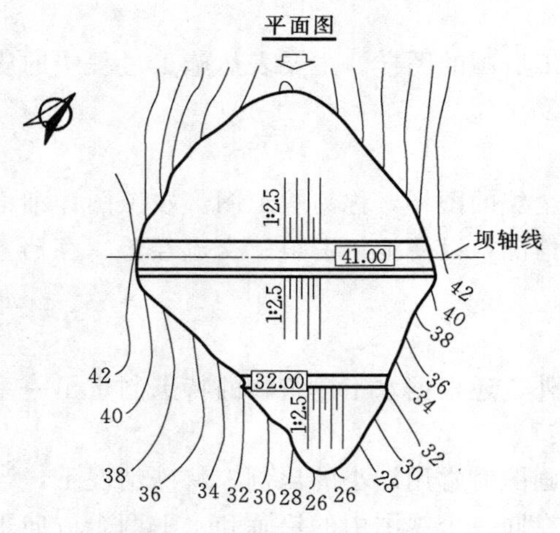

图 9-2 平面图和立面图

平面图的布置与水有关：对于挡水坝、水电站等挡水建筑物的平面图把水流方向选为自上向下，用箭头表示水流方向，如图 9-2 所示；对于过水建筑物（水闸、渡槽、涵洞等）则把水流方向选作自左向右。根据《水利水电工程制图标准》（SL 73.1—2013）规定：视向顺水流方向观察建筑物，建筑物左边为河流左岸，右边为河流右岸。

图样中表示水流方向的符号，根据需要可按图 9-3 所示的 3 种形式绘制。枢纽布置图中的指北针符号，根据需要可按图 9-4 所示的两种形式绘制，其位置一般画在图形的左上角，必要时也可以画在右上角，箭头指向正北方向。图 9-4 中 B 值根据需要自定。

2. 立面图

表达建筑物的各个立面的视图称为立面图（即正、左、右、后视图）。水工图中立面图的名称与水流有关，视向顺水流方向观察建筑物所得的视图称为上游立面图；视向逆水流方向观察建筑物所得的视图称为下游立面图。立面图主要表达建筑物的外部形状，上、下游立面的布置情况等，如图 9-2 所示的下游立面图。

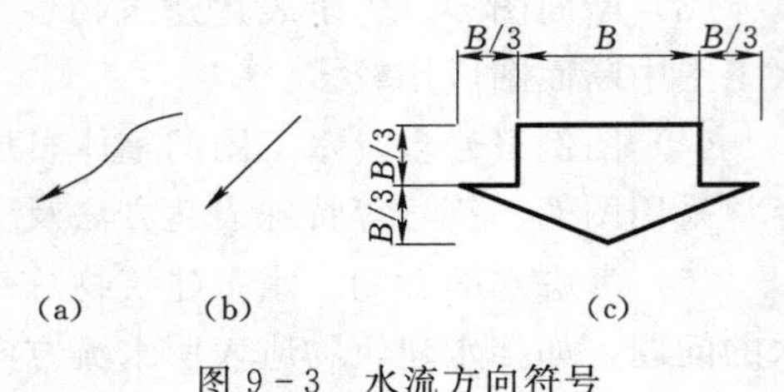

图 9-3 水流方向符号

3. 剖视图

在水工图中，剖切平面平行于建筑物轴线或顺河流流向时所得的视图，称为纵剖视图，如图 9-9 中 $A—A$ 所示。剖切平面垂直于建筑物轴线或河流流向时所得的视图，称为横剖视图，如图 9-9 中 $B—B$ 和 $C—C$ 所示。剖视图主要表达建筑物的内部结构形状及相对位置关系，表达建筑物的高度尺寸及特征水位，表达地形、地质情况及建筑材料。

4. 剖（断）面图

剖面图表达建筑物组成部分的断面形状及建筑材料，土石坝剖面图中筑坝材料的分区线应用中粗实线绘制并注明各区材料名称，当不影响表达设计意图时可不画剖面材料图例，如图 9-5、图 9-6 土坝横断面图所示。

5. 详图

将物体的部分结构用大于原图形所采用的比例画出的图形称为详图。详图一般应标注，其形式为：在被放大部分处用细实线画小圆圈，标注字母。详图用相同的字母标注其图名，并注写比例，如图 9-7 所示。详图可以画成视图、剖视图、剖面图，它与被放大部分的表达方式无关。必要时，详图可用一组（两个或两个以上）视图来表达同一个被放大部分的结构。

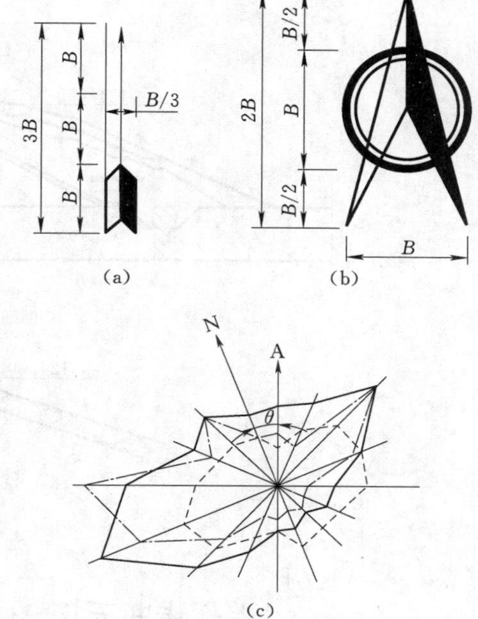

图 9-4 指北针符号的画法

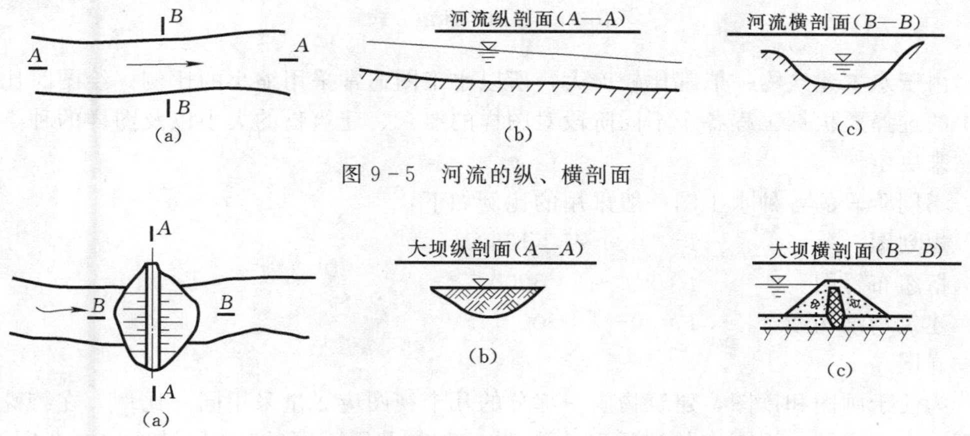

图 9-5 河流的纵、横剖面

图 9-6 建筑物的纵、横剖面

（二）视图配置和标注

表达建筑物的一组视图应尽可能按投影关系配置。由于水工建筑物的大小不同，有时为了合理利用图纸，允许将某些视图不按投影关系配置，而是将其配置在图幅的合适位置，对于大而复杂的建筑物，可以将某一视图单独画在一张图纸上。

为了读图方便，每个视图一般均应标注图名，图名统一注写在视图的正上方，并在图名的下边画一条粗实线，长度以图名长度为准。

当整张图只使用一种比例时，比例统一注写在标题栏内；否则，应逐一标注。比例的字高应比图名的字高小 1～2 号。具体标注方式如图 9-8 所示。

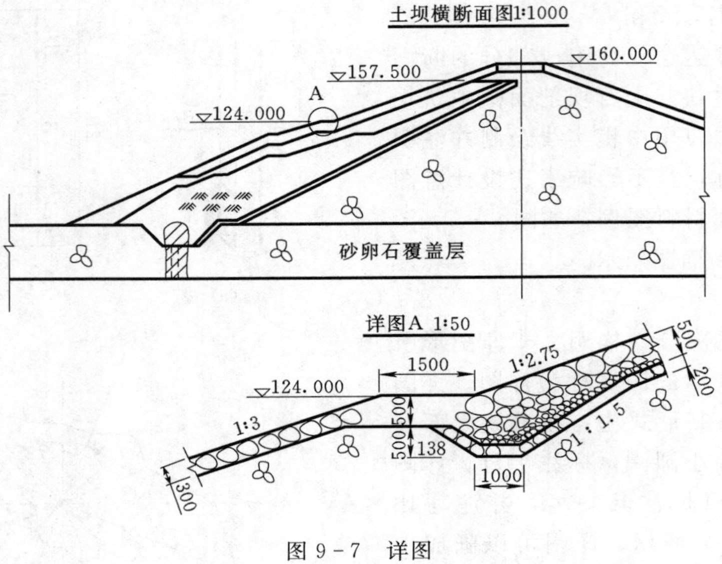

图 9-7　详图

土坝横断面图 1:1000　或　详图A
1:50

图 9-8　图名标注方式

由于水工建筑物一般都比较庞大，所以水工图通常采用缩小的比例。绘图时比例大小的选择要根据工程各个不同阶段对图样的要求、建筑物的大小以及图样的种类和用途来决定。

不同阶段的各种水工图一般采用的比例如下：

规划图　　1：2000～1：10000

枢纽布置图　　1：200～1：5000

建筑物结构图　　1：50～1：500

详图　　1：5～1：50

为便于画图和读图，建筑物同一部分的几个视图应尽量采用同一比例。在特殊情况下，允许在同一视图中的铅垂和水平两个方向采用不同的比例。如图 9-2 所示，土坝长度和高度两个方向的尺寸相差较大，所以在下游立面图中，其高度方向采用的比例较长度方向大。但这种视图不能反映建筑物的真实形状。

二、特殊表达方法

1. 合成视图

对称或基本对称的图形，可将两个视向相反的视图（或剖视图或剖面图）各画一半，并用点画线为界合成一个图形，分别注写相应的图名，这样的图形称为合成视图，图 9-9 所示为 *B*—*B* 和 *C*—*C* 合成的剖视图。

2. 拆卸画法

当视图（或剖视图）中所要表达的结构被另外的结构或填土遮挡时，可假想将其

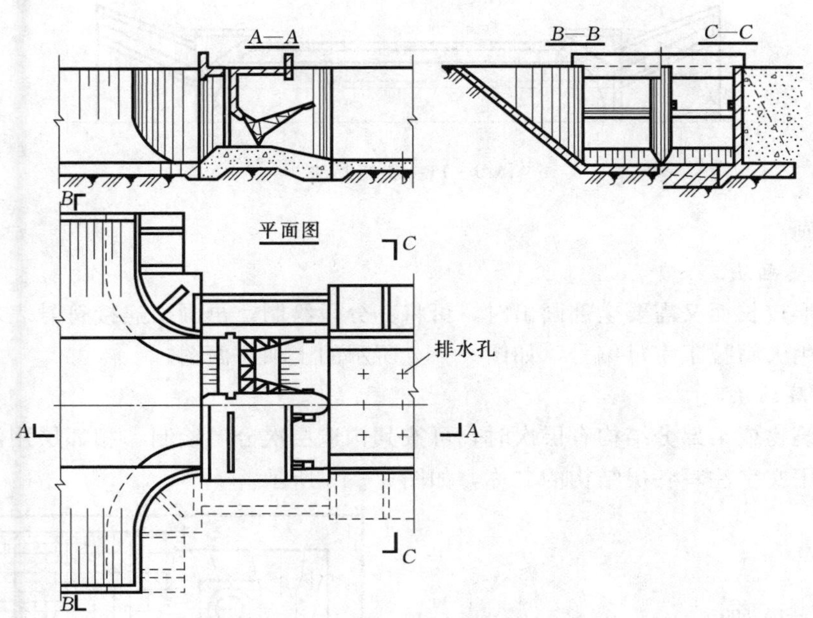

图 9-9 合成视图、拆卸画法与简化画法

拆掉或掀去，然后再进行投影。如图 9-9 所示，平面图中对称线前半部分将桥面板拆卸，翼墙及岸墙后回填土掀掉后绘制图，因此，翼墙与岸墙背水面轮廓可见，轮廓虚线变成实线。

3. *简化画法*

对于图样中的一些细小结构，当其成规律地分布时，可以简化绘制，如图 9-9 中的排水孔。

图样中的某些设备（如闸门启闭机、发电机、水轮机调速器、桥式起重机）可以简化绘制。

4. *展开画法*

当构件或建筑物的轴线（或中心线）为曲线时，可以将曲线展开成直线后，绘制成视图（或剖视或剖面）。这时，应在图名后注写“展开”二字，或写成“展视图”，如图 9-10 所示。

图 9-10 展开画法

5. *省略画法*

当图形对称时，可以只画对称的一半，或只画对称的 1/4，但必须在对称线上加注对称符号。对称符号的画法如图 9-11 所示。

在不影响图样表达的情况下，根据不同设计阶段和实际需要，视图和剖视图中某些次要结构和附属设备因属外部构件或另有图纸表达，在建筑物结构图中可简化绘制

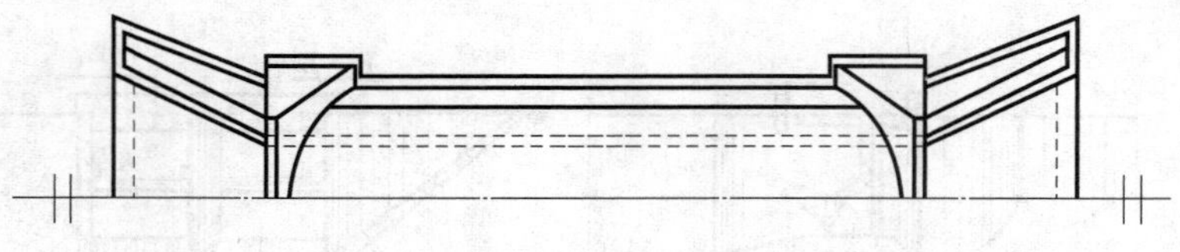

图 9-11　省略画法

或省略不画。

6. 连接画法

当图形较长而又需要全部画出时，可将其分段绘制，再画出连接符号表示相连的关系，并用大写拉丁字母编号，如图 9-12 所示的土坝立面图。

7. 分层画法

当建筑物或某部分结构有层次时，可按其构造层次分层绘制，相邻层用波浪线分界，并且用文字注写各层结构的名称，如图 9-13 所示。

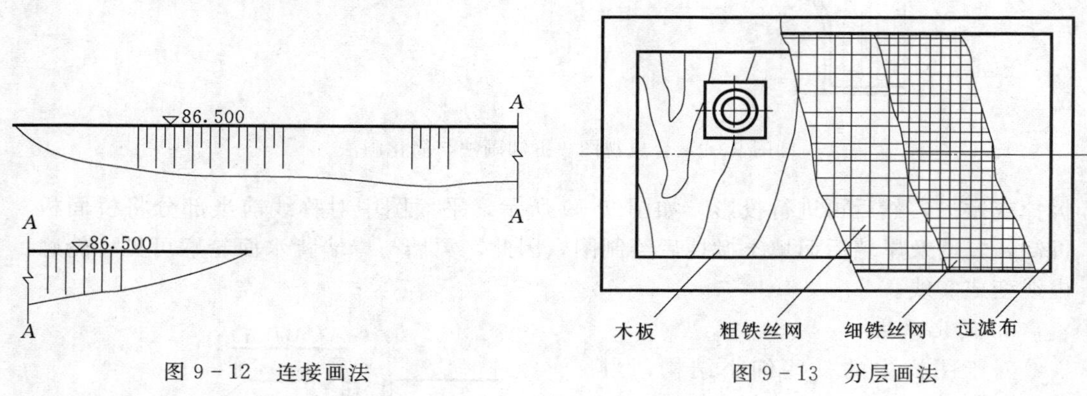

图 9-12　连接画法

图 9-13　分层画法

8. 缝线的画法

在绘制水工图时，为了清晰地表达建筑物中的各种缝线，如伸缩缝、沉陷缝、施工缝和材料分界缝等，无论缝线两边的表面是否在同一平面内，在绘图时这些缝线均按轮廓线处理，规定用粗实线绘制，如图 9-14 所示。

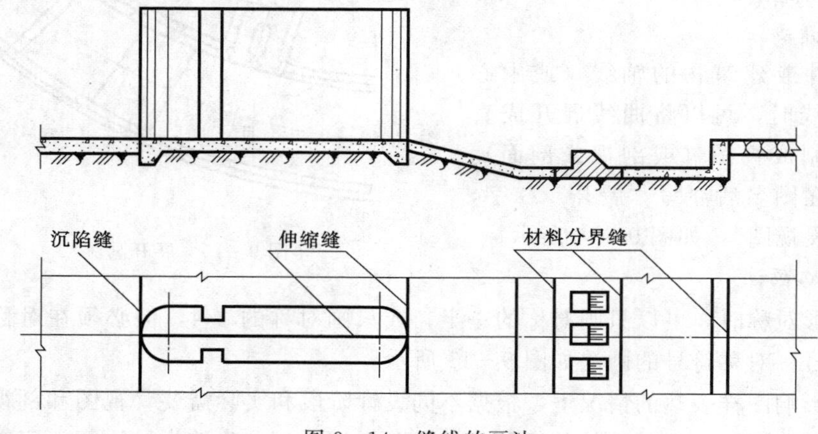

图 9-14　缝线的画法

9. 示意画法

在规划示意图中，各种建筑物是采用符号和平面图例在图中相应部位示意表示。这种画法虽然不能表示结构的详细情况，但能表示出它的位置、类型和作用。常见的水工建筑物平面图例如表 9-1 所列。

表 9-1　　常见水工建筑物平面图例

符号	名称		图例
1	水库	大型	
		小型	
2	混凝土坝		
3	土石坝		
4	水闸		
5	水电站	大比例尺	
		小比例尺	
6	变电站		
7	渡槽		
8	隧洞		
9	涵洞		（大） （小）
10	虹吸		（大） （小）
11	跌水		
12	斗门		
13	泵站		
14	暗沟		
15	渠		
16	船闸		
17	升船机		
18	码头	栈桥式	
		浮式	
19	溢洪道		
20	堤		
21	护岸		
22	挡土墙		
23	防浪堤	直墙式	
		斜坡式	
24	明沟		

第三节 常见水工曲面表示法

一、常见曲面的形成与表示方法

曲面的作用：使水流平顺，改善建筑物受力条件。

常见曲面：柱面、锥面、渐变面、扭面。

形成：由直线或曲线运动形成。

构成要素：母线、素线、定点、导线、导面。

可分为：直线面，即由直线作母线运动形成的曲面；曲线面，即由曲线作母线运动形成的曲面。

曲面的表示法：应画出曲面的母线、导线、导面的投影，还画出曲面的投影外形轮廓线及若干条素线，如图 9-15 所示。

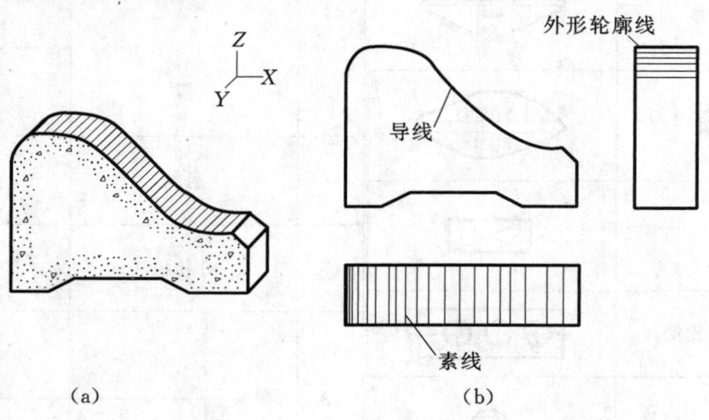

图 9-15　曲面表示法

二、柱面和锥面的形成和表示方法

1. 柱面

(1) 形成：直母线沿曲导线运动，运动中始终平行于一条直线所形成的曲面。

(2) 分类：柱面可分为圆柱面和椭圆柱面。

在水工图中，常在柱面上加绘素线。这种素线应根据其正投影特征画出。假定圆柱轴线平行于正面，若选择均匀分布在圆柱面上的素线，则正面投影中，素线的间距是疏密不匀的；越靠近轮廓素线越稠密，越靠近轴线素线越稀疏。

有些建筑物上常采用斜椭圆柱面，其投影如图 9-16 所示。

2. 锥面

(1) 形成：直母线沿曲导线运动，运动中始终通过一定点所形成的曲面。

(2) 分类：锥面可分为圆锥面和椭圆锥面。

在圆锥面上加绘示坡线或素线时，其示坡线或素线一定要经过圆锥顶点投影，如图 9-17 所示。工程图实例如图 9-19 所示。

工程上还常常采用斜椭圆锥面，如图 9-18 (a) 所示，O 为底圆周中心，S 为圆锥顶点，圆心连 SO 倾斜于底面。图 9-18 (b) 所示的正视图和左视图都是三角形，

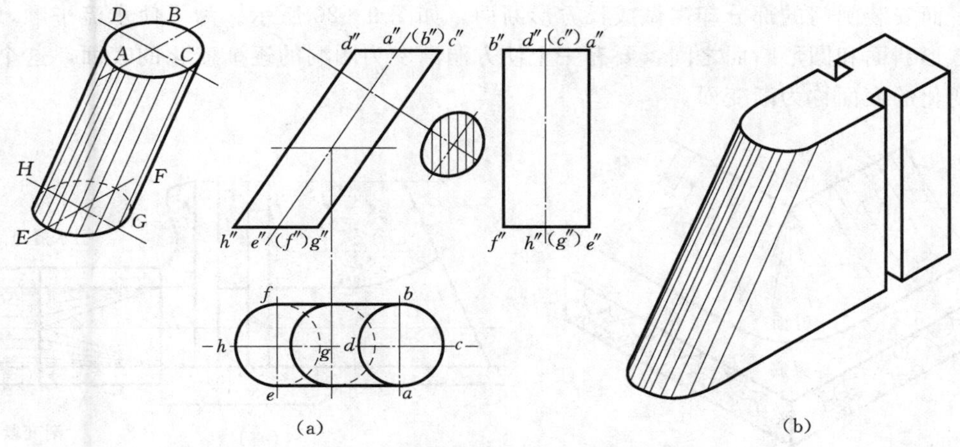

图 9-16 斜椭圆柱面投影及工程实例

其两腰是斜椭圆锥轮廓素线的投影，三角形的底边是斜椭圆锥底面的投影，具有积聚性。

俯视图是一个圆及与圆相切的相交两直线段，圆周反映斜椭圆锥底面的实形，相交两直线是俯视方向的轮廓素线的投影。

若用平行于斜椭圆锥底面的平面 P_V 截断斜椭圆锥，则截交线为一个圆，俯视图上反映截交线圆的实形，如图 9-18（c）所示。

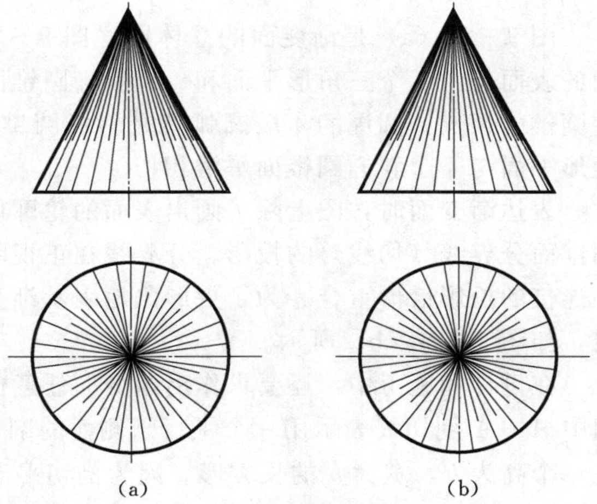

图 9-17 圆锥面的示坡线和素线的画法

(a) 示坡线；(b) 素线

三、渐变面的形成和表示方法

在水利工程中，很多地方要用到引水隧洞，隧洞的断面一般是圆形

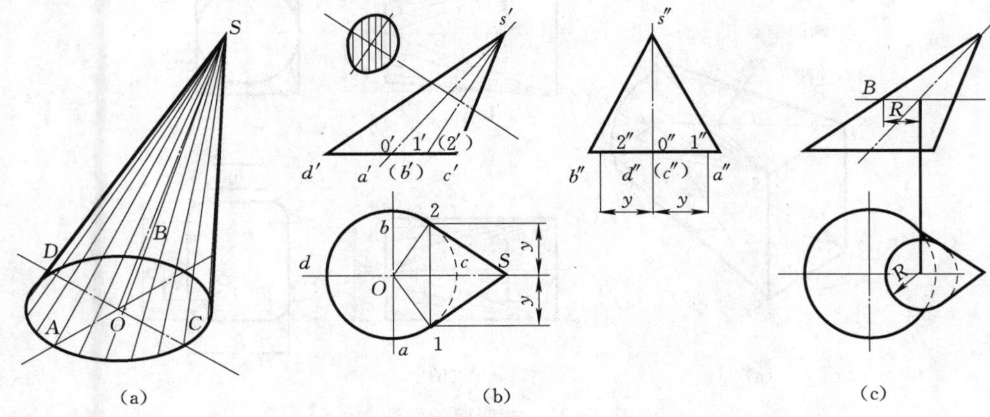

图 9-18 斜椭圆锥面的形成和素线的画法

的，而安装闸门的部分却需做成长方形断面，如图 9－20 所示。为了使水流平顺，在长方形断面和圆形断面之间，要有一个使方洞渐变为圆洞的逐渐变化的表面，这个逐渐变化的表面称为渐变面。

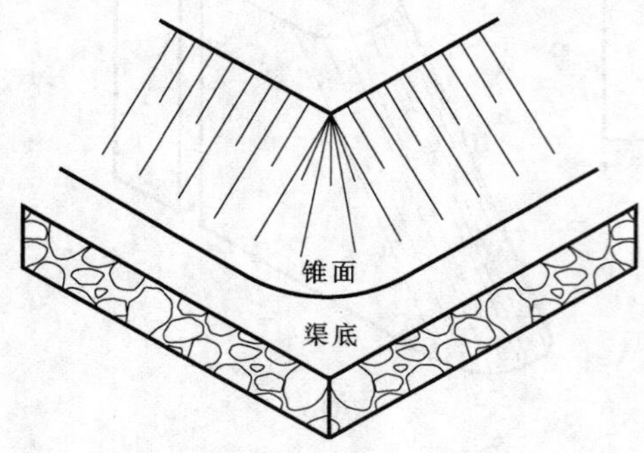

图 9－19 圆锥面工程图实例

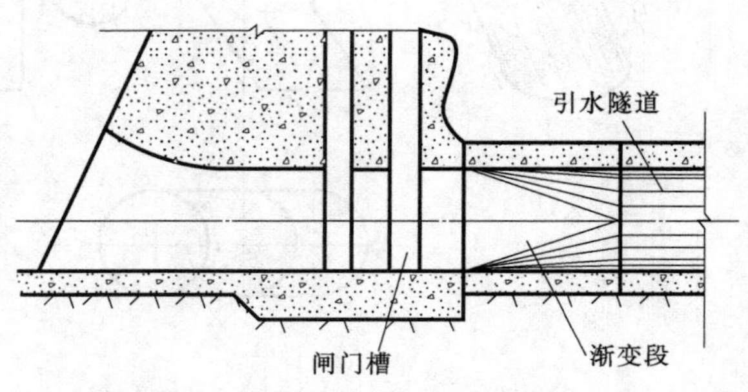

图 9－20 引水隧洞局部剖面图

图 9－21（a）是渐变面的立体图；图 9－21（b）所示为渐变面的断面图。渐变面的表面是由 4 个三角形平面和 4 个斜椭圆锥面组成。长方形的 4 个顶点就是 4 个斜椭圆锥的顶点，圆周的 4 段圆弧就是斜椭圆锥的底圆（底圆平面平行侧面）。4 个三角形平面与 4 个斜椭圆锥面平滑相切。

表达渐变面时，图上除了画出表面的轮廓形状外，还要用细实线画出平面与斜椭圆锥面分界线（切线）的投影。分界线在正视图和俯视图上的投影是与斜椭圆锥的圆心连接的投影恰恰重合。为了更形象地表示渐变面，3 个视图的锥面部分还需画出素线，如图 9－21（b）所示。

在设计和施工中，还要求作出渐变面任意位置的断面图。图 9－21（b）所示正视图中 $A—A$ 剖切线表示用一个平行于侧面的剖切平面截断渐变面。断面图的基本形状是一个高为 h，宽为 b 的长方形。因为剖切平面截断 4 个斜椭圆锥面，所以断面图的

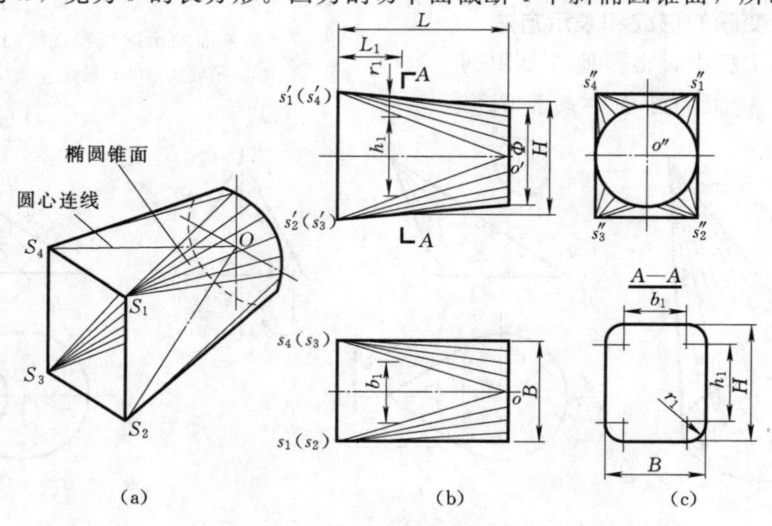

图 9－21 渐变面的画法

（a）立体图；（b）三视图；（c）断面图

4 个角不是直角而是圆弧。圆弧的圆心位置就在截平面与圆心连线的交点上，因此，圆弧的半径可由 A—A 截断素线处量得，其值为 r_1，如图 9－21（b）中的正视图所示。将 4 个角圆弧画出后，即得 A—A 断面图，如图 9－21（b）所示。必须注意，不要把此图看成是一个面，而应把它看作是一个封闭的线框。断面的高度 h 和角弧的半径 r_1 的大小是随 A—A 剖切线的位置而定，越靠近圆形，h 越小、r_1 越大。

四、扭面的形成和表示方法

某些水工建筑物（如水闸、渡槽等）的过水部分的断面是矩形，而渠道的断面一般为梯形，为了使水流平顺，由梯形断面变为矩形断面需要一个过渡段，即在倾斜面和铅垂面之间，要有一个过渡面来连接，这个过渡面一般用扭面，如图 9－22（a）所示。

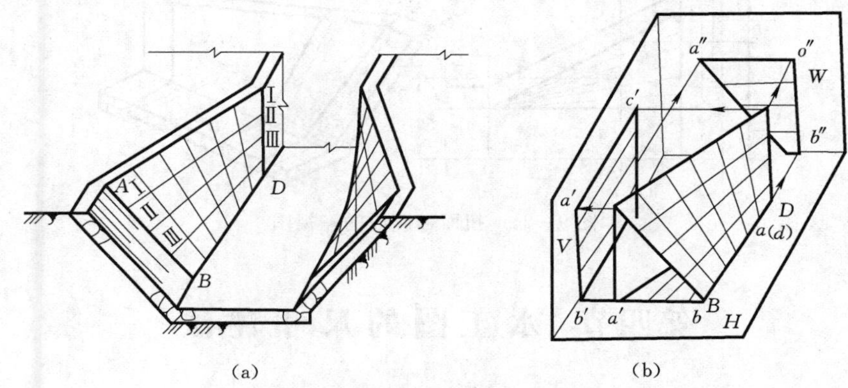

图 9－22 扭面的应用和形成

扭面 $ABCD$ 可看作是由一条直母线 AC 沿交叉两直线 AB 和 CD 移动，并始终平行于 H 面（导平面），这样形成的曲面称为扭面，又称为双面抛物面，如图 9－22（b）所示。

扭面 $ABCD$ 也可以把一条直母线 AB 沿交叉线两直线 AC 和 BD 移动，并始终平行于 W 面（导平面），这样也可以形成与上述同样的扭面。

在扭面形成的过程中，母线运动时的每一个具体位置称为扭面的素线。同一个扭面可以有两种方式形成，因此，也就有两组素线，如图 9－23 所示。

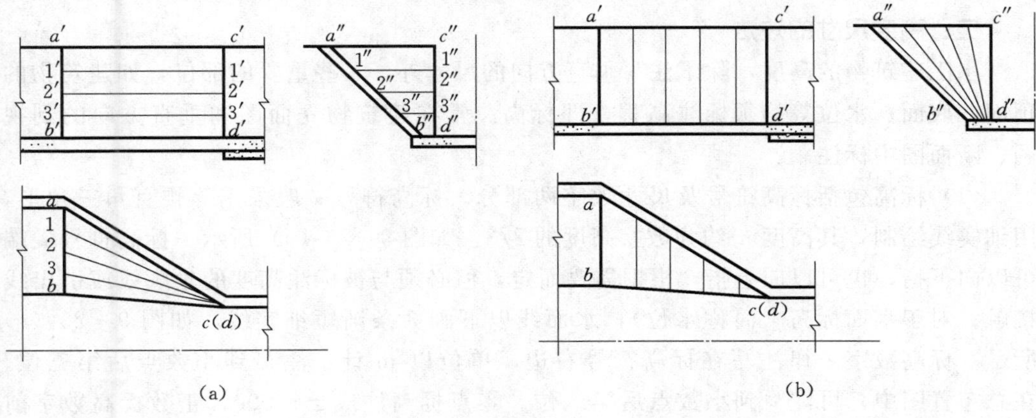

图 9－23 扭面的画法

扭面的正视图为一长方形，其俯视图和左视图均为三角形（也可能是梯形），如图 9-24 所示。在三角形内应画出素线的投影，在俯视图中画水平素线的投影，而在左视图中则画出侧平素线的投影，这是两组不同方向的素线。这样画出的素线的投影都形成放射状，这些素线的投影可等分两端的导线画出，使分布均匀。

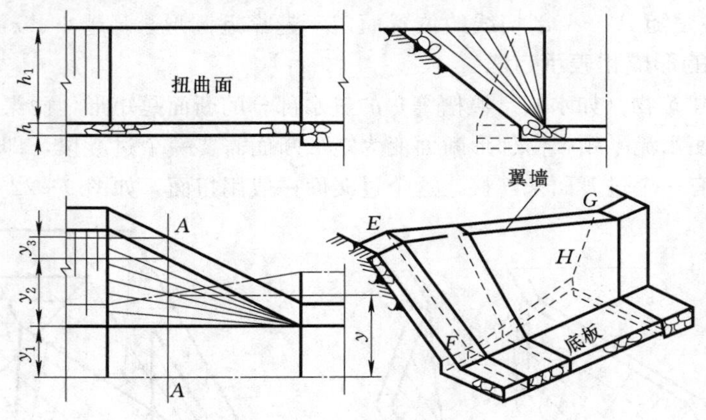

图 9-24 扭面过渡段的三视图

第四节 水工图的尺寸注法

水工图中的尺寸是建筑物施工的依据。前面有关章节详细介绍的尺寸标注的基本规则和方法，在水工图中仍然适用。本节将根据水工建筑物的特点及设计和施工的要求，介绍水工图尺寸基准的确定和有关尺寸的标注方法。

一、一般规定

（1）水工图中的尺寸单位，流域规划图以 km 计，标高、桩号、总平面布置图以 m 计，其余尺寸均以 mm 计。若采用其他尺寸单位，则必须在图样中加以说明。

（2）水工图中尺寸标注的详细程度，应根据设计阶段的不同和图样表达内容的不同而定。

二、高度尺寸的注法

水工建筑物的高度，除了注写垂直方向的尺寸外，一些重要的部位，如建筑物的顶面、底面、水位等均须标注高程，即标高。常在建筑物立面图和垂直方向的剖视图、断面图中标注。

（1）标高包括标高符号及尺寸数字两部分。标高符号一般采用等腰直角三角形，用细实线绘制，其高度 h 约为数字高度的 2/3，如图 9-25（a）所示。标高符号尖端可以向下指，也可以向上指，根据需要而定，但必须与被标注高度的轮廓线或引出线接触。对于水面标高（简称水位），水面线以下画 3 条渐短细实线，如图 9-25（c）所示。标高数字一律注写在标高符号右边，单位以 m 计，注写到小数点后第三位。在总布置图中，可注写到小数点后第二位。零点标高注成±0.000，正数标高数字前一律不加“＋”号，负数标高数字前必须加注“－”号，如－1.500m。

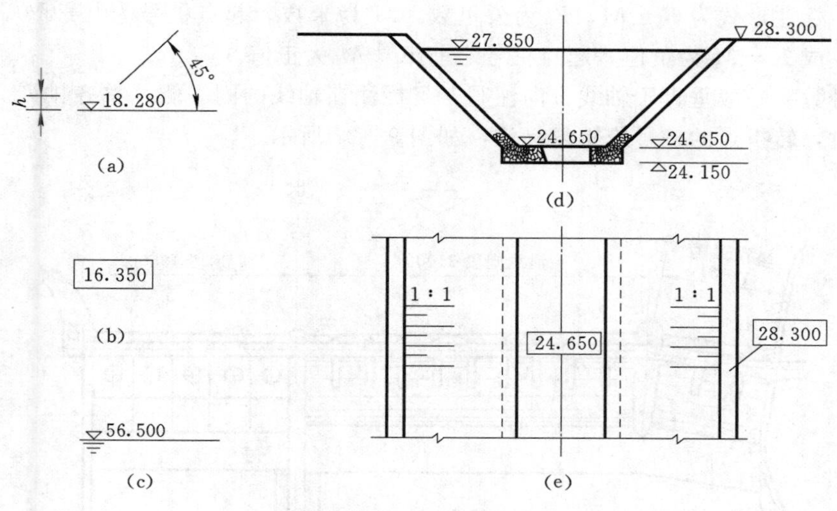

图 9-25 标高注法

(2) 在平面图中，高程符号为细实线矩形线框，矩形线框的长、宽比约为 2∶1，在其内注写标高数字，其形式如图 9-25（b）所示。

(3) 高程基准与测量基准一致，高度尺寸的基准可采用主要设计高程为基准，或按施工要求选取，一般采用建筑物的底面为基准，仍采用标注高度的方法标注，如图 9-25（d）、(e) 所示。

三、平面尺寸的注法

水工建筑物建造在地面，通常是根据测量坐标系来确定各个建筑物在地面上的位置。这里主要介绍平面布置图中的尺寸基准。

水利枢纽中各个水工建筑物在地面上的位置是以所选定的基准点或基准线进行放样定位的，基准点的平面位置是根据测量坐标来确定的，两个基准点相连即确定了基准线的平面位置。在图 9-26 所示的平面布置图中，坝轴线的位置是由坝端两个基准点的测量坐标来确定的，坝轴线的走向用方位角表示。

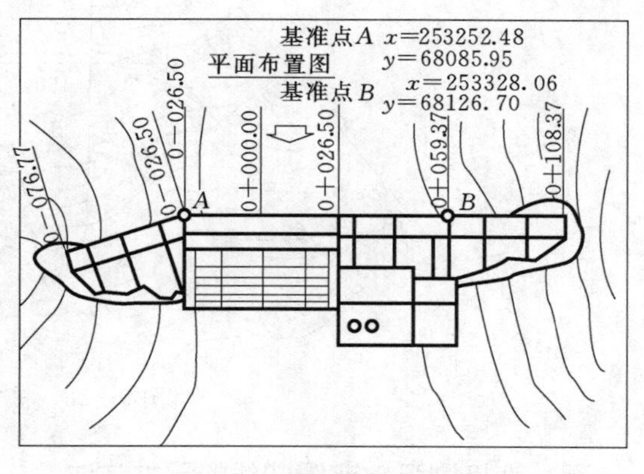

图 9-26 平面尺寸注法

建筑物在长度或宽度方向若为对称形状，则以对称轴线为尺寸基准。如图 9-36 所示，进水闸平面图的宽度尺寸就是以对称轴线为基准的。若建筑物某一方向无对称轴线时，则以建筑物的主要结构端面为基准，图 9-36 所示进水闸的长度尺寸则以闸室溢流底槛上游端面为基准之一。

四、长度尺寸的注法

对于坝、隧洞、渠道等较长的水工建筑物，沿轴线的长度方向一般采用“桩号”

的注法，标注形式为 $K \pm M$，K 为公里数，M 为米数。起点桩号为 0+000，起点桩号之前注成 $K - M$ 为负值，起点桩号之前 $K + M$ 为正值。

桩号数字一般垂直于轴线方向注写，且标注在轴线的同一侧，整齐排列。当轴线为折线时，转折点的桩号应重复标注，如图 9－27 所示。

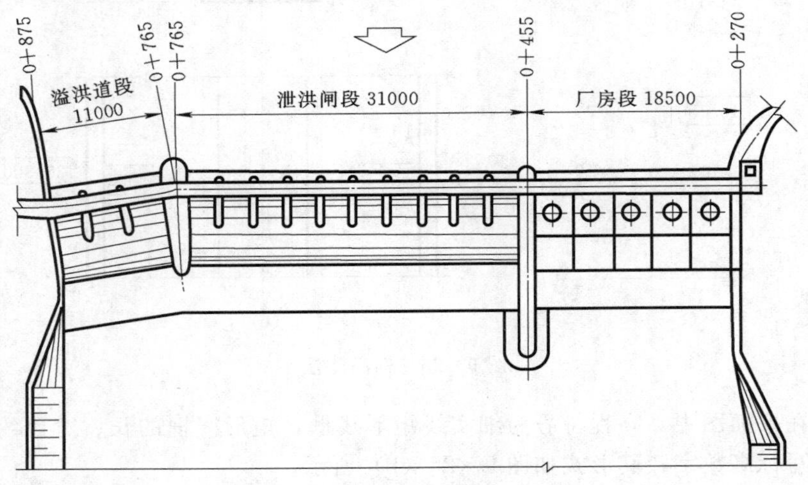

图 9－27 桩号数字的注法

当同一图中几种建筑物均采用“桩号”进行标注时，可在桩号数字前加注文字以示区别，图 9－28 所示为某隧洞桩号的标注。

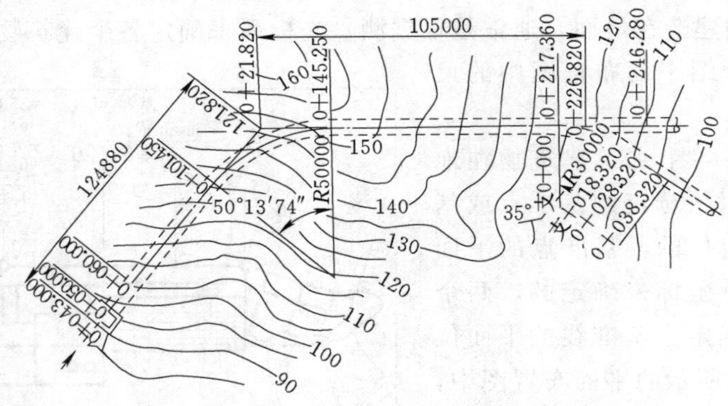

图 9－28 桩号注法

五、连接圆弧与非圆曲线的尺寸注法

连接圆弧需注出圆弧半径、圆弧对应的圆心角，使夹角的两边指向圆弧的端点和切点。根据施工放样的需要，还需注出圆弧的圆心、切点和圆弧两端的高程以及它们长度方向的尺寸，如图 9－29 所示。

非圆曲线尺寸的标注一般是在图中给出曲线的方程式，画出方程的坐标轴，并在图附近列表给出非圆曲线上一系列点的坐标值，如图 9－29 所示溢流坝断面的标注。

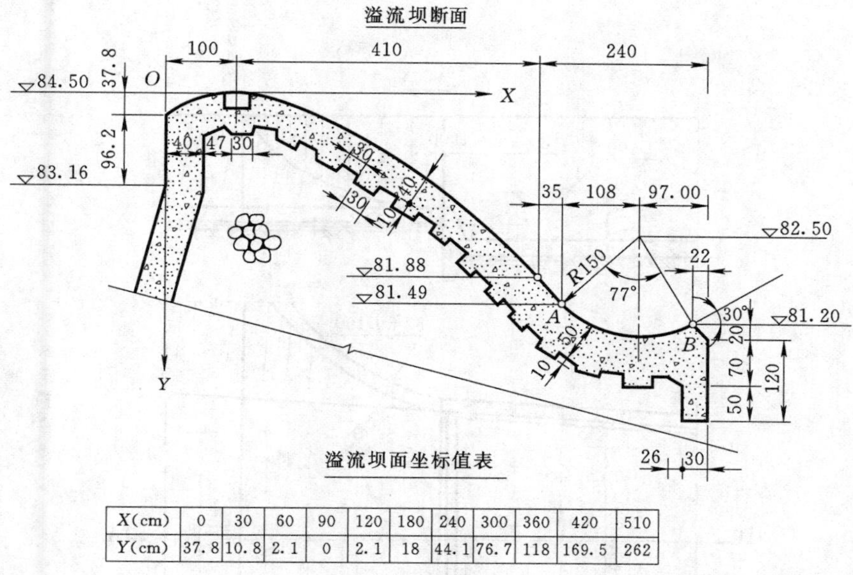

X(cm)	0	30	60	90	120	180	240	300	360	420	510
Y(cm)	37.8	10.8	2.1	0	2.1	18	44.1	76.7	118	169.5	262

图 9－29　连接圆弧与非圆曲线尺寸注法

六、多层结构尺寸的注法

在水工图中，多层结构的尺寸常用引出线引出标注。引出线必须垂直通过被引出的各层，文字说明和尺寸数字应按结构的层次注写，如图 9－30 所示。

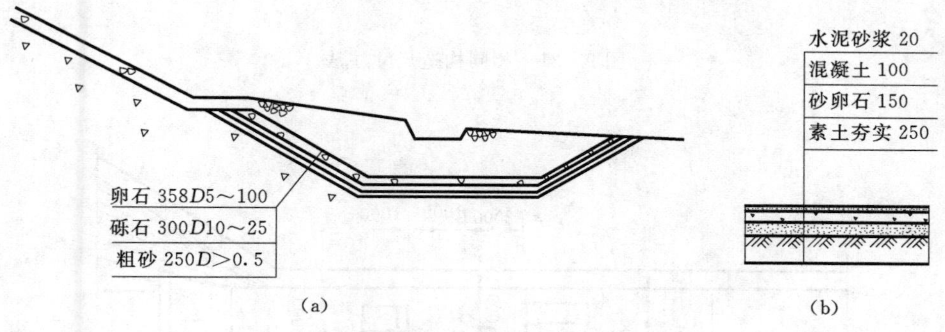

图 9－30　多层结构尺寸注法

七、简化注法

均匀分布的相同构件和构造，其尺寸可按图 9－31、图 9－32 所示的方法标注。

八、封闭尺寸链与重复尺寸

图样中既标注各分段尺寸又标注总体尺寸时就形成了封闭尺寸链。若既标注高程又标注高度尺寸就会产生重复尺寸。由于水工建筑物的施工是分段进行的，为便于施工与测量，需要标注封闭尺寸。若表达水工建筑物的视图较多，难以按投影关系布置，甚至不能画在同一张图纸上，或采用了不同的比例绘制，致使看图时不易找到对应的投影关系。为便于看图，允许标注重复尺寸，但应尽量减少不必要的重复尺寸，另外要防止尺寸之间出现矛盾和差错。

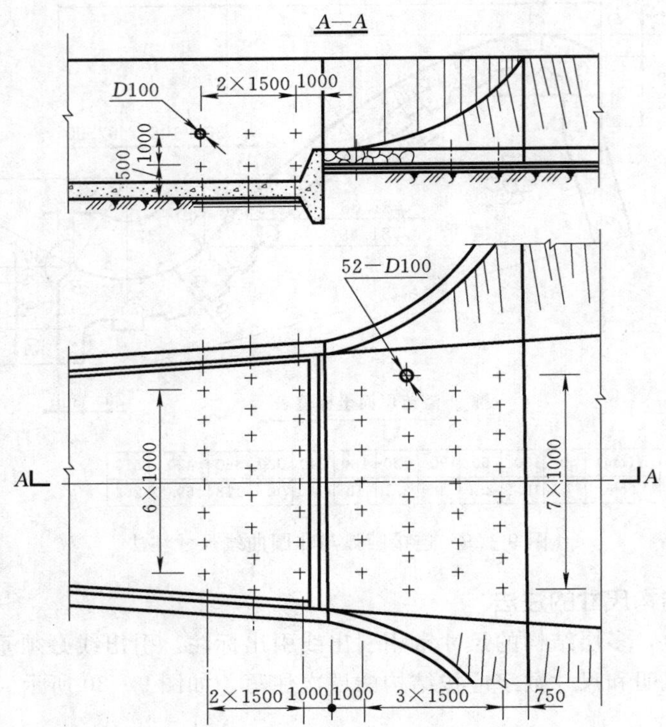

图 9-31　相同构造尺寸注法

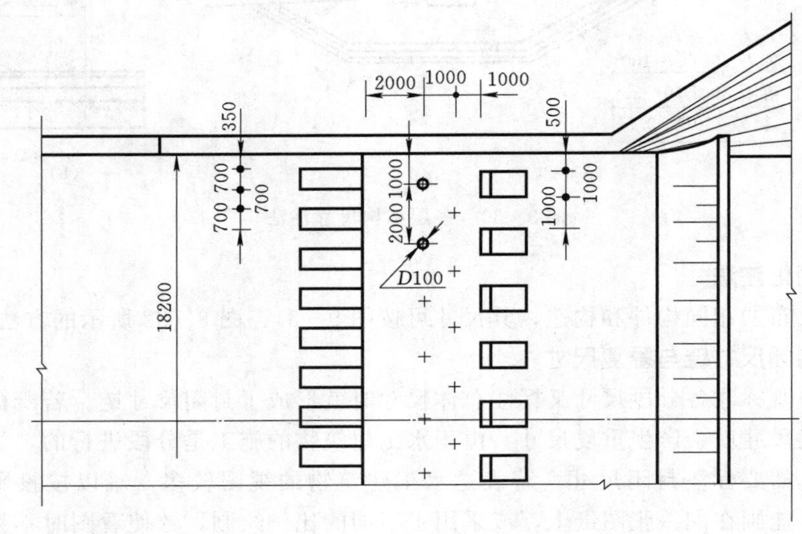

图 9-32　相同构件尺寸注法

第五节　水工图的识读

一、读图的方法和步骤

表达一个水利枢纽的图样往往数量较多，视图一般也比较分散，因此在读图时应按一定的方法和步骤进行，才能减少读图的盲目性，提高读图效率。识读水工图一般由枢纽布置图到建筑结构图，先看主要结构后看次要结构，读建筑结构图时要遵循由总体到局部，由局部到细部，然后再由细部回到总体，这样经过几次反复，直到全部看懂。具体步骤如下：

1. 概括了解

读图时，要先看有关的专业资料和设计说明书，按图纸目录依次或有选择地对相关图样进行粗略阅读。读图时首先阅读标题栏和有关说明，从而了解建筑物的名称、作用、比例、尺寸单位及施工要求等内容。

分析水工建筑物总体和各部分采用了哪些表达方法；找出有关视图和剖视图之间的投影关系，明确各视图所表达的内容。

2. 深入阅读

概括了解之后，还要进一步仔细阅读，其顺序一般是由总体到部分，由主要结构到次要结构，逐步深入，读懂建筑物的主要部分后，再识读细部结构。读水工图时，除了要运用形体分析法外，还需要了解建筑物的功能和结构常识，运用对照的方法读图，即平面图、剖视图、立面图对照着读，图形、尺寸、文字说明对照着读等。

3. 归纳总结

通过归纳总结，对建筑物（或建筑物群）的大小、形状、位置、功能、结构特点、材料等有了一个完整和清晰的了解，图 9 - 33 所示为水工图的识读技术路线。

二、水利工程图的识读举例

【例 9 - 1】　阅读图 9 - 34 所示的涵洞设计图。

（一）涵洞的作用和组成

涵洞是修建在渠、堤或路基之下的交叉建筑物。当渠道或交通道路（公路和铁路）通过沟道时常常需用填方，并在填方下设一涵洞，以便使水流或道路通畅。

涵洞一般由进口段、洞身段和出口段 3 部分组成。常见的涵洞形式有盖板涵洞和拱圈涵洞等。涵洞的施工方法是先开挖筑洞，然后再回填。

专业资料　设计说明　图纸目录
总体图
平面图　剖视图　立面图
详图
水工建筑物立体形状

图 9 - 33　水工图的识读技术路线

微课 9 - 4
涵洞图的识读

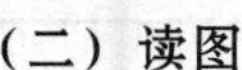

（二）读图

1. 概括了解

首先阅读标题栏和有关说明，可知图名为涵洞设计图，作用是排泄沟内洪水，保

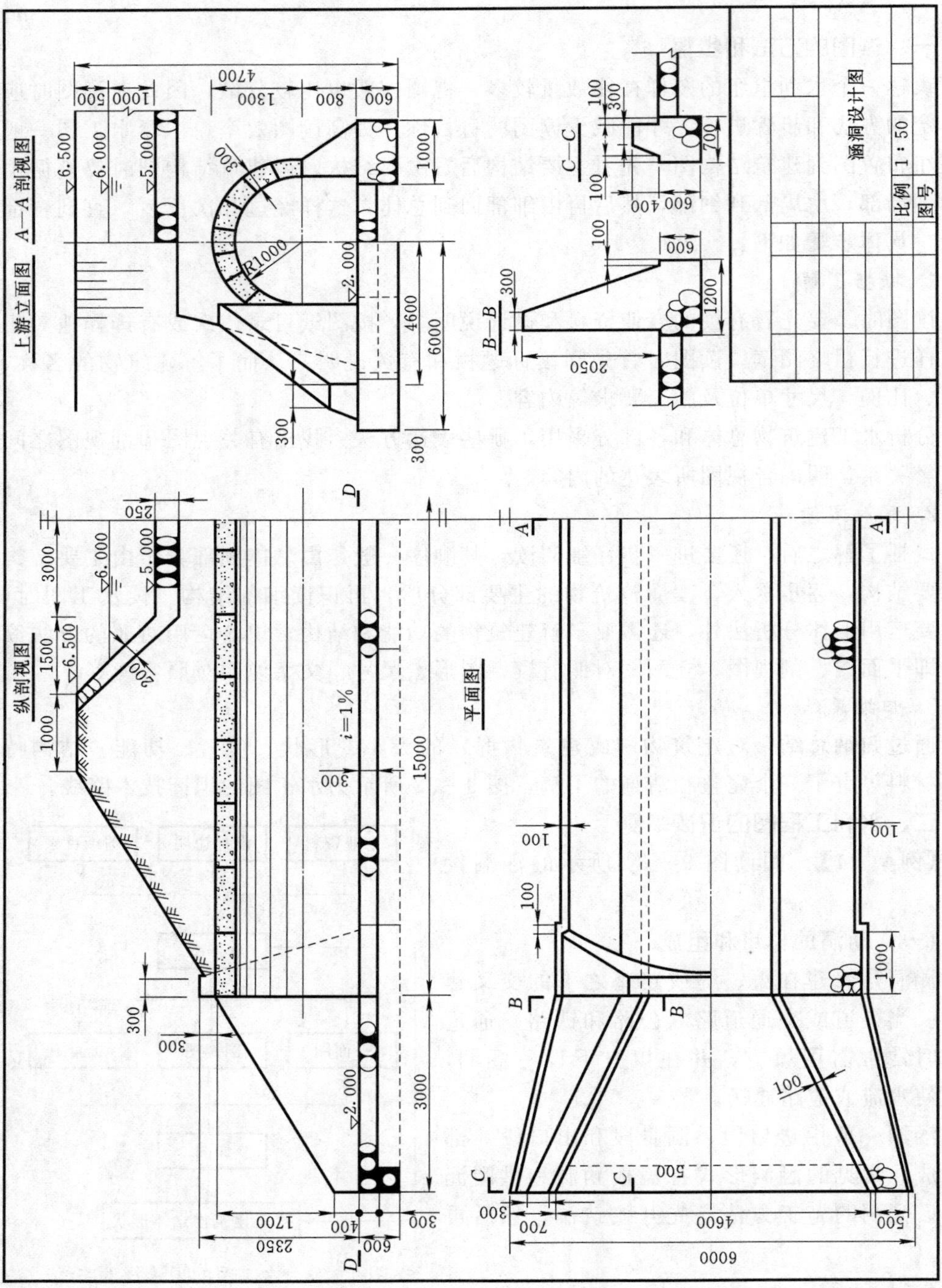

涵洞设计图

比例 1：50

图号

图 9－34 涵洞设计图

证渠道通畅。画图比例为 1∶50，尺寸单位为 mm。

2. 分析视图

本涵洞设计图采用了 3 个基本视图，即平面图（半剖视图）、纵剖视图、上游立面图和洞身横剖视图组合而成的合成视图，以及两个移出断面图来表达涵洞。

涵洞左、右对称，平面图采用对称画法，只画了左边的一半，为了减少图中的虚线，既采用了半剖视图（D—D 剖视），又采用了拆卸画法。它表达了涵洞各部分的宽度，各剖视图、断面图的剖切位置和投影方向以及涵洞底板的材料。

纵剖视图是一全剖视图，沿涵洞前后对称平面剖切，它表达了涵洞的长度和高度方向的形状、大小和砌筑材料，并表达了渠道和涵洞的连接关系。

上游立面图和 A—A 剖视图是一合成视图，前者反映涵洞进口段的外形，后者反映洞身的形状、拱圈的厚度及各部分尺寸。

B—B、C—C 为两个移出断面，分别表达了翼墙右端、左端的断面形状，与进口段下部底板的连接关系、细部尺寸及材料。

3. 深入阅读

根据涵洞的构造特点，可沿涵洞长度方向将其分为进口段、洞身段和出口段 3 部分进行分析。

进口段：从平面图和上游立面图中可知，进口段为八字翼墙，结合纵剖视图，可以看出翼墙为斜降式，由 B—B 断面知翼墙材料为浆砌石，两翼墙之间是护底，护底最上游与齿墙合为一体，材料也是浆砌石，在翼墙基础与护底之间设有沉陷缝。

洞身段：从合成视图可以看出洞身断面为城门洞形，上部是拱圈，用混凝土砖块砌筑而成，下部是边墙和基础，用浆砌石筑成，从纵剖视图可以看出洞底也为浆砌石筑成，其坡降为 1%，以便使水流通畅。

出口段：由于该涵洞上游与下游完全对称，出口形体与进口相同。

4. 归纳总结

通过以上分析，对涵洞的进口段、洞身段和出口段三大组成部分，先逐段构思，然后根据其相对位置关系进行组合，综合想象出整个涵洞的空间形状，如图 9-35 所示。

【例 9-2】 阅读图 9-36 所示的进水闸设计图。

（一）水闸的作用和组成

水闸是防洪、排涝、灌溉等方面应用很广泛的一种水工建筑物。通过闸门的启闭，可使水闸具有泄水和挡水的双重作用。改变闸门的开启高度，可以起到控制水位和调节流量的作用。

水闸由上游段、闸室段和下游段 3 部分组成。上游段的作用是引导水流平顺地进入闸室，并保护上游河岸及河床不受冲刷。一般包括上游齿墙、铺盖、上游翼墙及两岸护坡等。闸室段起控制水流的作用，它包括闸门、闸墩（中墩及边墩）、闸底板，以及在闸墩上设置的交通桥、工作桥和闸门启闭设备等。下游段的作用是均匀地扩散水流，消除水流能量，防止冲刷河岸及河床，其包括消力池、海漫、下游防冲槽、下游翼墙及两岸护坡等。

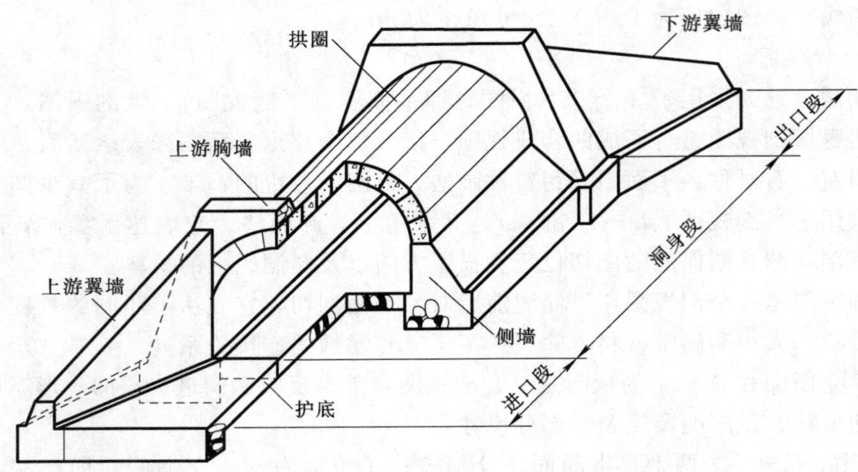

图 9－35 整个涵洞的空间形状

(二) 读图

1. 概括了解

本水闸设计图采用了 3 个基本视图（纵剖视图、平面图、上下游立面图）及 5 个断面图等图形表达水闸的结构和组成。

2. 分析视图

平面图表达了水闸各组成部分的平面布置、形状、材料和大小。水闸左右对称，采用对称画法；只画出以河流中心线为界的左岸，闸室段工作桥、交通桥和闸门采用了拆卸画法；冒水孔的分布情况采用了省略画法；标注出 $B—B$、$C—C$、$D—D$、$E—E$、$F—F$ 剖切位置线。

$A—A$ 纵剖视图是用剖切平面沿长度方向经过闸孔剖开得到。它表达了铺盖、闸室底板、消力池、海漫等部分的剖面形状和各段的长度及连接形状，从图中可以看到门槽位置、排架形状以及上、下游设计水位和各部分的高程。

上下游立面图表达了梯形河道剖面及水闸上游面和下游面的结构布置。由于视图对称，故采用各画一半的合成视图表达方法。

5 个断面图：$B—B$ 断面图表达闸室为钢筋混凝土整体结构，同时还可以看出岸墙处回填黏土剖面形状和尺寸。$C—C$、$E—E$、$F—F$ 断面图分别表达上下游翼墙的剖面形状、尺寸、材料、回填黏土和排水孔处垫粗砂的情况。$D—D$ 剖面图表达了路沿挡土墙的剖面形状和上游面护坡的砌筑材料等。

3. 深入阅读

综合阅读相关视图可知水闸的上游段、闸室段、下游段各部分的大小、材料和构造。

上游段的铺盖底部是黏土层，采用钢筋混凝土材料护面，端部有防渗齿坎。两岸是浆砌块石护坡。翼墙采用斜降式八字翼墙，防止两岸土体坍塌，保护河岸免受水流冲刷。翼墙与闸室边墩之间设垂直止水，钢筋混凝土铺盖与闸室底板之间设水平止水。

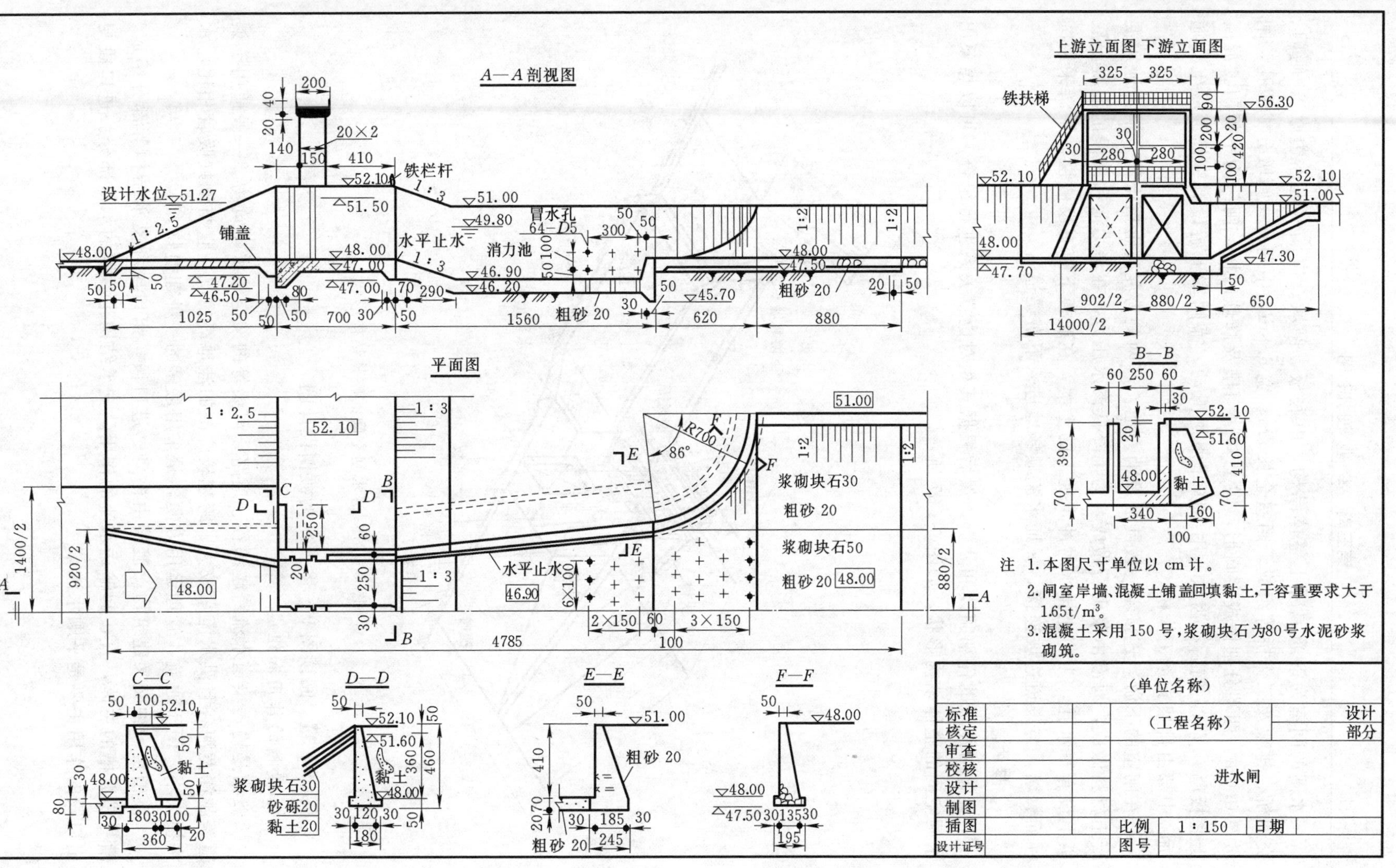

A—A 剖视图
设计水位 51.27
铺盖
铁栏杆
水平止水
冒水孔 64-D5
消力池
粗砂 20
上游立面图 下游立面图
铁扶梯
平面图
浆砌块石30
粗砂 20
浆砌块石50
粗砂 20
B—B
黏土
C—C
D—D
E—E
F—F
浆砌块石30
砂砾20
黏土20
注 1. 本图尺寸单位以 cm 计。
2. 闸室岸墙、混凝土铺盖回填黏土，干容重要求大于1.65t/m³。
3. 混凝土采用 150 号，浆砌块石为80号水泥砂浆砌筑。
（单位名称）
（工程名称）
进水闸
标准
核定
审查
校核
设计
制图
插图
设计证号
设计
部分
比例 1：150
日期
图号

图 9-36　进水闸设计图

水闸的闸室为钢筋混凝土整体结构，由底板、闸墩、岸墙（也称边墩）、闸门、交通桥、排架及工作桥等组成。闸室全长7m、宽6.8m，中间有一闸墩分成两孔，闸墩厚0.6m，两端分别做成半圆形，墩上有闸门槽及修理门槽。闸门为平板门。混凝土底板厚0.7m，前后有齿坎，用于防止水闸滑动。靠闸室下游设有钢筋混凝土交通桥，中部由排架支承工作桥。

在闸室的下游，连接着一段陡坡及消力池，其两侧为混凝土挡土墙。消力池用混凝土材料做成，海漫由浆砌石做成，为了降低渗水压力，在消力池和海漫的混凝土底板上设有冒水孔，为防止排水时冲走地下的土壤，在底板下筑有反滤层。下游采用圆柱面翼墙，与渠道边坡连接，保证水流顺畅地进入下游渠道。

4. 归纳总结

经过对图纸的仔细阅读和分析，然后根据其相对位置关系进行组合，可以想象出水闸空间的整体结构形状，如图9－37所示。

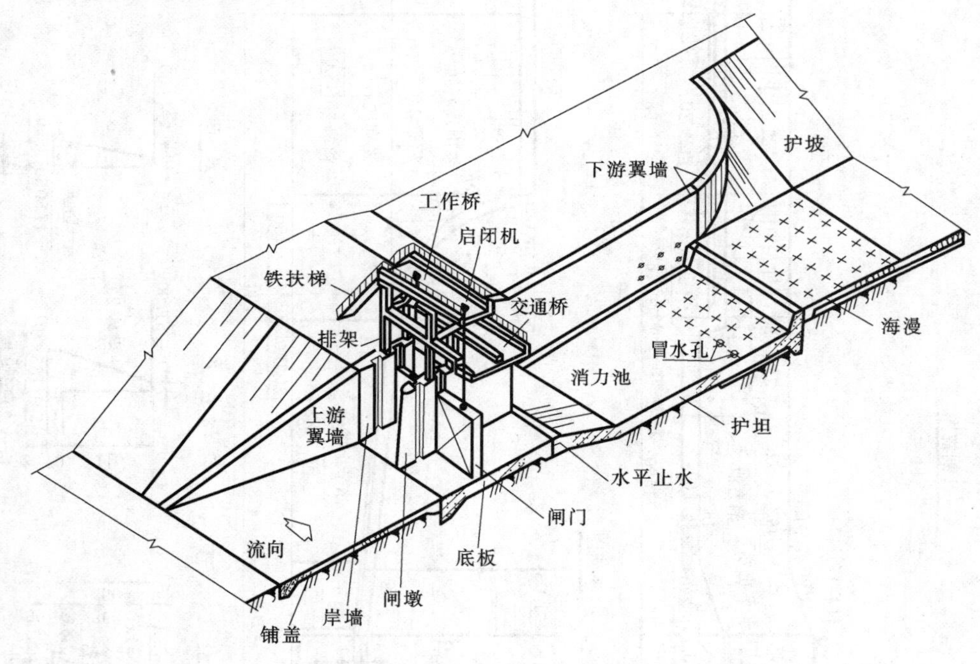

图9－37　进水闸空间的整体结构形状

【例9－3】　阅读图9－38所示的渡槽设计图。

1. 渡槽的作用和组成

渡槽是输送渠道水流跨越沟谷、道路、河渠等的架空输水建筑物。一般适用于渠道跨越深宽河谷且洪水流量较大、跨越较广阔的洼地等情况，它与倒虹吸管相比，水头损失小，便于通航，管理运用方便，是采用最多的一种建筑物。

渡槽是一种交叉建筑物。渡槽由槽身、进口段、出口段和支承结构等部分组成。槽身是渡槽的主体，直接起输送水流的作用。支承结构是渡槽的承重部分。进口段与出口段的作用主要是平顺水流。

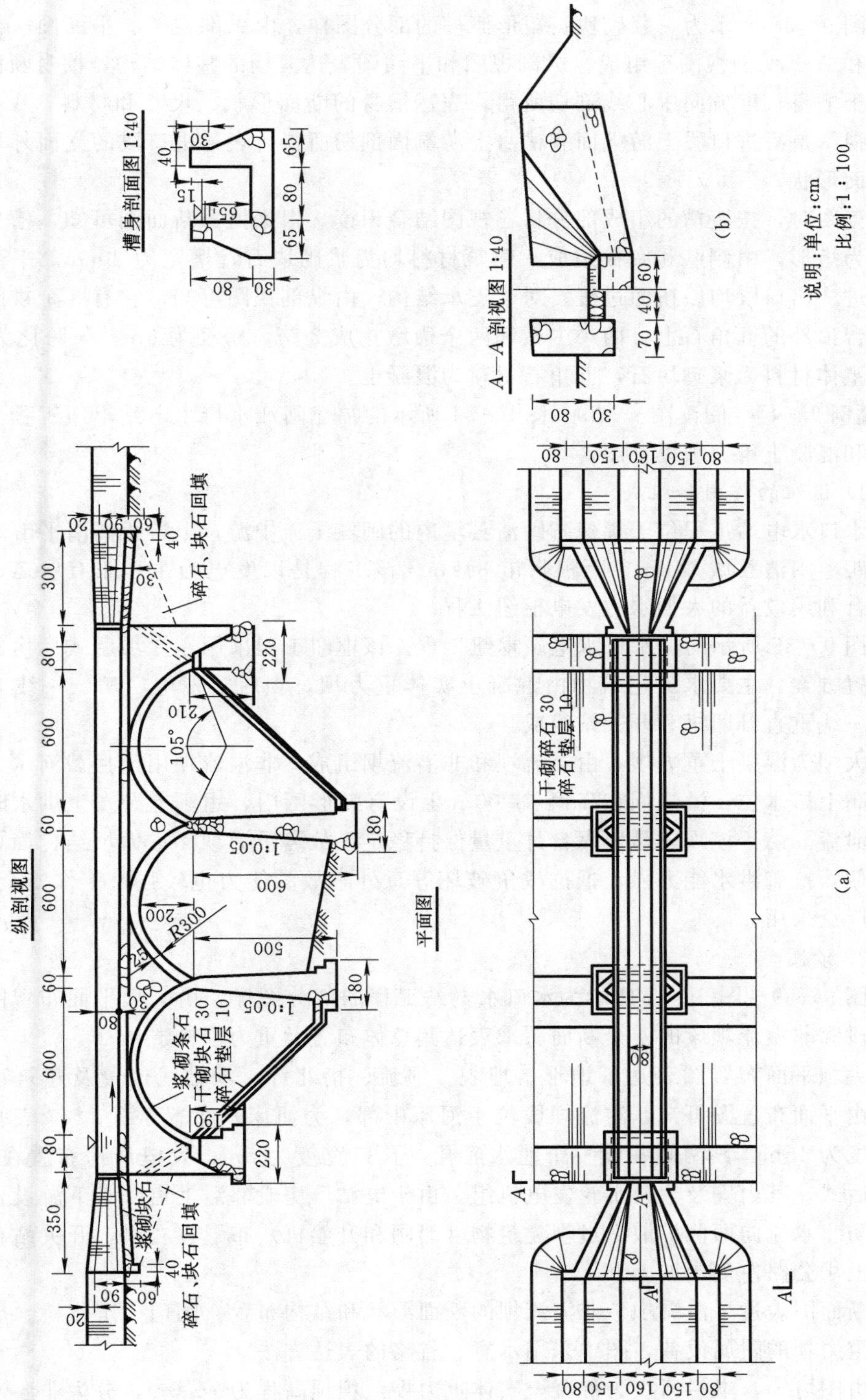

槽身剖面图 1:40

A—A 剖视图 1:40

(b)

说明：单位：cm
比例：1∶100

纵剖视图

碎石、块石回填

浆砌条石
干砌块石 30
碎石垫层 10

浆砌块石

碎石、块石回填

平面图

干砌碎石 30
碎石垫层 10

(a)

图 9－38 浆砌块石矩形渡槽

2. 读图

图 9－38 所示为一浆砌块石矩形渡槽的部分图样，由纵剖视图、平面图、槽身断面图和 $A—A$ 剖视图等组成。纵剖视图和平面图表达渡槽的整体结构，槽身断面图是垂直于槽身长度方向中心线剖切所得，表达槽身的断面形状、尺寸和材料，$A—A$ 阶梯剖视图是沿进口段上游端面和槽身上游端面剖切所得，表达进口段的立面外形和槽身端面形状。

读图时，按渡槽的组成部分将各视图结合识读。根据槽身断面图可知，槽身过水断面为矩形，由侧壁和底板组成，建筑材料均为浆砌块石，槽宽为 80cm。平面图表明，进、出口段均以扭面过渡。对于支承结构，由纵剖视图可知，它有 3 个拱圈支承在墩台顶部的五角石上，两个中墩和两个边墩构成 3 跨，跨径为 6m，矢跨比为 1/3。槽墩主体材料为浆砌块石，五角石材料为混凝土。

【例 9－4】 阅读图 9－39～图 9－41 所示的福建闽江水口水电站枢纽工程平面布置图和混凝土重力坝设计图。

1. 枢纽的作用和组成

水口水电站工程位于福建省闽清县境内的闽江干流中游，上游距离南平市 94km，下游距离闽清县城 14km，距福州市 84km。该工程是以发电为主，兼有航运、过木等综合利用效益的大型水力发电枢纽工程。

图 9－39 所示的是水口水电站枢纽工程。该枢纽工程采用左岸坝后式厂房的枢纽总布置方案，主要水工建筑物由混凝土实体重力坝，坝后式发电厂房，一线 3 级船闸，一线重直升船机和开关站组成。

大坝为混凝土重力坝，由溢流坝和非溢流坝组成。非溢流坝用于拦截河水、蓄水和抬高上游水位，溢流坝在高程 43.00m 上设有弧形闸门，用于上游发生洪水时开启闸门泄流。由于该坝体是依靠自身重量保持稳定，故名重力坝。重力坝结构简单，施工方便，抗御洪水能力强，抵抗战争破坏等意外事故的能力也较强，工作安全可靠，故被广泛采用。

2. 读图

图 9－39～图 9－41 所示为水口水电站工程的部分图样。由大坝平面布置图、溢流坝段和非溢流坝段的 4 个断面图来表达其总体布置及重力坝构造。

大坝平面布置图表达了地形、地貌、河流、指北针、坝轴线位置及建筑物的布置。由平面布置图可知，溢流坝段位于河床中部，为河床式布置，有 12 个表孔，孔口宽度为 15m，其两侧各设一个泄水底孔，孔口宽度为 5m，发电厂房布置在左岸，为坝后式，其内安装 7 台水轮发电机组。由于电站厂房毗邻溢洪道，其下游设置导水墙，防止水流向两侧扩散。过坝建筑物（船闸和升船机）布置在右岸，开关站布置在左岸上坝公路左侧山坡上。

断面图表达了溢流坝、非溢流坝的断面形状和结构布置。闸门、工作桥、启闭机等为重力坝的附属设备，图中采用示意、省略的表达方法。

由图可知，本拦河坝为混凝土实体重力坝，坝顶高程为 74.0m，分为非溢流坝段和溢流坝段两部分。

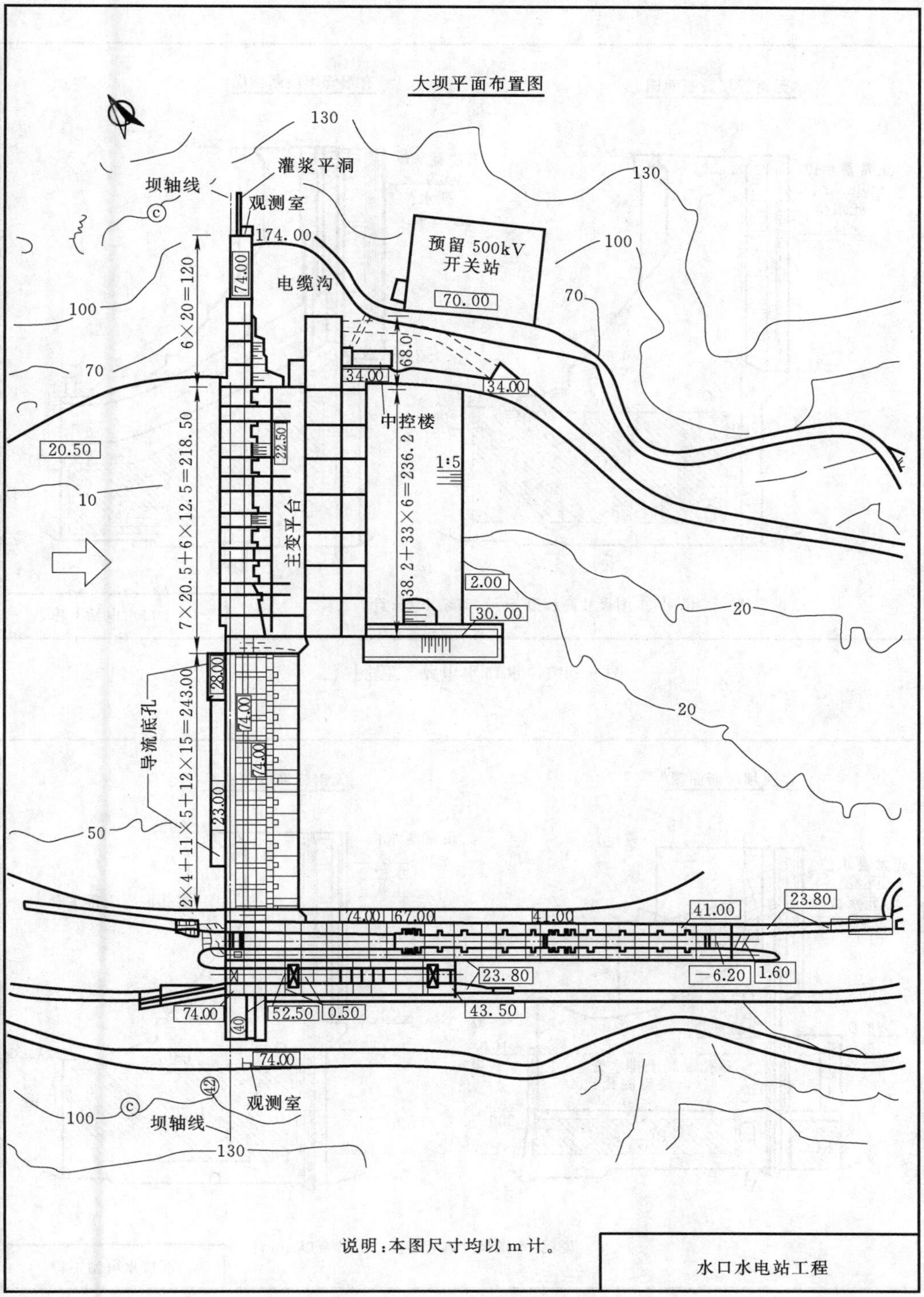

大坝平面布置图

图 9-39 水口水电站工程图（一）

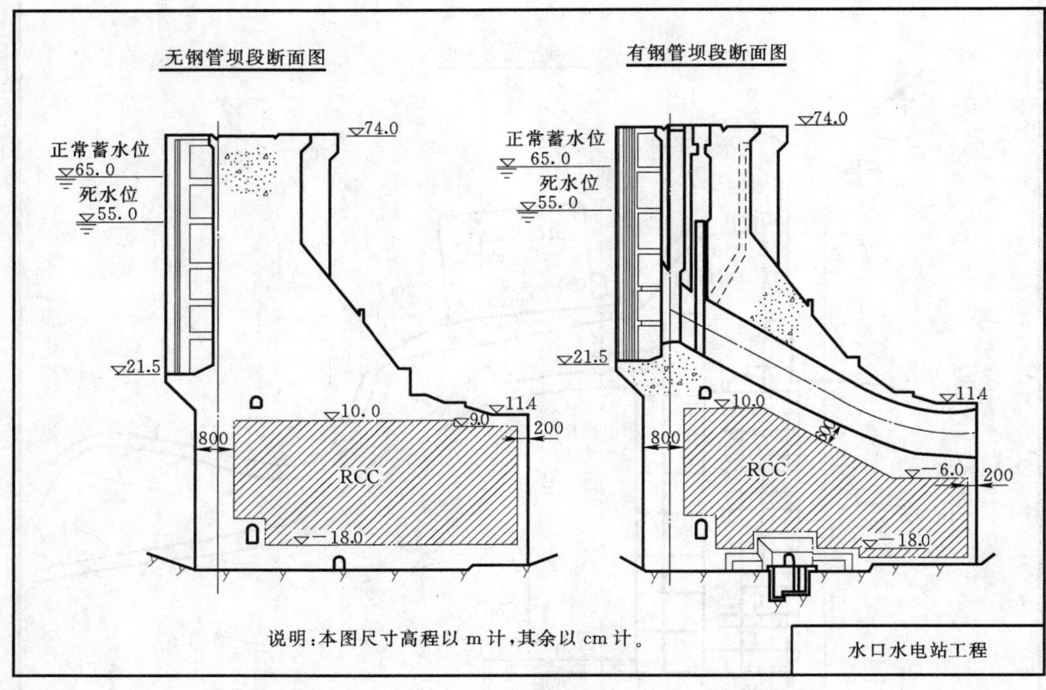

图 9-40 水口水电站工程图（二）

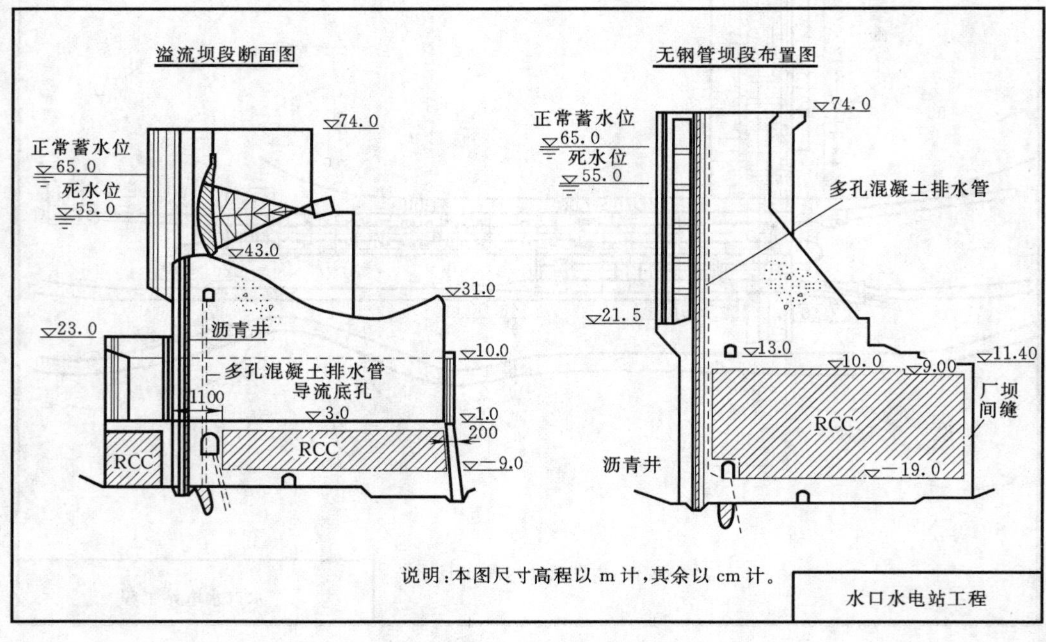

图 9-41 水口水电站工程图（三）

非溢流坝段位于河床左侧，又分为左岸挡水坝段和厂房挡水坝段，厂房布置在坝后，每台机组对应两个坝段，坝段宽分别为 12.5m 和 20.5m，引水钢管布置在宽坝段内，电站进水口底坎高程为 25m，引水压力钢管直径为 10.5m，采用坝内斜埋管布置。

溢流坝段位于河床右侧，设有净宽 15m 的溢流表孔 12 孔，堰顶高程为 43m；孔口尺寸 5m×8m（宽×高）、底坎高程为 20m 的泄洪底孔两个孔；表孔及底孔均采用弧形闸门控制，便于挑流消能。

部分混凝土工程采用碾压混凝土（RCC）施工，上下游面及基础部位采用常态混凝土，即“金包银”的结构形式。上游面为便于施工在灌浆廊道以前全部为常态混凝土，厚度约 7m，下游面常态混凝土厚度为 2m，基础部位常态混凝土厚度为 1.5m。坝内设有灌浆廊道和交通廊道，通过灌浆廊道向坝基灌注水泥浆，使坝基岩石固结为一个整体，形成一道帷幕状的墙以防渗流，称为帷幕灌浆。上游部位常态混凝土中设有一排间距为 3m 的多孔混凝土排水管。坝内设伸缩缝，横缝中上游设两道止水片及沥青井，下游设一道止水片。

第六节　水 工 图 的 绘 制

一、绘制水工图的一般步骤

设计和施工阶段的图样内容，视其要求的详细程度和准确程度而定，但绘制图样的步骤基本相同。绘制水工图一般遵循以下步骤：

（1）熟悉已有的设计资料，分析确定需要表达的主要内容。

（2）选择视图，确定合理的表达方案。

（3）选择适当的绘图比例和图幅。力争在表达清楚的前提下，尽量采用较小的绘图比例。

（4）合理布置视图。按所选比例估算各视图所占的图纸幅面，进行合理布置。各视图应尽量按投影关系配置，有联系的视图应尽量布置在同一张图纸上。

（5）画底稿。

1）画各视图的作图基准线，如轴线、中心线或主要轮廓线等。

2）绘图时，先画大的轮廓，后画细部；先画主要部分，后画次要部分；先画特征明显的视图，后画其他视图。

3）标注尺寸。

4）画建筑材料图例。

5）注写必要的文字说明。

（6）检查校对，确定无误后加深图线。

（7）填写标题栏，加深图框线，完成全图。

二、抄绘水工图的方法

在制图课中，为了贯彻水工图识读及绘制的基本要求，常采用抄绘水工图这一作业形式。

(1) 基本要求。在不改变建筑物结构及原图表达方案的前提下，另选比例将原图抄绘于指定图纸上，或再补画少量视图。

(2) 抄绘与读图的关系。正确抄绘的基础是读图，只有认真识读原图，了解建筑物的主要结构，并弄清各视图间的对应关系，才能保证抄绘结果的正确性。同时还应看到，抄绘的过程又是深入读图的过程。抄绘过程中遇到的每条线、每个尺寸的位置、画法及注写，常涉及一些基本理论和基本作图方法。其中有的正是此前读图时忽略或遗漏的问题。因此，为了做到正确抄绘，要求读者深入读图、深刻理解。总之，抄绘水工图绝非“图样放大”，也不仅仅是绘图技能的训练、视图表达方案的观摩，更是培养、提高水工图识读能力的一种行之有效的方法。

(3) 具体作图步骤。与上述水工图的画图步骤相同。

【复习思考题】

1. 水工图有哪些特点？
2. 水工图有哪些表达方法？
3. 水工图的尺寸标注有什么特点？
4. 识读水工图一般的步骤有哪些？
5. 反映建筑物高度的视图，在水工图中称为（　　）。
   A. 立面图　B. 平面图　C. 左视图　D. 俯视图
6. 溢洪道上某处的桩号为 0+420.00，此桩号表示（　　）。
   A. 溢洪道的长度为 420m　B. 溢洪道的宽度为 420m
   C. 该桩号距离溢洪道的起点 420m　D. 该桩号距离溢洪道的尾部 420m
7. 表达水利工程的布局、位置、类别等内容的图样是（　　）。
   A. 规划图　B. 下游立面图
   C. 施工图　D. 建筑物结构图
8. 表达水工建筑物形状、大小、构造、材料等内容的图样是（　　）。
   A. 枢纽布置图　B. 平面图
   C. 建筑物结构图　D. 规划图
9. 在水工图中，过水建筑物水闸、溢洪道等平面图上的水流方向应该是（　　）。
   A. 任意方向　B. 自上而下　C. 自左而右　D. 自右而左
10. 在水工图中，挡水建筑物土坝等平面布置图上的水流方向应该是（　　）。
   A. 任意方向　B. 自上而下　C. 自左而右　D. 自下而上
11. 在水工图中，垂直土坝坝轴线剖切得到的断面图是（　　）。
   A. 纵剖视图　B. 纵断面图
   C. 横剖视图　D. 横断面图

第十章 钢筋混凝土结构图

【学习目的】 了解钢筋的代号和名称及钢筋的种类，掌握钢筋混凝土结构的两种图示方法（详图表示法和平面整体表示法），掌握钢筋混凝土结构图的识读方法。

【学习要点】 钢筋的种类及作用；梁的配筋详图表示法和平面整体表示法；钢筋混凝土结构图的识读。

【课程思政】 党的二十大报告提出：要加快发展方式绿色转型，发展绿色低碳产业，推动形成绿色低碳的生产方式。

伴随国家对数字中国、绿色建筑概念的重视不断加深，建筑发展形式也在发生转变，建设城市的概念不单单是追求现代化，而是更加注重绿色、环保、人文、智慧以及宜居性，装配式建筑具有符合绿色施工以及环保高效的特点。建成于1985年的中国南极长城站，是较早的装配式钢结构，采用聚氨酯复合板、快凝混凝土等新材料新工艺组装而成。

第一节 钢筋混凝土结构图的基本内容

在工程建筑（房屋建筑、水工建筑、道路桥梁等）中，很多构件都是由钢筋混凝土构成的，按照建筑各方面的要求进行力学与结构计算，从而确定这些承重构件的具体形状、大小等内容。用来表达钢筋混凝土制成的板、梁、柱、基础、桁架和支承等钢筋混凝土结构构件的图样称为钢筋混凝土结构图，简称“结施”。结构施工图是在建筑施工图的基础上作出的，与建筑施工图相辅相成。

一、钢筋混凝土结构图（图号GS-XX）

钢筋混凝土结构图主要包括以下内容：

（1）结构设计说明。

（2）结构平面图。

1）基础平面图。

2）楼层结构平面图。

3）屋面结构平面图。

（3）结构构件详图。

1）梁、板、柱及基础结构详图。

2）楼梯结构详图。

3）屋面构件结构详图。

4）其他详图，如过梁、支承等详图。

二、钢筋的基本知识

1. 钢筋的种类及代号

钢筋混凝土结构设计规范中，对国产建筑用的钢筋，按其产品强度的等级不同，分别给予不同代号，以便标注及识别。钢筋共分 5 级，如表 10－1 所列。

表 10－1 中，HPB 235 为光圆钢筋；HRB335、HRB400 为人字纹钢筋；RRB400 为光圆或螺纹钢筋，其中 235、335、400 为强度值。

表 10－1　　钢筋种类和符号

种　类	符　号	d /mm
HPB235（Q235）	Φ	8～20
HRB335（20MnSi）	Φ	6～50
HRB400（20MnSiV、20MnSiNb、20MnTi）	Φ	6～50
RRB400（K20MnSi）	$Φ_R$	8～40

2. 钢筋的作用

按钢筋在构件中所起的作用不同，可分为受力筋、箍筋、架立筋、分布筋、构造筋，如图 10－1 所示。

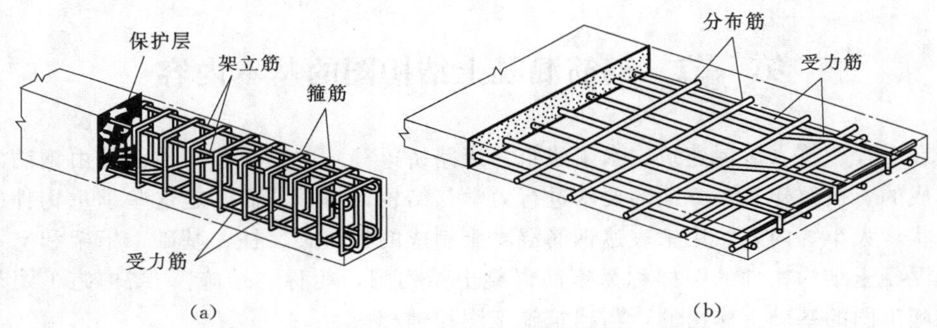

图 10－1　钢筋混凝土构件的钢筋种类
(a) 钢筋混凝土梁；(b) 钢筋混凝土板

(1) 受力筋。受力筋也称纵筋、主筋，可承受拉力、压力或扭力，承受拉力的纵筋称为受拉筋，承受压力的纵筋称为受压筋，承受扭力的钢筋称为抗扭纵筋。受力筋分为直筋和弯筋。受力筋的配置必须根据受力计算决定。

(2) 箍筋（也称钢箍）。箍筋用以固定受力钢筋的位置并承受剪力或扭力的作用，多用于梁和柱内。

(3) 架立筋。架立筋用以固定箍筋的位置，并与受力筋、箍筋一起构成钢筋骨架，一般用于钢筋混凝土梁上部。

(4) 分布筋。分布筋用以固定受力钢筋的位置，并将构件所受外力均匀传递给受力钢筋，以改善受力情况，常与受力钢筋垂直布置，使受力筋和分布筋组成一个共同受力的钢筋网。此种钢筋常用于钢筋混凝土板、墙类构件中。

（5）构造筋。因构件构造要求或施工安装需要而配置的构造钢筋，如吊环、腰筋、预埋的锚固筋等。

3. 钢筋的保护层

钢筋的保护层示意图如图 10－2 所示。

为了防止钢筋不受环境影响而腐蚀，同时为了保证混凝土浇筑过程中和钢筋能够进行有效的黏接，应使钢筋外缘到构件表面留有一定厚度混凝土，这部分混凝土就是钢筋的保护层（11G101－1 与 03G101－1 图集区别）。在《钢筋混凝土设计规范》（GB 50010—2010）中对构件的保护层厚度作了如表 10－2 所列的规定。

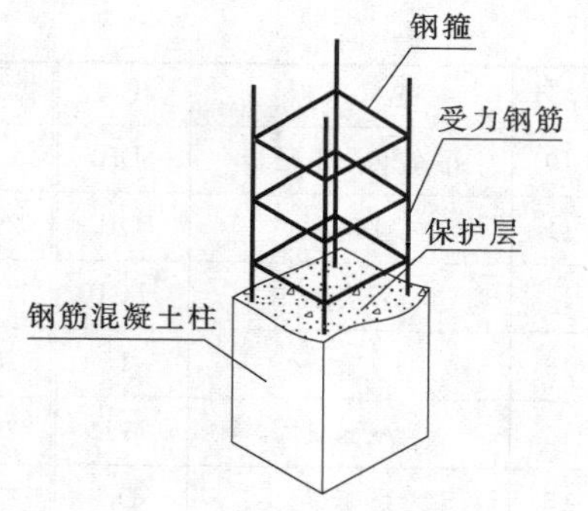

图 10－2 构件中钢筋保护层示意图

表 10－2 混凝土保护层最小厚度

钢筋种类	构件名称		保护层厚度/mm
受力筋	板和墙	截面厚度≤100mm	10
		截面厚度≥100mm	15
	梁和柱		25
	基础	有垫层	35
		无垫层	70
箍筋	梁和柱		15
分布筋	板和墙		10

4. 钢筋的弯钩

钢筋按其外形特征分为光面和带肋钢筋两大类。如果钢筋为光面钢筋（指钢筋的表面很光滑，没有凹凸不平），为了加强钢筋与混凝土之间的黏接力，钢筋端部常做成弯钩（如果光面钢筋用作受力主筋，规范要求端部一定要做弯钩），弯钩的角度有 180°、135°、90°等形式（弯钩的角度指的是钢筋弯转的角度）。带肋钢筋因表面有肋纹，一般不一定要做弯钩。图 10－3 所示为常见的几种钢筋弯钩的形式。

三、钢筋混凝土结构图常用构件代号

为了图示方便，在结构施工图中对基础、板、梁、柱等钢筋混凝土构件的名称用代号表示。常用的构件代号见表 10－3。

表 10－3 常用构件代号（GB/T 50105—2001）

序号	名称	代号	序号	名称	代号	序号	名称	代号
1	板	B	4	槽形板	CB	7	楼梯板	TB
2	屋面板	WB	5	折板	ZB	8	盖板或沟盖板	GB
3	空心板	KB	6	密肋板	MB	9	挡雨板或檐口板	YB

续表

序号	名　称	代号	序号	名　称	代号	序号	名　称	代号
10	吊车安全走道板	DB	25	框支梁	KZL	40	挡土墙	DQ
11	墙板	QB	26	屋面框架梁	WKL	41	地沟	DG
12	天沟板	TGB	27	檩条	LT	42	柱间支承	ZC
13	梁	L	28	屋架	WJ	43	垂直支承	CC
14	屋面梁	WL	29	托架	TJ	44	水平支承	SC
15	吊车梁	DL	30	天窗架	CJ	45	梯	T
16	单轨吊车梁	DDL	31	框架	KJ	46	雨篷	YP
17	轨道连接	DGL	32	刚架	GJ	47	阳台	YT
18	车挡	CD	33	支架	ZJ	48	梁垫	LD
19	圈梁	QL	34	柱	Z	49	预埋件	M—
20	过梁	GL	35	框架柱	KZ	50	天窗端壁	TD
21	连系梁	LL	36	构造柱	GZ	51	钢筋网	W
22	基础梁	JL	37	承台	CT	52	钢筋骨架	G
23	楼梯梁	TL	38	设备基础	SJ	53	基础	J
24	框架梁	KL	39	桩	ZH	54	暗柱	AZ

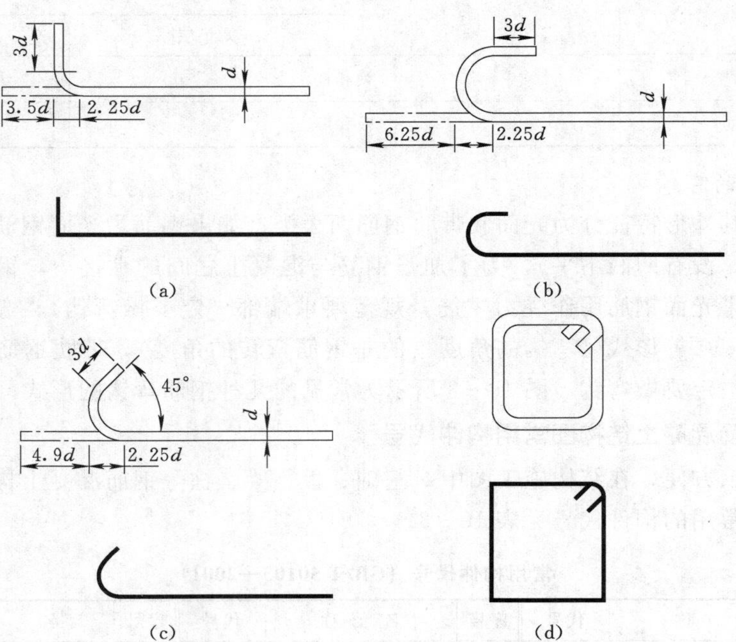

图 10－3　常见的钢筋弯钩

(a) 直弯钩；(b) 半圆弯钩；(c) 135°弯钩；(d) 钢箍的弯钩

第二节　钢筋混凝土结构图的图示方法和识读

一、钢筋的图示方法和标注

1. 钢筋的表示方法

绘制钢筋图时，假想混凝土是透明的，即可透过混凝土看到构件内部的钢筋，这种可以在图纸上画出构件内部钢筋的图样称为配筋图。

为了突出钢筋的表达，制图标准规定：图内不画混凝土断面材料符号，钢筋用粗实线，钢筋的截面用小黑点，构件的轮廓用细实线。钢筋常见的表示法见表 10－4。

表 10－4　　一般钢筋常用图例

序号	名称	图例	说明
1	钢筋横断面		
2	无弯钩的钢筋端部		下图表示长短钢筋投影重叠时，短钢筋的端部用 45°斜线画出
3	带直钩的钢筋端部		
4	带丝扣的钢筋端部		
5	带半圆弯钩的钢筋端部		
6	无弯钩的钢筋搭接		
7	带直钩的钢筋搭接		
8	带半圆弯钩的钢筋搭接		
9	花篮螺钉钢筋搭接		
10	机械连接钢筋接头		用文字说明机械连接的方式（或冷挤压或锥螺纹）
11	钢筋混凝土墙体配双层钢筋时，在配筋立面图上，远面钢筋的弯钩应向左或向上，近面钢筋的弯钩应向右或向下（*JM* 为近面；*YM* 为远面）	JM JM　YM YM	
12	如在断面图中不能表达清楚钢筋布置，应在断面图外增加钢筋大样图（如钢筋混凝土墙、楼梯等）		
13	图中的箍筋、环筋等若布置复杂，应加钢筋大样图及文字说明		

2. 钢筋的编号和标注

在钢筋混凝土构件的配筋图中，为了区分各种类型和不同直径的钢筋，钢筋必须进行编号，每类钢筋（即形式、规格、长度相同的钢筋）无论根数多少只编一个号。编号顺序一般应遵循自下而上、自左至右、先受力筋，后架立筋、箍筋和构造筋的规律，有多少种同类型钢筋就编多少个号。编号字体规定用阿拉伯数字，编号写在直径为 6mm 的小圆内，用指示线引到相应的钢筋上，圆圈和引出线均为细实线。

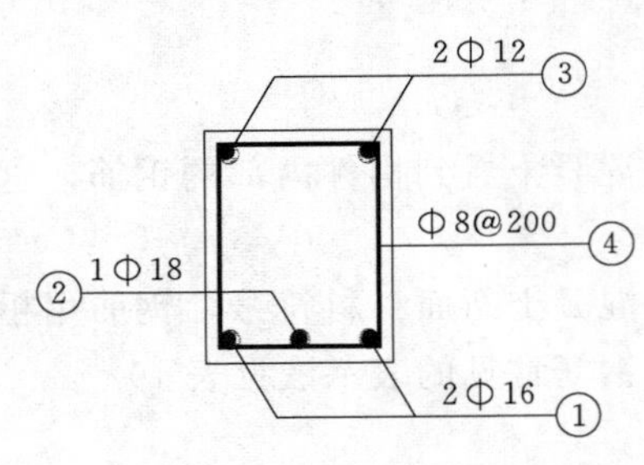

图 10-4　钢筋编号示意图

除了对同种类型的钢筋进行编号外，还应在引出线上对该种钢筋的直径、间距和根数进行标注。图 10-4 所示为钢筋的编号和标注，并进行了文字说明。

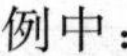

例中：

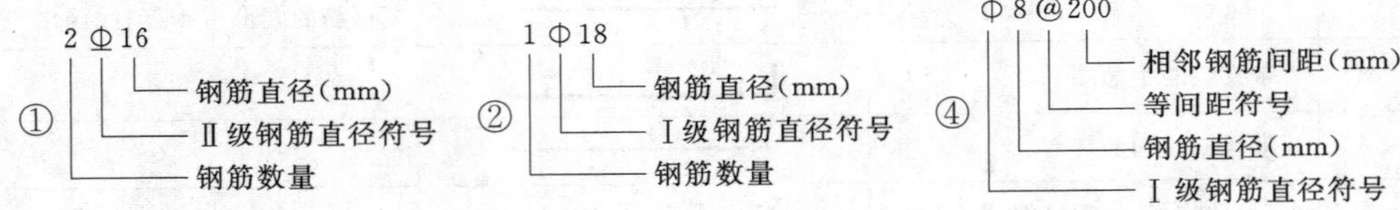

二、梁钢筋结构图的识读

钢筋结构图是钢筋加工、钢筋绑扎、钢筋下料和钢筋混凝土构件施工的主要依据。因此，钢筋结构图合理的表达方法对于工程施工、工程造价等各方面都非常重要，以下以钢筋混凝土梁为例将传统的钢筋结构图的表示方法与钢筋混凝土构件平面整体表示方法进行比较，突出钢筋混凝土构件平面整体表示方法的优点。

（一）梁结构图的传统表示法

传统的梁结构图的表达方法一般包括布置图、钢筋成型图和钢筋表等内容。

1. 钢筋布置图

钢筋布置图应表达出构件的形状、尺寸，更主要的是要表明构件内部钢筋的分布情况，一般选用视图、断面图综合表达，必要时也可采用半剖、阶梯剖或者局部剖等画法。钢筋布置情况需要画哪几个视图表达，应根据构件及钢筋布置的复杂程度而定，如图 10-5 所示，仅绘制立面图和断面图即可表达清楚钢筋混凝土梁的钢筋布置情况。

2. 钢筋成型图

钢筋成型图用来表达构件中每根钢筋加工成型后的形状和尺寸。图上注明钢筋的编号、根数、直径以及钢筋各部分的实际尺寸和单根钢筋的断料长度，这是钢筋断料和加工的依据，如图 10-5 所示。提示：断料长度（钢筋明细表中计算的钢筋长度）是钢筋的计划长度加两弯钩长度之和。一个半圆弯钩的长度为 6.25d（d 为钢筋的直径）。如图 10-3（b）中已有注释；同时钢筋保护层厚度取 25mm。

图 10-5 所示为钢筋布置图、钢筋成型图，表 10-5 所列为钢筋表示例梁结构图的传统表示法。

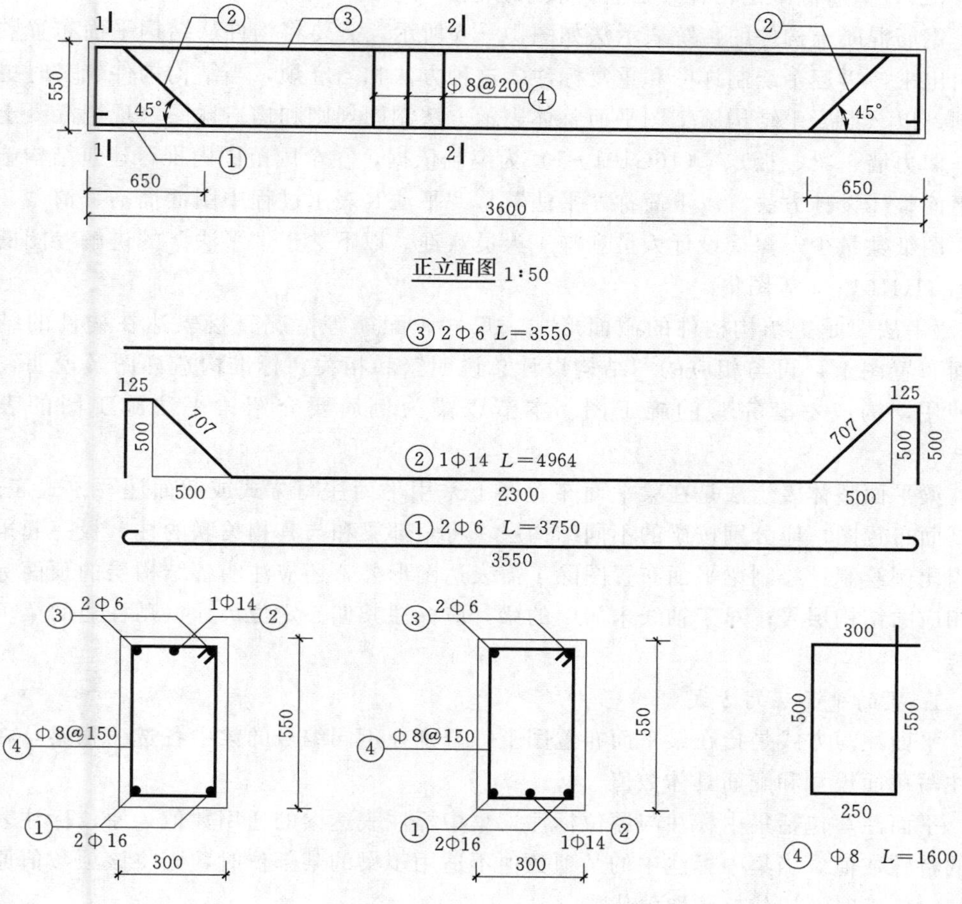

正立面图 1∶50

③ 2Φ6 L=3550

② 1Φ14 L=4964

① 2Φ6 L=3750

④ Φ8 L=1600

图 10－5　钢筋布置图、钢筋成型图

3. 钢筋表

为了便于统计用料、编制施工预算，应同时附构件的钢筋用量表，即以列表的形式表明构件中钢筋的编号、规格、简图、单根长度、根数、总长和备注等内容，表 10－5 即为图 10－5 中梁的钢筋统计。

表 10－5　　**钢　筋　表**

编　号	规格	简　图	单根长度	根数	总长/m	备注
①	Φ16		3750	2	7.50	
②	Φ14		4964	1	4.964	
③	Φ6		3550	2	7.10	
④	Φ8		1600	20	32.00	

（二）钢筋混凝土构件平面整体表示方法

钢筋混凝土构件的传统表示法如图10-5所示，需要将构件从结构平面布置图中索引出来，再逐个绘制详图和重复标注，这种方法相当麻烦，当结构构件较多时更为繁琐。以《混凝土结构施工图平面整体表示方法制图规则和构造详图（现浇混凝土框架、剪力墙、梁、板）》（16G101-1）为编制依据，在全国范围内推行建筑结构施工图平面整体设计方法（以下简称“平法”），“平法”表示过程中图面简洁、清楚、直观，图纸数量少，深受设计人员和施工人员欢迎。以下关于“平法”的讲解参阅的是国标11G101-1等图集。

“平法”是把结构构件的截面形式、尺寸、配筋等情况直接表达在构件的结构平面布置图上，再与相应的“结构设计总说明”和相关“标准构造详图及说明”配合使用，构成一套完整的施工图。本节以梁为例简要介绍梁平法施工图的表达方法。

梁平面整体表示法是在梁平面布置图上采用平面注写方式或截面注写方式表达。梁平面布置图，应分别按梁的不同结构层，将全部梁和与其相关联的柱、板一起采用适当比例绘制；绘制梁平面布置图除了需表达图形外，还应注明各结构层的顶面标高及相应的结构层号；对于轴线未居中的梁，应标注其偏心定位尺寸（贴柱边的梁可不注）。

1. 梁的平面注写方式

平面注写方式是指在梁平面布置图上，分别在不同编号的梁中各选一根梁，在其上注写截面尺寸和配筋具体数值。

平面注写包括集中标注与原位标注，集中标注表达梁的通用数值，原位标注表达梁的特殊数值。当集中标注中的某项数值不适用于梁的某部位时，则将该项数值原位标注。施工时，原位标注取值优先。

（1）梁集中标注的内容。梁集中标注的内容，有5项必注值和一项选注值（集中标注可以从梁的任意一跨引出），规定如下：

1）梁编号（必注）。梁编号由梁类型、代号、序号、跨数及有无悬挑代号几项组成，如表10-6所列。

例如，KL2（4A）表示第2号框架梁，4跨，一端有悬挑。

表10-6　　梁编号组成

梁类型	代号	序号	跨数及有无悬挑代号
楼层框架梁	KL	XX	(XX)、(XXA)或(XXB)
屋面框架梁	WKL	XX	(XX)、(XXA)或(XXB)
框支梁	KZL	XX	(XX)、(XXA)或(XXB)
非框架梁	L	XX	(XX)、(XXA)或(XXB)
悬挑梁	XL	XX	

注　(XXA)为一端有悬挑，(XXB)为两端有悬挑，悬挑不计入跨数。

2）梁截面尺寸（必注）。当为等截面梁时，用 $b \times h$ 表示；当有悬挑梁且根部和端部高度不同时，用斜线分隔根部和端部的高度值，即为 $b \times h1/h2$，前为根部值，后为端部值。

3）梁箍筋（必注）。包括钢筋级别、直径、加密区与非加密区的间距及肢数。箍筋加密区与非加密区的间距、肢数用斜线分隔；当梁箍筋为同一种间距及肢数时，不需用斜线；当加密区与非加密区的箍筋肢数相同时，只注写一次；肢数应写在括号里。加密区的范围见相应抗震级别的标准构造详图。

例如，Φ8—100/200（4），表示箍筋为Ⅰ级钢筋，钢筋直径为8mm，加密区间距为100mm，非加密区间距为200mm，均为四肢箍。

4）梁上部通长筋或架立筋配置（必注）。当同排纵筋中既有通长筋又有架立筋时，用加号“＋”相连。注写时将角部纵筋写在加号前面，架立筋写在加号后面的括号里；全部采用架立筋，将其写在括号里。当上下纵筋全跨相同，且多数跨配筋相同时，此项可加注下部纵筋的配筋值，用分号“；”隔开。

例如，2Φ22＋（4Φ12）用于六肢箍，其中2Φ22为贯通箍，4Φ12为架立筋。

3Φ22；3Φ20表示梁的上部配置3Φ22的贯通筋，梁的下部配置3Φ20的贯通筋。

5）梁侧面纵向构造钢筋或受扭钢筋配置（必注）。梁腹板高度大于450mm时，须配置纵向构造钢筋，以大写字母G开头，接着注写梁两侧面的总配筋值，且为对称配置。当梁侧面需配置受扭钢筋时，以大写字母N开头，接着注写梁两侧面的总配筋值，且为对称配置。受扭钢筋应满足纵向构造钢筋的间距要求，且不再配置纵向构造钢筋。例如，N4Φ18，则表示该跨梁两侧各有2Φ18的抗扭纵筋。

6）梁顶面标高高差（该项为选注值）。梁顶面标高高差指梁顶面相对于结构层楼面标高的高度差，对位于结构夹层的梁，指相对于结构夹层楼面标高的高度差。有高差时，写入括号内，无高差时不注。当某梁的顶面高于所在结构层的楼面标高时，其标高高差为正值，反之为负值。例如，某结构层的楼面标高为44.950m和48.250m，当某梁的梁顶面标高高差注写为（－0.05）时，即表明该梁顶面标高分别为44.900m和48.200m。

（2）梁原位标注的内容。梁原位标注的内容规定如下：

1）梁支座上部纵筋，含通长筋在内的所有纵筋。

a. 当上部纵筋多于一排时，用斜线“/”将各排纵筋自上而下分开。

例如，梁支座上部纵筋注写为6Φ25 4/2，则表示上一排纵筋为4Φ25，下一排纵筋为2Φ25。

b. 当同排纵筋有两种直径时，用加号“＋”将两种直径的纵筋相连，且将角部钢筋写在前面。

例如，梁支座上部有4根纵筋，2Φ25放在角部，2Φ22放在中部，在梁支座上部应注写为2Φ25＋2Φ22。

c. 当梁中间支座两边的上部纵筋不同时，应在支座两边分别标注；当梁中间支

座两边的上部纵筋相同时，可仅在支座一边标注配筋，另一边省去不注。

2）梁下部纵筋。

a. 当下部纵筋多于一排时，用斜线“/”将各排纵筋自上而下分开。

例如，梁下部纵筋注写为6⌀25 2/4，则表示上一排纵筋为2⌀25，下一排纵筋为4⌀25，全部伸入支座；

b. 当同排纵筋有两种直径时，用加号“+”将两种直径的纵筋相连，且将角部钢筋写在前面。

c. 当梁下部纵筋不全伸入支座时，将梁支座下部纵筋减少的数量写在括号内；如果全部伸入支座，不需再加括号。

例如，梁下部纵筋注写为6⌀25 2（−2）/4，则表示上排纵筋为2⌀25，且不伸入支座，下一排纵筋为4⌀25，全部伸入支座。梁下部纵筋注写为2⌀25+3⌀22（−3）/5⌀25，则表示上排纵筋为2⌀25和3⌀22，其中3⌀22不伸入支座，下一排纵筋为5⌀25，全部伸入支座。

d. 当梁的集中标注已经注写了梁上、下通长纵筋时，不需在梁下部重复做原位标注。

3）附加箍筋或吊筋，将其直接画在平面图中的主梁上，用线引注总配筋值（附加箍筋的肢数注在括号里），当多数附加箍筋或吊筋相同时，可在梁平法施工图上统一注明，少数和统一注明值不同时，再原位引注，如图10-6所示。

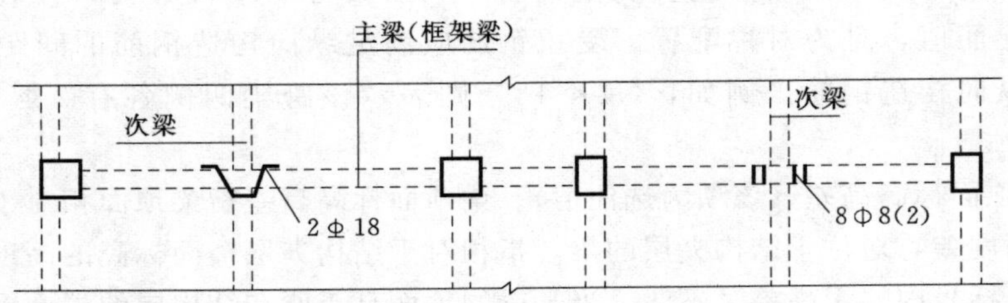

图10-6 附加箍筋和吊筋的画法示例

（3）梁平面注写方式示例，如图10-7所示。

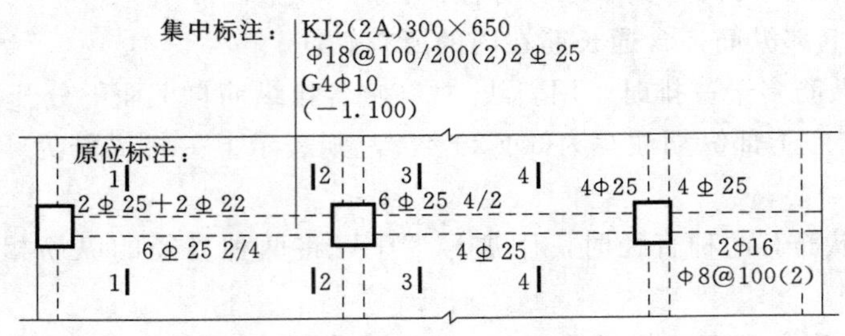

图10-7 梁平面注写方式

1）集中标注。

a. KL2（2A）300×650：

KL2 表示第 2 号框架梁；（2A）表示 2 跨，一端有悬挑（B 表示两端有悬挑）；300mm×650mm 表示梁的截面尺寸。

b. Φ18@100/200（2）2Φ25：

Φ18@100/200（2）表示箍筋为Ⅰ级钢筋，直径为 18mm，加密区间距为 100mm，非加密区间距为 200mm，均为双肢箍；2Φ25 表示梁的上部有两根直径为 25mm 的通长筋。

c. G4Φ10：

表示梁的两个侧面共配置 4Φ10 的纵向构造钢筋，每侧各配置 2Φ10。

d.（−0.100）：

表示梁的顶面低于所在结构层的楼面标高，高差为 0.100m。

2）原位标注。

a. 梁支座上部纵筋。

2Φ25+2Φ22：表示梁支座上部有两种直径钢筋，共 4 根，中间用“+”相连，其中 2Φ25 放在角部，2Φ22 放在中部。

6Φ25 4/2：

表示梁上部纵筋为两排，用斜线将各排纵筋自上而下分开。上一排纵筋为 4Φ25，下一排纵筋为 2Φ25。

4Φ25：

表示梁支座上部配置 4 根直径为 25mm 的钢筋。

b. 梁支座下部纵筋。

6Φ25 2/4：

表示梁下部纵筋为两排，用斜线将各排纵筋自上而下分开。上一排纵筋为 2Φ25，下一排纵筋为 4Φ25。

4Φ25：

表示梁下部中间配置 4 根直径为 25mm 的钢筋。

Φ8@100（2）：

表示箍筋为Ⅰ级钢筋，直径为 8mm，间距为 100mm，为两肢箍。

2. *梁的截面注写方式*

截面注写方式是在分标准层绘制的梁平面布置图上，分别在不同编号的梁中各选择一根梁用剖切符号引出配筋图，并在其上注写截面尺寸和配筋具体数值的方式来表达梁平法施工图，截面注写方式既可以单独使用，也可与平面注写方式结合使用。

梁截面注写方式示例，如图 10－8 所示。

【复习思考题】

1. 钢筋的等级有哪些？它们的代号分别是什么？钢筋按在构件中的作用分为哪几种？

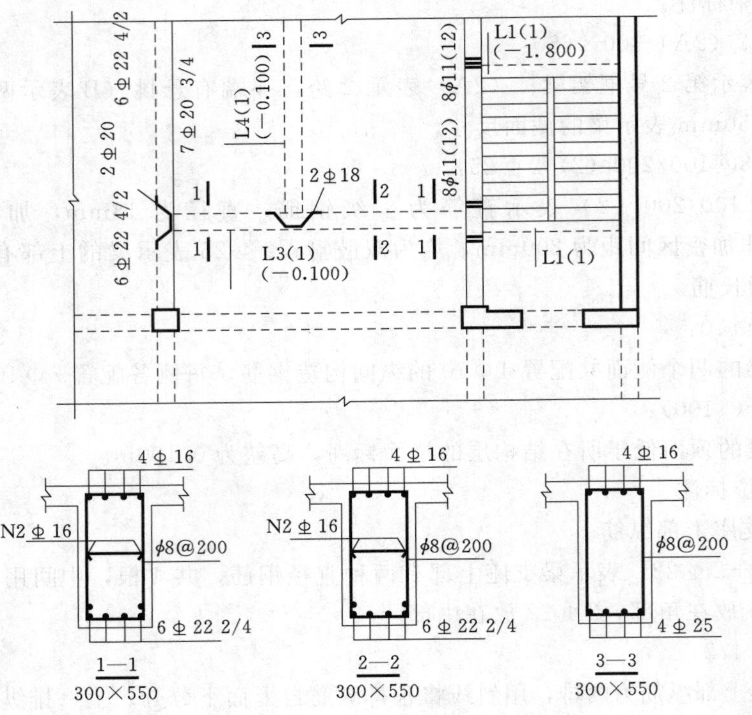

图 10-8 梁截面注写方式

2. 为什么要对钢筋编号？怎么编号？

3. 梁平法施工图的表达方法有哪些？分别包括哪些内容？

4. 在钢筋图的尺寸标注中，保护层厚度是指钢筋（ ）到构件表面的尺寸。

A. 外缘　　B. 内缘

C. 中间　　D. 任意处

5. 在钢筋混凝土结构中保护层的厚度以构件薄厚不同而不等，一般在（ ）范围之间。

A. 1～10mm　　B. 0～5mm

C. 任意　　D. 20～50mm

6. 钢筋混凝土构件中的钢筋弯钩有人工弯钩和机械弯钩。其钢筋弯钩的长度约为（ ）。

A. 6.25d 或 4.25d　　B. 6.25 或 4.25

C. d　　D. 任意

7. 钢筋图中一般不画混凝土材料图例，钢筋为（ ），钢筋的截面用（ ），构件的轮廓用（ ）表示。

A. 粗实线　　B. 细实线

C. 小黑圆点　　D. 任意

8. 每类（即形式、规格、长度相同的）钢筋在编号时，下列说法正确的是（ ）。（多选）

A. 只编一个号　　B. 编号字体规定为阿拉伯数字

C. 指向钢筋断面小黑圆点的引出线不画箭头　　D. 每类钢筋的编号可以重复

9. 钢筋编号的顺序应有规律，一般为（　　）。(多选)

A. 自上而下　　B. 自下而上

C. 自右而左　　D. 自左而右，先主筋后分布筋

第十一章　房屋建筑图

【学习目的】 掌握房屋建筑施工图和房屋结构施工图、给排水工程图的特点和识读。

【学习要点】 房屋建筑施工图、房屋结构施工图、给排水工程图。

【课程思政】 党的二十大报告提出：建设现代化产业体系，坚持把发展经济的着力点放在实体经济上，推进新型工业化，加快建设制造强国、质量强国。

中国的历史是一部辉煌的建筑史。万里长城，它是两千多年前用“秦砖汉瓦”建造的世界上最伟大的砌体工程之一；故宫的宫殿建筑是中国现存最大、最完整的古建筑群，气魄宏伟，极为壮观；苏州园林，展现了中国文化的精华，在世界造园史上具有独特的历史地位和重大的艺术价值；现代工程川藏铁路、三峡工程、南水北调、广州塔、水立方、鸟巢、杭州湾跨海大桥等无不体现中国建筑的发展建设速度，这些都是值得我们自豪和继承的，也对弘扬我国文化遗产起到积极作用。

第一节　房屋建筑施工图的识图

一、概述

完整地表达一幢房屋的全貌和各个局部，并用来指导施工的图样，称为房屋建筑图。

1. 房屋的组成及作用

房屋是由基础、墙和柱、楼板和地面、屋顶走廊和楼梯、窗和阳台等部分组成。

2. 房屋建筑图的分类

(1) 首页图。首页图包括图纸目录及工程的总说明，如工程设计的依据、设计标准、施工要求等。

(2) 建筑施工图。建筑施工图主要表示建筑物的内部布置、外部形状和大小以及各部分的构造、装修、施工要求等。基本图纸有首页、总平面图、平面图、立面图、断面图和构造详图等。

(3) 结构施工图。结构施工图主要表示建筑物承重结构的布置、构件的类型、大小及内部构造的做法等。基本图纸有结构平面布置图和各构件的构件详图（如基础、梁、板、柱、楼梯的详图）等。

(4) 设备施工图。设备施工图主要表示给水排水（简称水施）、供暖通风（简称暖施）、电气照明（简称电施）等设备的布置、构造、安装要求等。基本图纸有各种管线的平面布置图、系统图，还有构造和安装详图等。

一套完整的房屋建筑图包括以上 4 种图示表达，本章重点介绍房屋建筑施工图和

房屋结构施工图的识图。

二、房屋建筑施工图

（一）房屋建筑施工图的有关规定

1. 比例

建筑制图的比例，宜按表 11－1 所列选取。

表 11－1　　建筑施工图制图比例

图　名	常用比例					
总平面	1∶500		1∶1000		1∶2000	
平面、立面、剖面图	1∶50		1∶100		1∶200	
详图	1∶1	1∶2	1∶5	1∶10	1∶20	1∶50

2. 图线

在建筑制图中为了使表达的结构重点突出、主次分明，实线、虚线、点画线一般都分为粗、中、细 3 种，它们的用途如表 11－2 所列。

表 11－2　　3 种宽度线型的应用

图线名称	线　型	用　　途
粗实线	————	平面图、剖面图及详图中被剖切到的主要轮廓线；立面图中的外轮廓线及构配件详图中的可见轮廓线，剖切线
中粗实线	————	平面图、立面图、剖面图中建筑物构配件的轮廓线；平面图、剖面图中被剖切到的次要建筑构造（包括构配件）的轮廓线；构配件详图中的一般轮廓线
细实线	————	尺寸线、尺寸界线、索引符号、标高符号、门窗分格线、图例线、粉刷线等
中虚线	------	不可见轮廓线、拟扩建的建筑物轮廓线
粗点画线	—·—·—	起重机（吊车）轨道线

3. 尺寸

房屋建筑图的尺寸，标高以 m 为单位，其他一律以 mm 为单位。

在平面图上，为了便于施工，外墙通常标注 3 道尺寸，如图 11－1 所示。

4. 标高和详图符号

标高是标注建筑物高度的一种尺寸标注方式，房屋建筑图中的标高符号是以细实线绘制的等腰直角三角形，其直角顶点应指至被标注高度的轮廓线或轮廓引出线上，方向可向上，亦可向下。标高数字应注写到小数点后第三位。若在图样的同一位置需标注几个不同标高时，标高数字可按照图 11－1 所示的形式注写。

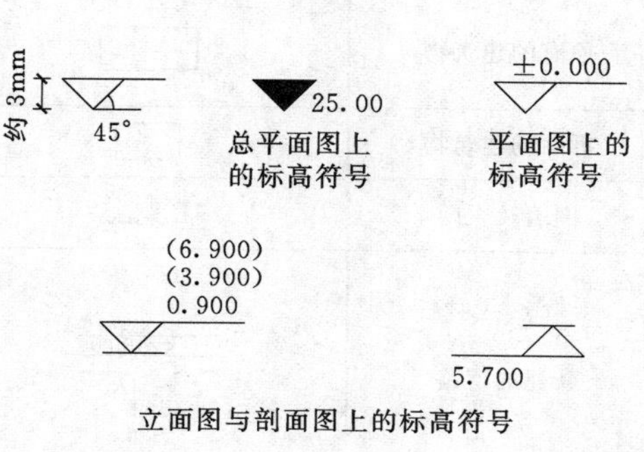

图 11－1　标高符号

标高有绝对标高和相对标高之分，建筑总平面图标高一般采用绝对标高用涂黑的三角形表示，它与水工图中标高的含义相同，即以青岛黄海平均海平面为零点；建筑平面、立面、剖面图等采用相对标高，它是以房屋一层室内地面高度为零点。

建筑详图是用较大比例详细表达建筑物细部结构（如门窗、楼梯、檐口和阳台等）的图样，如图 11-2 所示。

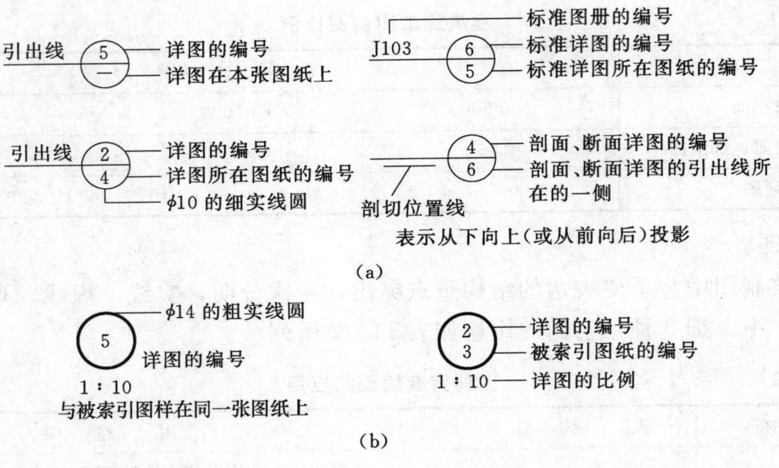

图 11-2 索引符号与详图符号

(a) 索引符号；(b) 详图符号

5. 图例与常用符号

总平面图常用图例见表 11-3，常用构件与配件图例见表 11-4。

(二) 房屋建筑施工图的阅读

阅读建筑施工图的目的是了解房屋的使用性质、构造组成、平面布置、房屋的大小和层数，水平和垂直交通情况，以及所使用的建筑材料、施工方法等。

表 11-3 **总平面图常用图例**

名　称	图　例	名　称	图　例
新建的建筑物	右上角用点数或数字表示层数	原有的道路	
原有的建筑物		台阶	箭头表示向上
拆除的建筑物		填挖边坡	
围墙及大门		阔叶灌木	
新建的道路	15.00 R5	指北针	直径 24mm 尾部宽度 3mm

表 11-4 常用构件及配件图例

名称	图例	说明	名称	图例	说明
单扇门（包括平开式单面弹簧）		(1) 门的名称代号用 M 表示； (2) 剖面图上左为外、右为内，平面图上下为外、上为内； (3) 立面图上开启方向线交角的一侧为安装合页的一侧，实线为外开，虚线为内开； (4) 平面图上的开启弧线及立面图上的开启方向线一般设计上不需要表示	单层外开平开窗		(1) 窗的名称代号用 C 表示； (2) 立面图中的斜线表示窗的开关方向，实线为外开，虚线为内开；开启方向线交角的一侧为安装合页的一侧，一般设计图中可不表示； (3) 平面、剖面图上的虚线仅说明开关方式，在设计图中不需要表示
双扇门			单层外开上悬窗		
空开洞			通风道		平面图图例
			污水池		平面图图例
楼梯图	下 顶层 下 上 中间层 上 地层	(1) 它们是楼梯平面图图例； (2) 楼梯的形式和步数应按实际情况绘制	洗脸盆		平面图图例
			浴盆		平面图图例
			坐式大便器		平面图图例
			花格窗		平面图图例

首先要看首页，先对所看的房屋有一个概括的了解，然后按图样的目录顺次查阅有关的图样。房屋的平面、立面、剖面图是建筑施工图中最主要的图样。下面以某学生宿舍楼建筑施工图的部分图纸为例介绍读图的方法与步骤。

1. 建筑总平面图

如图 11-3 所示，总平面图是在地形图上绘制出原有和新建建筑物的外形轮廓图。从总平面图上应了解房屋的平面形状、位置、层数、绝对标高、建筑物之间的相互关系、朝向、地形、地貌和周围环境、道路布置等情况。

(1) 首先看清总平面图的比例、图例及有关文字说明。从图中可以看出，本图比例为 1∶500，以各种图例和说明表达了该宿舍工程的位置、周围环境。

(2) 了解工程名称、性质、地形、地貌和周围环境等情况。从图中可以看出，该学生宿舍工程的栋数（4 栋）、每栋层数（4 层）、标高（室内底层地面绝对标高为 486.00）、相互间距及范围（在每栋楼的东南角及西北角都标注了施工坐标）、周围道路、地形、地貌及与原建筑的关系等。

(3) 明确拟建房屋的朝向。从图中指北针及风玫瑰图，即可确定房屋的朝向。风玫瑰图是表示该地区常年的风向频率（虚线表示夏季的风向频率），其箭头表示北向，

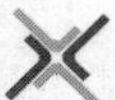

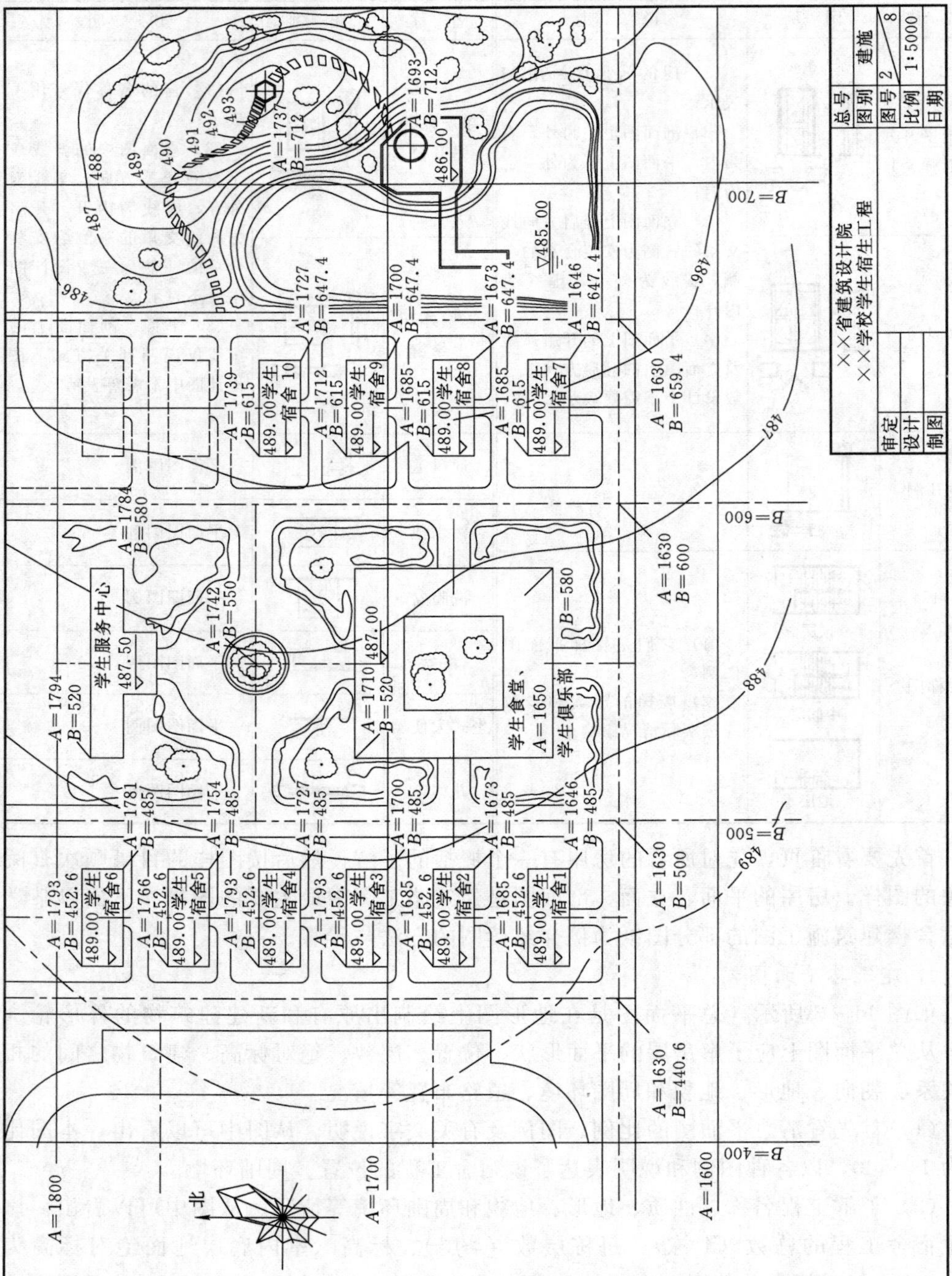
学生宿舍1
学生宿舍2
学生宿舍3
学生宿舍4
学生宿舍5
学生宿舍6
学生宿舍7
学生宿舍8
学生宿舍9
学生宿舍10
学生服务中心
学生食堂、学生俱乐部
北
B=700
B=600
B=500
B=400
A=1800
A=1700
A=1600
××省建筑设计院
××学校学生宿生工程
审定
设计
制图
总号
图别 建施
图号 2 8
比例 1:5000
日期

图 11-3　总平面图

最大数值为主导风向。

(4) 新建建筑物情况与原有建筑物的关系。从图中可以看出，在建新楼之前需拆除4幢原有房屋。

2. 建筑平面图

平面图是施工图中基本图样之一，从建筑平面图可以了解该房屋的平面形状、房间大小、相互关系、墙的厚度、门窗的类型和位置、房屋朝向等情况。

在底层平面图上应画出指北针，所指方向应与总平面图中指北针方向一致。其画法是用细实线画一直径为24mm的圆，指北针的尾宽为3mm。

图11-4所示为学生宿舍底层平面图。

(1) 从图名了解该图是属于哪一层平面图及画图比例。该平面图为某宿舍楼的底层平面图，比例为1：100，由指北针方向了解房屋纵轴为东西向，横轴为南北向，主要出入口朝南。

(2) 了解定位轴线的编号及其间距，看出各承重构件的位置及房间的大小。该宿舍楼为矩形平面，内廊式，房间布置在走廊两侧，大小相同，中间是楼梯间和主要入口，走廊东端还有一个次要入口，西端为盥洗间和厕所。横向定位轴线①－⑩分别表示横向外墙及房间隔墙的位置，纵向定位轴线表示纵向外墙及房间隔墙的位置，从横向定位轴线之间的距离可以了解房间的开间为3600mm，从纵向定位轴线可以了解房屋的进深为5100mm。

(3) 了解平面各部分的尺寸。从图中标注的外部尺寸可以看出，房屋的总长、总宽，房间的开间和进深，门窗洞宽度和门窗间墙体以及各细小部分的构造尺寸。从标注的内部尺寸可以看出，内墙门洞的位置及洞口宽度，墙体厚度，设备的位置。

(4) 了解平面图中各地面的标高。从图中可以看出，底层室内主要房间地面标高为±0.000，盥洗室地面标高为－0.020。由于相邻两地面高度不同，在盥洗室门口画一条细实线，表示两边地面标高不相同。

(5) 门窗位置、类型及其他设备。由于门窗、设备等形状复杂，在平面图中均以图例表示，但门窗应标注代号和编号，如 M_1、M_2 和 C_1、C_2 等表示不同大小和类型的门窗。

(6) 在底层平面图上还标注出剖面图的剖切位置，以便与剖面图对照查阅。

(7) 室外构件、配件及其他。从图中可以看出，室外台阶、房屋四周散水等。

3. 建筑立面图

如图11-5所示，从立面图上可以了解建筑物的外形轮廓和各部分的形状及相互关系，如檐口、门窗洞及门窗外形、花格、阳台、雨水管、壁柱、勒脚、台阶、踏步等，还可以了解外墙各部分的装修材料和做法以及建筑物各部分的标高，如门窗洞窗顶、窗台标高、檐口标高及室内外地面标高等。

识读图11-5所示的宿舍楼①—⑩立面图。

(1) 先从①—⑩立面图了解该建筑物的正立面外貌形状，然后对照平面图深入了解屋面、雨篷、台阶、踏步等细部的形状及位置。

(2) 从立面图的右侧可以看出立面图主要部位的标高，如室外地面、室内地面、

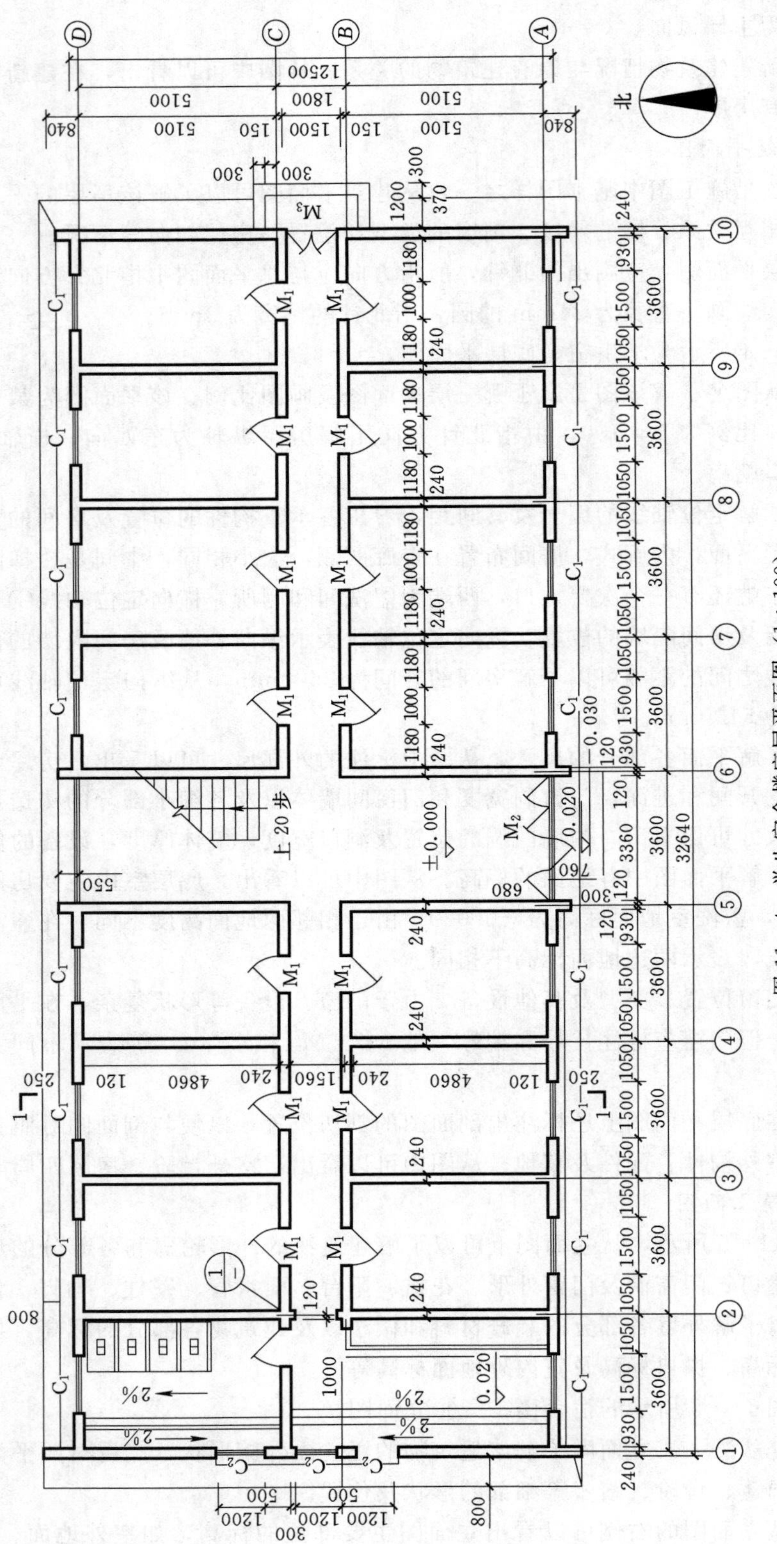

图11-4　学生宿舍楼底层平面图（1∶100）

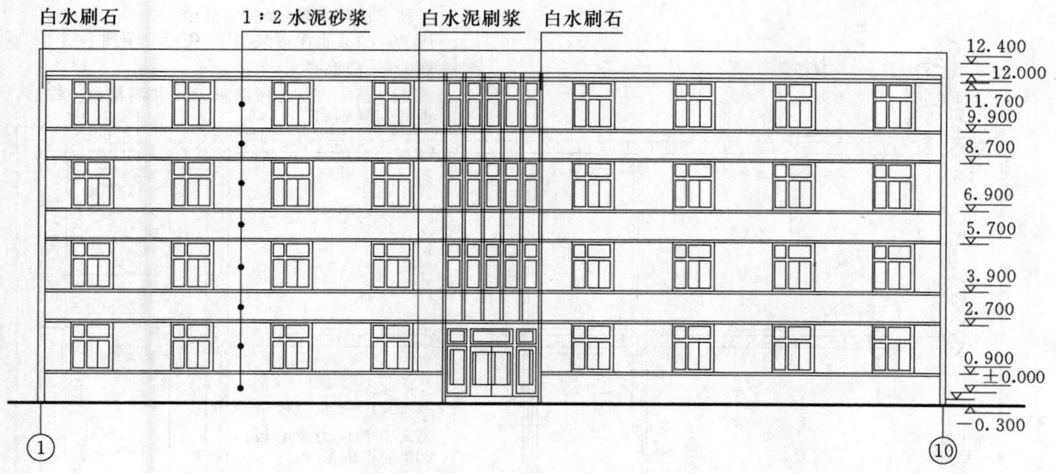

图 11-5 ①—⑩立面图（1∶100）

各层窗台和屋顶、檐口等标高。

（3）从立面图的注释中，可以了解外墙各部分墙面选用的装饰材料、颜色和做法。

4. 建筑剖面图

识读图 11-6 所示的 1—1 剖面图。

（1）对照底层平面图中的 1—1 剖切符号，可以知道该剖面图是横向剖面图，剖切位置在③—④号轴线之间的门窗洞处，剖切后向左投射。剖面图的比例比平面、立面图放大 1 倍。

（2）从剖面图中可以看出房屋内部的分层和结构形式，如梁、板的铺设方向，墙体及门窗洞，梁板与墙体的连接等。

（3）房屋地面、楼面、屋面等构造较为复杂，在图中无法表达清楚，因此，采用分层说明的方法，即在该部位画构造层次引出线，并按构造层次自上而下逐层用文字说明。说明内容包括各层的材料名称、厚度及施工方法等。

（4）平屋面的屋面坡度用箭头表示，箭头所指为流水方向，上面标有坡度为 3%。

（5）图中还画出了主要承重墙的轴线及轴线编号和轴线的间距尺寸。在剖面图的外侧竖向标注了 3 道尺寸：第一道尺寸为窗洞口尺寸和窗间墙尺寸；第二道尺寸为层高尺寸；第三道尺寸为总高尺寸。此外，还标注了窗台、窗顶、楼面、地面、屋面、室外地面等处的标高。

（6）图中还对 3 处墙身节点标注了详图索引符号。

5. 墙身节点详图

墙身节点详图实际上就是建筑剖面图中墙体与各构件、配件交接处（节点）的局部放大图，即从窗洞处断开的外墙剖面详图。从详图中可以了解房屋墙体与屋面（檐口）、楼面、地面的连接情况以及门窗过梁、窗台、勒脚、散水、雨篷等处的构造。

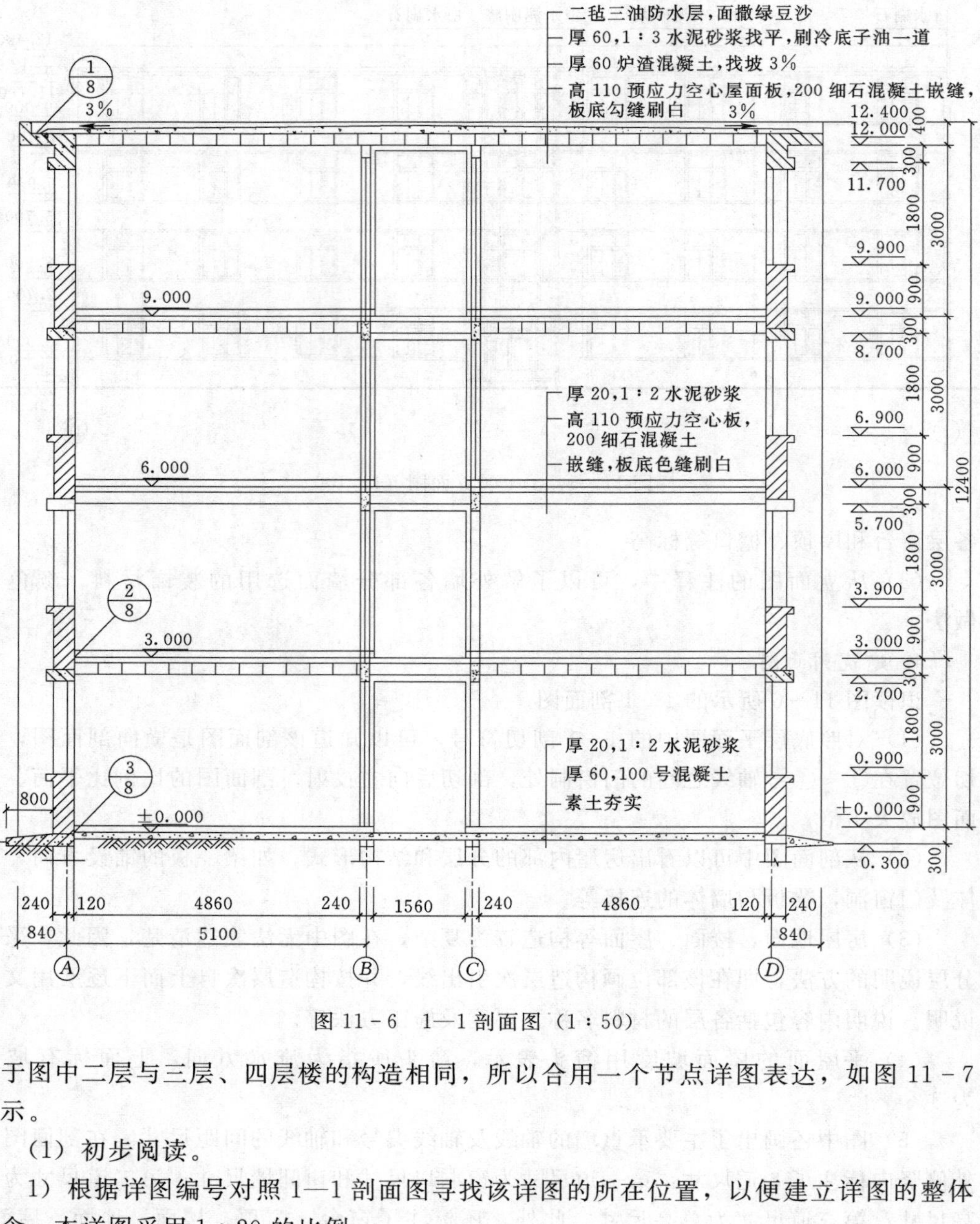

图11-6 1—1剖面图（1：50）

由于图中二层与三层、四层楼的构造相同，所以合用一个节点详图表达，如图11-7所示。

（1）初步阅读。

1）根据详图编号对照1—1剖面图寻找该详图的所在位置，以便建立详图的整体概念。本详图采用1：20的比例。

2）墙体厚度（砖砌体厚度，不包括粉刷层）为360mm，轴线偏向室内，距外墙面240mm，距内墙面120mm。

3）详图中，凡构造层次较多的地方，如屋面、地面、楼面等处，均以分层说明的方法表示。

4）檐口、过梁、楼板等钢筋混凝土结构，均画出了几何形状、材料符号并标注了各部分的尺寸。

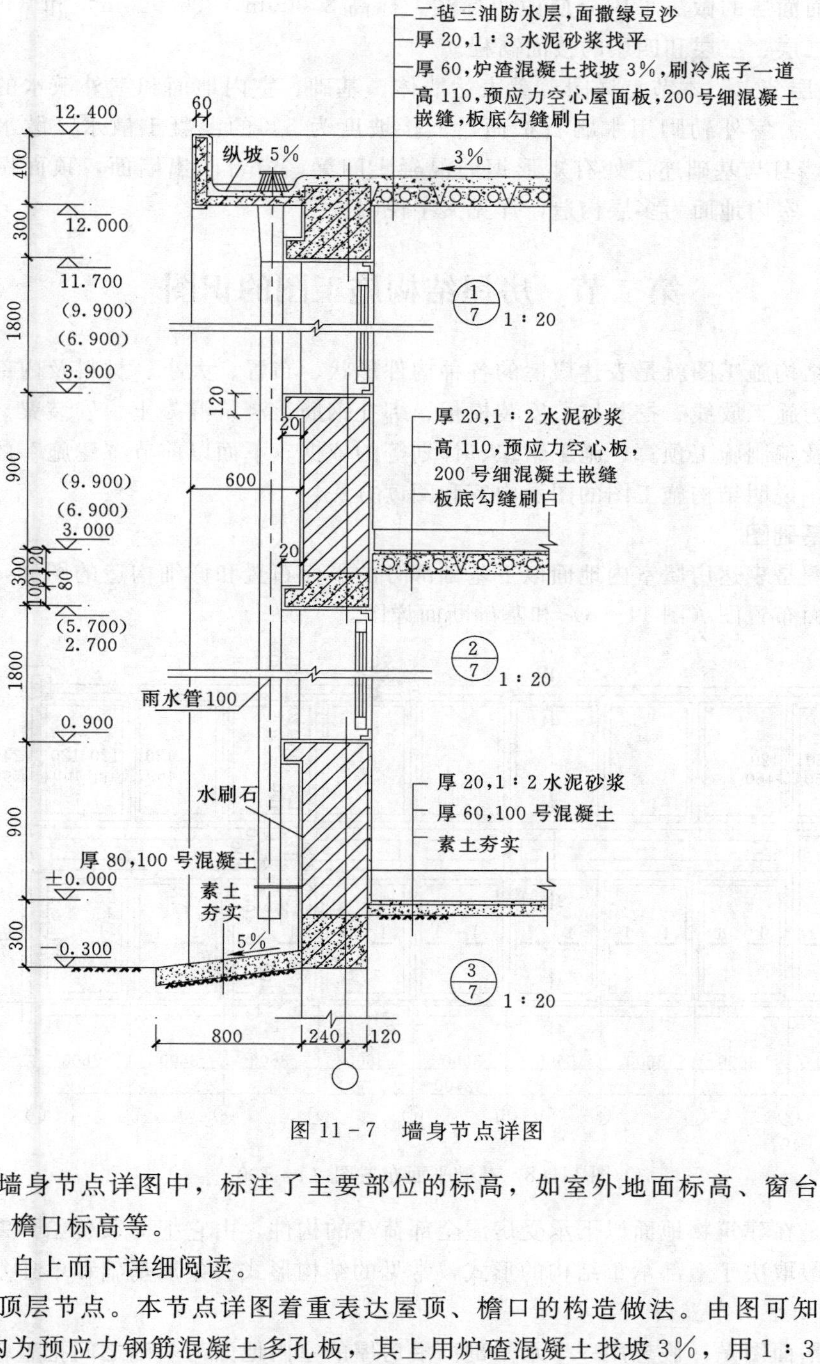

二毡三油防水层，面撒绿豆沙
厚20，1∶3水泥砂浆找平
厚60，炉渣混凝土找坡3%，刷冷底子一道
高110，预应力空心屋面板，200号细混凝土嵌缝，板底勾缝刷白
纵坡5%
3%
12.400
12.000
11.700
(9.900)
(6.900)
3.900
3.000
(5.700)
2.700
0.900
±0.000
−0.300
1/7　1∶20
2/7　1∶20
3/7　1∶20
厚20，1∶2水泥砂浆
高110，预应力空心板，200号细混凝土嵌缝
板底勾缝刷白
雨水管100
水刷石
厚20，1∶2水泥砂浆
厚60，100号混凝土
素土夯实
厚80，100号混凝土
素土夯实
5%
800　240　120

图11－7　墙身节点详图

5）墙身节点详图中，标注了主要部位的标高，如室外地面标高、窗台标高、过梁标高、檐口标高等。

（2）自上而下详细阅读。

1）顶层节点。本节点详图着重表达屋顶、檐口的构造做法。由图可知，该屋顶承重结构为预应力钢筋混凝土多孔板，其上用炉碴混凝土找坡3%，用1∶3的水泥砂浆找平，再用二毡三油防水层覆盖。最后面层撒绿豆沙。屋顶圈梁与天沟为钢筋混凝土整体结构。

2）中间层节点。本节点详图着重表明窗顶钢筋混凝土过梁和楼面的做法。窗顶处有钢筋混凝土圈梁兼做窗过梁。楼板采用预应力钢筋混凝土多孔板，两端搁置在横

墙上。楼面面层的做法采用分层说明标注。标高 3.000m、(6.000m) 和 (9.000m) 分别表示二层、三层和四层的楼面高程。

3）底层节点。本节点详图着重表达墙体、基础、室内地面和室外散水的连接情况及其做法。室外勒脚用水刷石护面，下接坡度为 5% 的混凝土散水，散水宽度为 800mm。墙身与基础连接处有矩形钢筋混凝土圈梁，窗台凸出墙面，顶面做成向外排水坡度。室内地面为多层构造，详见文字说明。

第二节　房屋结构施工图的识图

房屋结构施工图就是表达房屋的各种构件形状、布置、大小、材料及内部构造的图样，作为施工放线、挖基坑、安装模板、绑扎钢筋、浇筑混凝土、安装梁、板、柱等构件以及编制施工预算、施工组织、计划等的依据。下面以前节“建施”的学生宿舍楼为例，说明结构施工图的图示内容和阅读方法。

一、基础图

基础图是表达房屋室内地面以下基础部分的平面布置和详细构造的图样，通常包括基础平面布置图（图 11－8）和基础断面详图。

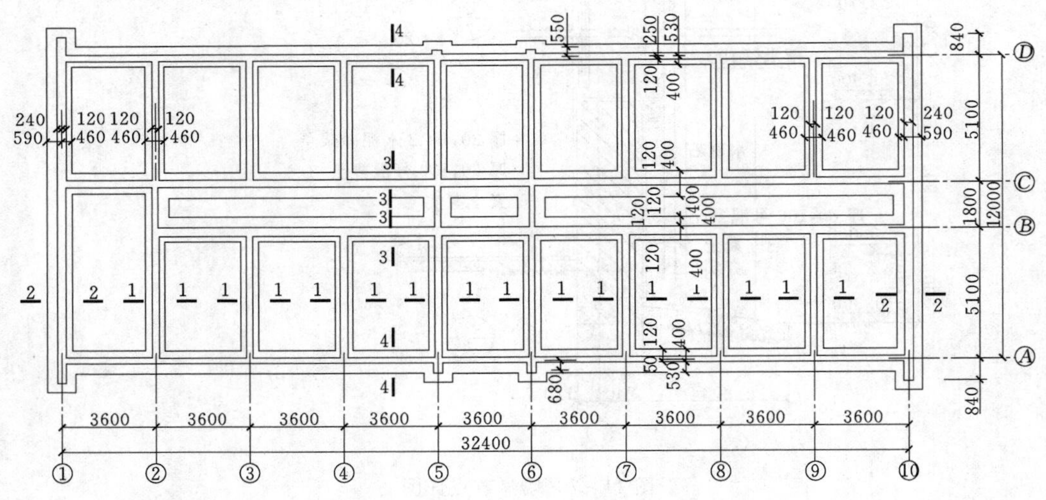

图 11－8　基础平面布置图（1∶100）

基础是在建筑物地面以下承受房屋全部荷载的构件，由它把荷载传给地基。基础的形式一般取决于上部承重结构的形式，常见的结构形式有条形基础和单独基础。

1. 基础平面布置图

基础平面图是：假想用一个水平剖面沿房屋的室内地面与基础之间把整幢房屋剖开后，移开上层房屋和基坑回填土后画出的水平剖面图。它表示未回填时基础平面布置的情况。

从图 11－8 所示的基础平面布置图中可以看出：

(1) 该基础平面布置图的比例、基础墙的轴线及轴线编号与建筑平面图相同。房

屋的基础全部是条形基础。按照标准规定，图中基础墙用粗实线表示，基础大放脚（基础墙与垫层之间做成阶梯形的砌体）的水平投影不画出，只用细实线画出基础底面的轮廓线。

(2) 基础平面图的外部尺寸一般只注两道尺寸，即各轴线间的尺寸和首尾轴线间的总尺寸，同时标注内部尺寸，确定基础墙厚及底面宽度。如①号轴线，图中注出的宽度为 1050mm，基础山墙厚为 360mm，基础边线到轴线的定位尺寸为 590mm。

(3) 在基础平面图中，对于各段墙体，需标注详图的剖切位置，并用阿拉伯数字按顺序进行编号。表示剖切位置的剖切符号长度为 6～8mm 的粗实线，其数字所在方向为断面图的投射方向。

2. 基础断面详图

如图 11－9 所示，基础详图就是基础的垂直断面图。对于不同断面的基础都应画出详图，基础详图一般比例较大，常用 1∶20、1∶30 等。

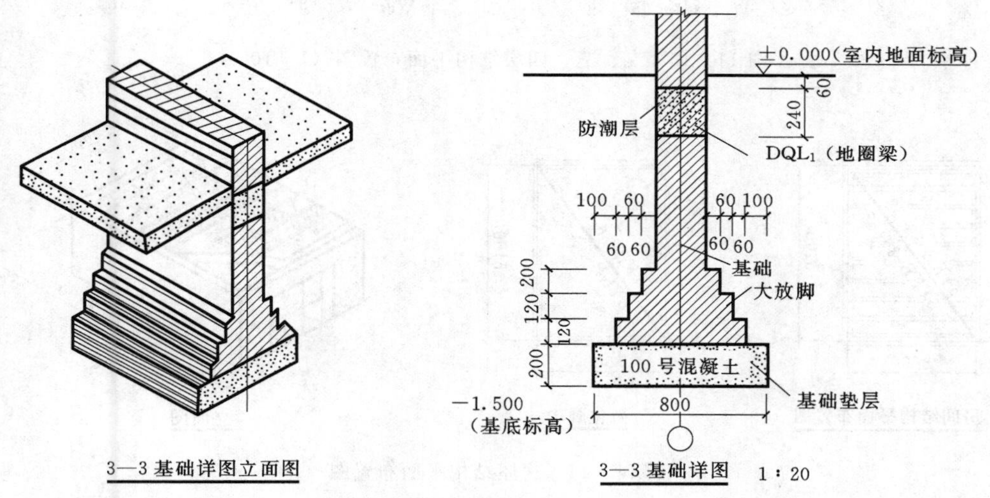

图 11－9 基础详图（1∶20）

基础详图表达了以下内容：轴线及轴线编号；基础墙厚度；大放脚每步的高度及宽度；垫层宽度及高度；基础底面线；室内外地面线；防潮层的位置（在室内地面以下－0.060 处）；钢筋混凝土构件中钢筋的直径和间距。同时，图中还需标出几个主要部位的标高，如垫层或基底标高、室外地面标高及室内地面标高等。

二、楼层结构平面图

假想沿楼板将房屋水平剖切后所作的水平投影图，用来表示每层楼的梁、板、柱、墙等的平面布置，称为楼层结构平面图，如图 11－10 所示。

楼层结构平面图是表示建筑物室外地面以上各层承重构件平面布置的图样，在图中被遮挡的墙用中虚线表示，外轮廓线用中实线表示，梁用粗点画线表示。楼层上的梁、板构件，应注上规定的代号。如果楼板是预制板，应在每个房间画一条对角线，将构件代号和数量注写在斜线上，如图 11－11 所示。

图中构件代号说明如下：

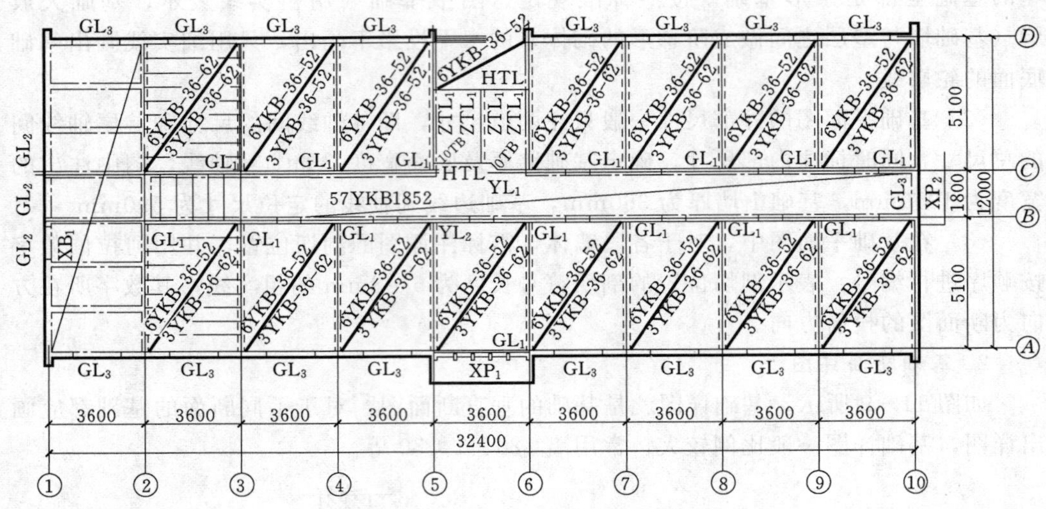

图 11-10 二、三、四层结构平面布置图（1:100）

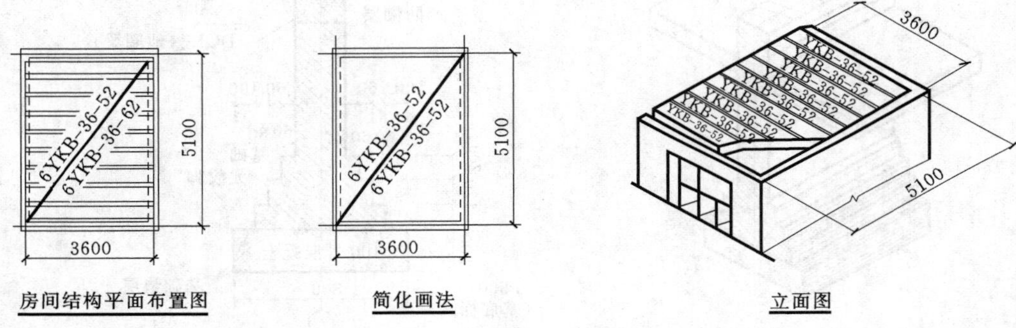

图 11-11 房屋结构平面布置图

B 表示板，KB 表示空心板，Y 表示预应力。例如，YKB-36-52 表示预应力钢筋混凝土空心板，数字 36 表示板长 3600mm，5 表示板宽 500mm，2 是荷载等级为 2 级；QL 表示圈梁，GL 表示过梁，XB 表示现浇板，XP 表示现浇雨篷。

【复习思考题】

1. 房屋建筑图是用来（　　）。

   A. 验收房屋　　B. 检查房屋

   C. 指导房屋施工　　D. 执行建筑制图标准

2. 在房屋图中粗实线表示（　　）。

   A. 中心线和轴线　　B. 次要建筑结构的轮廓线

   C. 主要建筑结构的轮廓线　　D. 不可见轮廓线

3. 标高是标注建筑物高度的一种尺寸形式，其单位为（　　）。

   A. mm　　B. cm　　C. m　　D. m 和 cm

4. 建筑平面图是将房屋从门窗洞口处水平剖切后的（　　）。

A. 右视图　　B. 正视图　　C. 俯视图　　D. 仰视图

5. 定位轴线是确定（　　）。

A. 中心线　　B. 尺寸界限

C. 详图符号　　D. 墙和柱的位置

6. 在建筑平面图中，门窗应（　　）。

A. 画出实形　　B. 标注代号和编号

C. 用图例表示并标注门窗的代号和编号　　D. 画法不同

7. 绘制详图不能采用的图示方法是（　　）。

A. 视图　　B. 断面图　　C. 剖视图　　D. 示意画法

8. 为了便于施工，在建筑平面图的外部通常标注（　　）。

A. 一道尺寸　　B. 二道尺寸　　C. 三道尺寸　　D. 四道尺寸

9. 建筑剖面图一般不需要标注（　　）等内容。

A. 门窗洞口高度　　B. 层间高度

C. 楼板与梁的断面高度　　D. 建筑总高度

10. 基础外轮廓线用（　　）绘制。

A. 粗实线　　B. 中粗实线　　C. 细实线　　D. 细虚线

11. 关于楼层结构平面图画法给定的表述中，以下不正确的有（　　）。

A. 外轮廓线用中实线表示　　B. 梁的中心位置用细点画线表示

C. 被遮挡的墙用中粗虚线表示　　D. 剖到的钢筋混凝土柱用涂黑表示

12. 总平面图是新建房屋在地基范围内的总体布置图，它表明的内容之一有（　　）。

A. 新建房屋的结构　　B. 新建房屋的施工

C. 新建房屋的设备　　D. 新建房屋的平面形状和层数

13. 建筑详图是建筑细部的施工图，也称（　　）。

A. 平面图　　B. 立面图　　C. 剖面图　　D. 节点图

14. 立面图是房屋在与外墙面平行的投影面上的投影，它主要表示（　　）。

A. 外形　　B. 内部结构　　C. 平面形状　　D. 局部结构

参 考 文 献

[1] SL 73.1—2013水利水电工程制图标准［S］.
[2] 胡建平．水利工程制图［M］．北京：中国水利水电出版社，2007.
[3] 孙世青，曾令宜．水利工程制图［M］．北京：高等教育出版社，2001.
[4] 樊培利，樊振旺．工程制图［M］．北京：中国水利水电出版社，2016.
[5] 邹葆华，栾容．水利工程制图［M］．2版．北京：中国水利水电出版社，2012.
[6] 蒲小琼，陈玲，熊艳．画法几何及水利土建制图［M］．北京：北京邮电大学出版社，2005.
[7] 中国水电顾问集团贵阳勘测设计研究院．中国百米级碾压混凝土坝工程图集［M］．北京：中国水利水电出版社，2006.
[8] 刘志麟．建筑制图［M］．3版．北京：机械工业出版社，2021.
[9] 张圣敏．水利工程制图［M］．北京：中国水利水电出版社，2019.
[10] 柯昌胜，李玉笄．水利工程制图［M］．北京：中国水利水电出版社，2005.
[11] 印翠凤．水利工程制图［M］．2版．南京：河海大学出版社，2002.
[12] 何铭新，郎宝敏，陈星铭．建筑工程制图［M］．5版．北京：高等教育出版社，2013.
[13] 鲍泽富，吴春燕，康晓清．画法几何与工程制图［M］．北京：国防工业出版社，2006.
[14] 肇承琴．水利工程制图［M］．郑州：黄河水利出版社，2004.